Oliver Schumacher • Christian Sahle

# Bock auf Vertrieb

ÖKOLOGISCHE VERANTWORTUNG

**Wir übernehmen Verantwortung! Ökologisch und sozial!**

- Verzicht auf Plastik: kein Einschweißen der Bücher in Folie
- Nachhaltige Produktion: Verwendung von Papier aus nachhaltig bewirtschafteten Wäldern, PEFC-zertifiziert
- Stärkung des Wirtschaftsstandorts Deutschland: Herstellung und Druck in Deutschland

Oliver Schumacher · Christian Sahle

# Bock auf Vertrieb

So machen Ihre Kunden Gewinn
und Sie Karriere

GABAL

Externe Links wurden bis zum Zeitpunkt der Drucklegung des Buches geprüft. Auf etwaige Änderungen zu einem späteren Zeitpunkt hat der Verlag keinen Einfluss. Eine Haftung des Verlages ist daher ausgeschlossen.

Bibliografische Information der Deutschen Nationalbibliothek

Die Deutsche Nationalbibliothek verzeichnet diese Publikation in der Deutschen Nationalbibliografie; detaillierte bibliografische Daten sind im Internet über http://dnb.d-nb.de abrufbar.

ISBN 978-3-96739-092-6

Lektorat: Anja Hilgarth, Herzogenaurach
Umschlaggestaltung: Guido Klütsch, Köln
Autorenfotos: a|w|sobott gmbh
Satz und Layout: Lohse Design, Heppenheim | www.lohse-design.de
Druck und Bindung: Salzland Druck, Staßfurt



Wir drucken in Deutschland.

www.gabal-verlag.de
www.gabal-magazin.de
www.facebook.com/Gabalbuecher
www.twitter.com/gabalbuecher
www.instagram.com/gabalbuecher

PEFC
PEFC/04-31-2251

**PEFC zertifiziert**
Dieses Produkt stammt aus nachhaltig bewirtschafteten Wäldern und kontrollierten Quellen.

**www.pefc.de**

# Inhalt


## Einleitung 9

## 1. Wie Sie Ihren Marktwert steigern 11

### 1.1 Was macht einen guten Vertriebler aus? 11

Die Kerneigenschaften eines guten Vertrieblers 13
Warum viele Vertriebler trotz guter Leistung nicht aufsteigen 31

### 1.2 Wie Sie dort verkaufen, wo andere aufgeben 38

Wie Sie Ihre Kunden besser verstehen – und diese Sie 38
Der unterschätzte Hebel – die Vorbereitung 45
So lassen Sie sich von Kunden weniger unter Druck setzen 48

### 1.3 Wie Sie Ihr eigenes Konjunkturprogramm starten 55

Vom Wissenssammler zum Wissensumsetzer 56
So investieren Sie richtig in sich 58
Gute Quellen für Vertriebstipps mit schmalem Budget 63
Wie Sie sich mental in einen guten Zustand bringen 67

## 2. So nutzen Sie die Digitalisierung für sich 71

### 2.1 Alles digital, oder was? 72

Digitalisierung kann mangelnde Persönlichkeit nicht ausgleichen 74
Smartphone – Chance oder Lebenszeitvernichter? 83

2.2 Online-Meeting & Co. – keine Angst vor Technik 88

Wie Sie aus Online-Treffen das Maximum herausholen 89
So klappt es auch mit der Technik 93

2.3 Social Selling – viel heiße Luft? 97

Wie Sie XING, LinkedIn, Facebook usw. mit Leben füllen 98
So werden Interessenten auf Sie aufmerksam 100
Wie Sie aus Kontakten auch Kontrakte machen 104

2.4 Es muss nicht alles im Vertrieb gemessen werden 106

Wie Ihr CRM-System für Sie arbeitet 106
Welche Kennziffern Sie stets im Blick haben müssen 109

3. So gewinnen Sie Kollegen für sich 112

3.1 Sie bekommen genau das, was Sie verhandeln 112

Vertrieb ist nicht gleich Vertrieb 114
Es gibt viele Positionen im Vertrieb 117
Sind Sie wirklich unterbezahlt? 131

3.2 Wie Sie endlich weiterkommen 133

Wie Ihr Chef zu einer Gehaltserhöhung nicht Nein sagen kann 134
Falls Sie mit Ihrer Verhandlung nicht zufrieden sind 139

3.3 Wie Sie Zielvereinbarungsgespräche für sich nutzen 140

Die Ziele durchdacht planen 141
Wenn es mit der Zielerfüllung nicht klappen sollte 143

3.4 Führungskräfte – die unbekannten Wesen? 144

Warum Ihr Vorgesetzter so tickt, wie er tickt 145
So klappt es besser mit Ihren Vorgesetzten 149

# 4. Wie Sie den perfekten Job bekommen 152

## 4.1 Weiterkommen, wenn es nicht mehr weitergeht 152

Wenn das Maß voll ist 153
Warum nicht jede Position für Sie ideal ist 158
Vier Optionen für Ihre Karriere im Vertrieb 161

## 4.2 Headhunter – Freund oder Feind? 168

So werden Headhunter auf Sie aufmerksam 171
Wie Sie besser mit Headhuntern zusammenarbeiten 172

## 4.3 Von der Bewerbung zum neuen Job 173

Wie Sie sich mit Ihrer Bewerbung abgrenzen 175
So überzeugen Sie im Vorstellungsgespräch 179
Man sieht sich manchmal zweimal 184
Wie Sie einen guten Start hinlegen 190

# Expertentipps 196

Anna Pianka:
So entwickeln Sie Ihre Online-Personenmarke 197

Martin Müller:
Sieben Tipps, das bestehende eigene Netzwerk zu aktivieren 200

Matthias Garten:
Ihre perfekte Online-PowerPoint-Präsentation 202

Achim Pothmann:
Wie Sie Ihr Jobglück und Ihren Erfolg im Vertrieb steigern 205

Klaus Kampmann:
Wie ein Kraftschlaf am Mittag Ihnen Energie gibt 208

Lutz Phillipp Spieker:
So sparen Sie Steuern mit dem Dienstwagen 211

Die Autoren 215

Oliver Schumacher 215

Christian Sahle 216

Literaturempfehlungen 217

Endnoten 219

Stichwortverzeichnis 220

30 Minuten Gratis-Coaching für Ihre Rezension 222

Sie möchten mehr? 223

# Einleitung

Liebe Leserin, lieber Leser,

egal, ob Sie schon im Vertrieb arbeiten oder überlegen, in diese interessante Abteilung einzusteigen: Dieses Buch wird Sie weiterbringen. Sie werden Antworten auf zahlreiche Fragen erhalten wie »Mit welchen Strategien kann ich meine Karriere beflügeln?«, »Wie bekomme ich den idealen Job im Vertrieb?«, »Wie schaffe ich leichter meine Zielvorgaben?«, »Wie gelingt mir Akquise über LinkedIn und XING?« oder »Was kann ich tun, um mehr Spaß und Erfolg bei der Arbeit zu haben?«.

Wir, die Autoren, sind selbst leidenschaftliche Verkäufer. Ich, Oliver Schumacher, habe über ein Jahrzehnt überdurchschnittlich erfolgreich im Verkaufsaußendienst für einen börsennotierten Markenartikelkonzern gearbeitet und bin seit 2009 als Trainer und Redner erfolgreich im gesamten deutschen Sprachraum tätig. Ich, Christian Sahle, bin eine erfahrene Führungskraft im Vertrieb. Während ich an diesem Buch mitwirkte, gelang es mir – mit 54 Jahren –, nach 19 Jahren meinen mittelständischen Arbeitgeber zu wechseln und in einem anderen Unternehmen anzufangen. Wir lernten uns als Autorenduo kennen, als Christian für seine Mitarbeiter einen guten Verkaufstrainer suchte und Oliver beauftragte. Die Idee zum Buch hatte Christian, der sich ein paar Jahre später an Oliver wandte mit den Worten: »Ich habe da eine Idee, über die wir mal sprechen sollten.«

Wir haben dieses Buch mit der Haltung »Was zählt wirklich im Vertrieb?« geschrieben. Uns ist aufgefallen, dass viele Vertriebler einen gewissen Tunnelblick haben, vorschnell aufgeben und oft auch weniger Spaß und Erfolg bei ihrer Arbeit haben, als möglich wäre. Darum haben wir die Themen in diesem Buch recht breit gefasst: So stellen wir Ihnen coole Jobs im Vertrieb vor, die viele von Ihnen vielleicht noch nicht kennen. Außerdem geben wir Tipps, wie Sie den für Sie perfekten Job finden. Darüber hinaus zeigen wir

Ihnen, wie Sie sich selbst noch besser für Ihre Karriere und mehr Gehalt einsetzen.

Am Ende des Buches, in Kapitel 5, lassen wir Experten in eigenen Aufsätzen zu Wort kommen, die Ihnen weitere wertvolle Hinweise und Tipps zu vielen Themen rund um den Vertrieb geben.

Wenn Sie sich also fragen, ob auch für Sie mehr möglich ist im Vertrieb und wie Sie persönlich und karrieremäßig weiterkommen, dann blättern Sie einfach um und lesen Sie weiter.

Wir wünschen Ihnen viel Spaß bei der Lektüre, viele neue Erkenntnisse und viel Erfolg bei deren Umsetzung.

*Oliver Schumacher und Christian Sahle*

# 1. Wie Sie Ihren Marktwert steigern

In wohl kaum einer anderen Abteilung sind von der Ausbildung und vom Werdegang her Mitarbeiter so unterschiedlich, wie im Vertrieb. Daher geht es im ersten Kapitel sowohl um die Eigenschaften, die erfolgreiche Verkäufer vorweisen können, als auch darum, warum trotz guter Leistung so manche Vertriebler nicht aufsteigen. Ferner erhalten Sie Tipps, wie die Kommunikation zwischen Ihnen und Ihren Kunden noch besser gelingt, und darüber hinaus, wie Sie souveräner mit Druck umgehen, den beispielsweise manche Kunden in Preisverhandlungen Ihnen gegenüber aufbauen.

Das Kapitel schließt mit konkreten Ideen ab, wie Sie nicht nur mehr Wissen anhäufen, sondern es auch zur Umsetzung bringen. Sie erhalten auch Impulse, wie Sie aus Verkaufstrainings mehr für sich mitnehmen und für eine Arbeitsatmosphäre sorgen, die Sie motiviert und Ihnen dazu verhilft, mit mehr Freude Ihrer Arbeit nachzugehen.

## 1.1 Was macht einen guten Vertriebler aus?

Gibt es das, das *eine* Vertriebsgen? Die Frage taucht immer wieder auf, wenn man über Kompetenzen im Vertrieb spricht. Was zeichnet einen guten Vertriebsmitarbeiter aus? Woran erkenne ich als Führungskraft einen Kandidaten, der hier genau richtig ist? Was muss ich als Bewerber oder schon bereits angestellter Vertriebsmitarbeiter tun, um genau an dieser Stelle im Unternehmen Verantwortung und Erfolg zu bekommen – und Spaß bei der Arbeit zu haben? Sollte ich vielleicht lieber die Finger vom Vertrieb lassen?

## Augen auf den Kunden

Um hier einer umfassenden Antwort näher zu kommen, schauen wir uns zuerst den Gesprächspartner des Vertrieblers, den Kunden, an. Hier hat sich insbesondere in den letzten Jahren verdammt viel getan. Die Abläufe im Unternehmen werden immer komplexer und die Kollegen im Einkauf immer anspruchsvoller: Kunden sind heute gut informiert, kennen Vergleichsprodukte und deren Preispunkte und wissen genau, was sich an den Märkten tut. Ganz wichtig: Sie wollen ernst genommen werden und schnell eine Antwort haben. Insbesondere im Mittelstand hat sich der Einkauf neu aufgestellt und eine strategische Funktion im Unternehmen bekommen: Supply-Chain-Management-Systeme, Lieferantenauswahl-Portale oder Bieter-Auktionen begegnen uns seit einigen Jahren in unseren Vertriebsjobs. Es kommt auch immer häufiger vor, dass sich Unternehmen Beratungsdienstleistungen einkaufen, um den Einkauf zu optimieren. Dies allein mit dem Ziel im Hintergrund, alle Register ziehen zu können, um unsere Angebote zu drücken bzw. zu testen, ob noch Luft in den Preisen ist.

Für Mitarbeiter aus dem Vertrieb bedeutet das, Qualität zu liefern, Vertrauen zu erarbeiten, Mehrwerte im Gespräch zu liefern – und schnell zu sein. Weiterhin heißt es, gut zuhören zu können, Fragen zu stellen und ein hohes Maß an Empathie mitzubringen. Das ist es, was uns als gute Vertriebler ausmacht und persönlich weiterbringt.

Talent ist sicherlich auch ein Thema im Vertrieb. Es gibt Menschen, die sind offen, interessiert und freundlich. Aber ein guter Vertriebsmitarbeiter zu sein, dazu gehört viel mehr. Was genau, das schauen wir uns gemeinsam an. Eines ist wichtig: Sie sollten sich regelmäßig mit Themen wie Kommunikation, Marketing und Verkaufsstrategien beschäftigen. Man könnte auch sagen: üben, üben, üben. Aber welcher Erwachsene hat schon wirklich Lust, regelmäßig zu üben? Sie müssen nicht unbedingt pauken, sollen auch keine Sätze auswendig lernen. Wenn Sie regelmäßig in Ihrem Vertriebsalltag Neues ausprobieren und Ihre Erfahrungen reflektieren, kommen Sie automatisch voran. In der Praxis kommen aber leider viele Vertriebler vor lauter Arbeit nicht zum ausreichenden Denken und Reflektieren, bleiben somit in ihrer Entwicklung stehen und öffnen ungewollt ihre Geschäftsbeziehungen für ihre Mitbewerber. Denn Kunden sind im Zweifelsfalle hochgradig egoistisch und fragen sich: Welcher Anbieter bringt mir am meisten?

Als Vertriebler wird man genauso wenig geboren wie als Rechtsanwalt oder als Designer. Man hat vielleicht Talent für einen bestimmten Job und

Spaß daran, baut seine Fertigkeiten intrinsisch motiviert besser aus als andere und entscheidet sich dann im Moment der Berufswahl dafür. Manche freuen sich noch nach zehn Jahren im Vertrieb am Sonntag auf den bevorstehenden Montag – und andere schon lange nicht mehr. »Bock auf Vertrieb« ist keine Phrase, »Bock auf Vertrieb« ist eine Lebenseinstellung. Ihre Augen müssen nicht unbedingt leuchten, wenn Sie von Ihrer Arbeit und Ihren Produkten und Dienstleistungen sprechen, andere sollten aber spüren, dass Sie das, was Sie sagen und machen, aus echter Überzeugung tun.

## Die Kerneigenschaften eines guten Vertrieblers

Es gibt fünf Kerneigenschaften im Vertrieb: Fachkenntnis, Flexibilität, Initiativkraft, Struktur und Menschenkenntnis. Diese lassen sich dann noch mal in individuelle Fertigkeiten aufschlüsseln, die alle gleich gewichtet und nicht in eine spezielle Rangfolge zu bringen sind.

Vertriebler müssen viel »draufhaben«, um erfolgreich zu arbeiten

Nachfolgend erhalten Sie zu jeder dieser Fertigkeiten ein paar Informationen und auch Tipps, wie Sie in dem jeweiligen Bereich Ihre Kompetenz entwickeln.

### 1. Fachkenntnis

Erfahrene Vertriebsmitarbeiter werden oft gesucht, weil sie sich in der Branche auskennen. Sie kennen die Kunden und deren Bedürfnisse, wissen, wie die Branche »tickt«, und bringen Geschäftskontakte mit. Sie haben den Vorteil, schnell im Thema zu sein, auch wenn sich das Unternehmen oder der Markt ändert.

Von Beginnern wird erwartet, dass dieses Branchenwissen möglichst schnell aufgebaut wird. Wenn Sie in Ihrem Vertriebsgebiet neu anfangen, heißt das, »Ohren und Augen auf« und heraushören, wo sich etwas im Markt tut.

**TIPPS**

1. Wenn Sie Ihr Vertriebsgebiet übernehmen, fragen Sie sich, mit wem Sie sich über Stärken und Schwächen des eigenen Angebots und die »Gesetze Ihrer Branche« offen austauschen können.
2. Experten brauchen Fachwissen. Dieses gibt es in Seminaren, Fachbüchern und Branchenmagazinen – online und offline.
3. Schauen Sie sich um, wer sich noch in Ihrer Branche mit komplementären Produkten oder Leistungen bewegt. Mit wem können Sie strategisch netzwerken und sich austauschen?
4. Knüpfen Sie neue Kontakte zu den Personen, die Ihr Unternehmen begleiten, beispielsweise Verbände, Agenturen wie auch Weiterbildner. Hier können Sie Informationen aus erster Hand erhalten.
5. Sagen Sie auch durchaus mal Ihren Mitbewerbern hallo, beispielsweise auf einer Messe. Oder suchen Sie den Austausch mit ihnen, wenn diese Ihnen persönlich begegnen, beispielsweise bei Ihren Kunden.

### 2. Flexibilität

Flexibel und anpassungsfähig sollten Vertriebler sein. Warum? Weil im Vertrieb kein Tag wie der andere ist! Sie haben nicht immer einen geregelten Feierabend. Verabschieden Sie sich von dem Gedanken, dreimal die Woche pünktlich zum Sport zu kommen. Vertriebler leben anders als andere Angestellte, die immer um 16:04 Uhr ihren Bus kriegen müssen. Vertriebler lieben Freiheit, die ist aber nicht immer pünktlich.

Ein großer Teil der Freiheit ist durch das Reisen bedingt. Vertriebler sind oft auf Geschäftsreisen – und das meist gerne. Oft geben die Kunden oder die Ereignisse die Termine und auch die Dauer vor. Natürlich gibt es immer mehr Videokonferenzen, die auch so manch einen Vor-Ort-Termin ablösen. Nichtsdestotrotz sind Sie es als Vertriebler, der oder die wichtige Gespräche von unwichtigen unterscheidet und prüft, ob ein Online-Termin reicht oder ein Besuch vor Ort notwendig ist.

Es wird Initiative und Flexibilität auf der einen Seite und Geduld und Struktur auf der anderen Seite von Ihnen erwartet, wobei tendenziell die ersten beiden Punkte wichtiger sind.

**TIPPS**

1. Versuchen Sie Kundentermine so zu setzen, wie es für Ihre Organisation am besten ist. Nicken Sie also nicht jeden Terminvorschlag seitens Ihres Kunden vorschnell ab.
2. Damit Ihre Familie und/oder Ihr Freundeskreis Sie besser einplanen kann, versuchen Sie doch immer an einem bestimmten Tag beispielsweise spätestens um 18 Uhr zu Hause zu sein. So bieten Sie Ihrem Umfeld eine verlässliche Konstante.
3. Kommunizieren Sie, wenn es später wird als geplant, rechtzeitig allen, die es betrifft.
4. Können oder wollen Sie nicht im privaten Kreis absagen, können Sie ja auch Spielregeln vereinbaren. Beispielsweise bei einem Lauftreff: »Wenn ich um 18 Uhr nicht da bin, dann wartet nicht auf mich, sondern lauft alleine los.«
5. Arbeiten Sie mit Zeitpuffern, da niemals ein ganzer Tag immer so laufen kann wie geplant.

### 3. Initiativkraft

Einer der entscheidendsten Erfolgsfaktoren im Vertrieb ist, Initiative zu zeigen. Ohne eigene Initiativkraft werden Sie im Vertrieb niemals richtig »Bock« auf Ihre Arbeit bekommen, da Ihnen die Ausdauer und Leidensfähigkeit fehlen, beispielsweise einen Zielkunden ein weiteres Mal anzusprechen oder auch noch mal erneut zum Telefon zu greifen, obwohl Sie eigentlich langsam Feierabend machen wollten. »Initiativ sein bedeutet, etwas selbst in die Hand zu nehmen. Abwarten und Nachdenken oder Nichtstun ist immer die zweite Wahl.«[1]

Machen Sie den ersten Schritt raus aus der Routine, indem Sie einfach mehr machen, als man erwartet. Denken Sie in Chancen – nicht in Schwierigkeiten. Es macht Führungskräfte wahnsinnig, wenn sie aus ihrem Vertriebsteam hören: »Dieser Kunde möchte nichts von uns wissen. Denn ich habe denen schon letztes Jahr eine E-Mail geschrieben, die haben nicht geantwortet …«

Jede neue Geschäftsbeziehung und deren Anbahnung kann im B2B-Geschäft manchmal lange dauern, und jede fing einmal mit einer Initiative an. Man macht dabei aus fremden Menschen (Geschäfts-)Freunde. Gut, Sie können warten, bis sich ein neuer Kunde bei Ihnen meldet. Sie können aber auch aktiv sein. Da gibt es im Vertrieb unzählige Möglichkeiten. Auch im Bewerbungsprozess ist das so. Was glauben Sie, wie hoch stehen Ihre Chancen, wenn Sie einer oder eine von 20 Bewerbern sind, die eine Standardbewerbung abgegeben haben? Vermutlich haben Sie rechnerisch eine Chance von nicht einmal 5 Prozent. Eher sind es 0 Prozent, weil Ihnen zu 100 Prozent jemand zuvorkommt und eine außergewöhnlich gute Taktik für diese Bewerbung auf die freie Stelle mitgebracht hat.

**TIPPS**

1. Motivation von außen gibt es nicht, und wenn, dann wirkt sie nur kurzfristig. Überlegen Sie, was Sie motiviert. Was bringt Ihnen Spaß bei der Arbeit und damit Erfolg im Job?
2. Wie ist die Vision des Unternehmens, welche Ziele werden verfolgt? Wenn Ihnen das nicht so ganz klar ist, fragen Sie nach.
3. Setzen Sie sich die Ziele sportlich: »Den Kunden x oder das Projekt y will ich jetzt knacken.« Vielleicht vereinbaren Sie auch ein »Battle« unter Kollegen, wer sein Ziel schneller/besser erreicht hat.
4. Meiden Sie Energieräuber. Es bringt wenig, sich immer wieder mit Menschen zu unterhalten, die Sie (unbewusst) runterziehen.
5. Tauschen Sie sich mit Menschen, auch außerhalb Ihrer Firma, aus, die ins Gelingen verliebt sind und nach Lösungen und Wegen suchen statt nach Gründen und Ausreden.

## 4. Struktur

Manche Vertriebler werden als »Künstler« oder »Diva« im eigenen Haus angesehen, da sie wenig bis gar nicht strukturiert arbeiten – oder zumindest auf Außenstehende so wirken. Aber die künstlerische Freiheit, die sich diese Vertriebsmitarbeiter herausnehmen, wenn sie sich nicht an unternehmerische Prozesse halten, geht oft auf Kosten der anderen Kollegen oder des Geschäfts. In keiner anderen Abteilung wird ein »Künstler« geduldet, weder in der Buchhaltung noch in der Personalabteilung. Und im Vertrieb sollte es auch klare Strukturen und Vorgaben geben, an die sich jeder zu halten hat. Doch so manche sehen beispielsweise die Pflege des CRM-Systems oder die rechtzeitige Einreichung von Spesenabrechnungen als unverbindlichen Wunsch seitens der Führung statt eine konkrete Anweisung.

Ein funktionierender Vertrieb sollte eine klare Struktur aufweisen und mit vielen standardisierten Prozessen arbeiten. Ein gut eingespieltes CRM-System gibt den Takt an und hilft, dass nichts vergessen wird. Der Vertriebler sollte diese Systeme zu seinem Vorteil nutzen. Wir definieren Zielgruppen, Leads und Opportunitäten und versuchen möglichst viele davon zum Abschluss zu bringen. Strukturiertes Arbeiten im Rahmen der betrieblichen Abläufe ist wichtig für nachhaltigen Erfolg. Ein Vertriebler ist ein Baustein der Brücke im Unternehmen, die zum Erfolg führen soll. Hier braucht man Mitarbeiter, auf die man sich verlassen kann und weiß, wie gut sie das Unternehmen nach außen hin vertreten können. »Heute so, morgen anders«, das wird nicht geschätzt. Sich in die vertrieblichen Prozesse einfinden und diese zielführend einsetzen, das ist der Weg. Dazu gehört eine Struktur in der Arbeit mit einem hohen Maß an Zuverlässigkeit und Pünktlichkeit.

**TIPPS**

1. Jede Abteilung hat Fragen, Wünsche und Anforderungen, wie der Vertrieb beim Kunden agieren soll. Oft sind diese Vorgaben nirgendwo aufgeschrieben. Machen Sie das für sich, gerade dann, wenn Sie neu im Unternehmen oder der Abteilung sind.
2. Gab es mal negative Anmerkungen von Ihren Vorgesetzten oder Kollegen, die sich über Ihre Art zu arbeiten geäußert haben? Tun Sie das nicht so schnell ab, es war sicher nicht beleidigend gemeint.

3. Fordern Sie Feedback ein. Gerade am Anfang Ihres neuen Jobs, wenn Sie sich noch nicht sicher sind, was die Dos und Don'ts sind, werden Sie nicht alles richtig machen (können).
4. Es gibt viele Anregungen und Ideen, wie Sie den strukturellen Anforderungen des Unternehmens gerecht werden können. Lernen Sie hier von Ihren besten Kollegen – und bitten Sie diese um Rat getreu dem Motto »Wie machst du das?«
5. Gibt es in Ihrem Unternehmen schon ein »Sales-Playbook«? Hier werden vertriebliche Prozesse festgelegt und niedergeschrieben. Vielleicht wäre das ein spannendes Projekt für Ihren Vertriebsleiter und Ihr Team, gemeinsam mit Ihnen so etwas zu erarbeiten.

## 5. Menschenkenntnis und Empathie

Geschäfte werden von Menschen abgeschlossen – trotz aller digitalen Tools wie CRM und Social Selling. Das wird oft vergessen: Am Ende liest ein Mensch Ihre E-Mail oder Ihren Post in den sozialen Medien, und der bewertet Ihre Nachricht mit seinen persönlichen Emotionen. Je besser Sie sich in andere Personen hineinversetzen können, desto idealer. Denn Verstehen und Verständnis sind wichtige Bausteine für gegenseitiges Vertrauen. Wenn Vertrauen herrscht, ist ein guter Grundstein für Geschäfte gelegt.

Vertriebsmitarbeitern sollte es Spaß machen zu erkennen, wie andere Menschen ticken. Dazu ist eine Portion Menschenkenntnis und Empathie erforderlich. Wenn Sie sich nicht sicher sind, wie Sie die Situation richtig einschätzen sollen, holen Sie sich die Meinung von einem erfahrenen Kollegen oder Vorgesetzten. Oder sprechen Sie es ganz offen von sich aus an – bitte aus der Ich-Perspektive. Beispielsweise: »Ich habe irgendwie das Gefühl, dass ich störe/etwas erzähle, was Sie nicht interessiert/mir irgendwas Wichtiges entgangen ist.« Warten Sie dann ab, wie Ihr Gegenüber reagiert. Oft ist es gut, Unsicherheiten von sich aus offensiv, aber diplomatisch anzusprechen, bevor man noch Stunden und Tage nach dem Gespräch darüber nachgrübelt.

**TIPPS**

1. Schauen Sie sich doch mal Videos auf YouTube über Menschen an, mit denen Sie spontan recht wenig anfangen können. Versuchen Sie diese Menschen zu verstehen, warum sie so sind, wie sie sind. Sind diese wirklich so schlimm, wie Sie denken? Weshalb?
2. Es gibt nicht nur Ihre Meinung. Andere Menschen haben oft gute Gründe, weswegen sie so denken, wie sie denken – und damit anders als Sie. Versuchen Sie diese Menschen zu verstehen – zu verstehen, warum sie so sind, wie sie sind.
3. Achten Sie auf Ihre Bewertungsreflexe »richtig« und »falsch«. Polarisierung kann zwar mal ganz unterhaltsam sein, doch zwängen Sie Ihre Meinung, die Sie für richtig halten, niemandem auf.
4. Beschäftigen Sie sich mit Themen wie »aktives Zuhören« oder »Transaktionsanalyse« und mit dem »Vier-Ohren-Modell«, um zu erkennen, wie Kommunikation (nicht) gelingt.
5. Bestehen Sie nicht auf das vereinbarte Gespräch, wenn Sie merken, dass Ihr Gegenüber einfach in einer schlechten Verfassung ist.

## Weitere wichtige Fertigkeiten

### Kommunikation

An guter Kommunikation führt kein Weg vorbei. Allein ein intelligenter »Denker« zu sein, reicht für Erfolg im Vertrieb nicht aus. Sie sollten mit Ihren Kunden so viel wie möglich sprechen (sowohl Sie als auch (!) Ihr Kunde) und auch das auf den Punkt bringen können, was Ihr Kunde von Ihrem Unternehmen erwarten kann.

Eine klare, wertschätzende Sprache ist das, was sich Ihre Kunden und übrigens auch Ihre Kollegen von Ihnen wünschen. Informieren Sie klar und deutlich. Im Vertrieb gibt es nicht immer nur Sonnenschein, sondern auch mal Problemchen und Probleme, die von Kunden kommen oder diese betreffen. Darüber muss man offen sprechen!

Auf der anderen Seite sollten Sie auch über Erfolge reden können. Die richtige Präsentation der eigenen Arbeit und der eigenen (Vertriebs-)Persönlichkeit trägt maßgeblich dazu bei, ob Sie im Vertrieb Karriere machen oder nicht.

Sie brauchen nicht nur für Ihre Produkte einen durchdachten Marketingplan. Sie brauchen auch einen Plan für Ihr eigenes, persönliches Vorwärtskommen. Ein Punkt, der oft vollkommen vergessen wird.

**TIPPS**

1. Reflektieren Sie Ihre persönlichen Gespräche. Konnten Sie Ihre Argumente durchbringen und konnte Ihr Kunde Ihren Erklärungen folgen? Hinterfragen Sie sich öfter wohlwollend, um in zukünftigen Gesprächen besser zu sein.
2. Hören Sie zu, um zu verstehen – nicht, um zu antworten. Wenn Sie Ihre Kunden besser verstehen als Ihr Mitbewerber, haben Sie meist auch die passenderen Angebote und die bessere Beziehung – und machen den Auftrag.
3. Lassen Sie Ihr Gegenüber ausreden und fragen Sie nach. Viele antworten nämlich vorschnell – und ersticken somit einen offenen Dialog. Sie sind schließlich kein Hellseher oder Gedankenleser.
4. Kommunizieren Sie auch Ihr »Nein« deutlich. Denn Sie haben die Verantwortung für das, was Sie verkaufen, aber auch für das, was Sie nicht verkaufen.
5. Bildung ist eine Holschuld: Wenn Sie irgendwo nicht weiterkommen, dann suchen Sie nach Lösungen – und warten Sie nicht, bis Ihnen jemand welche von sich aus aufzeigt.

### Schriftliche Kommunikation

Im Vertrieb kommunizieren Sie andauernd. Dafür brauchen Sie eine gute Ausdrucksform und möglichst fehlerfreie Sätze. Es wird auch von Ihnen erwartet, auf beispielsweise LinkedIn, XING oder Facebook kurze Posts zu verfassen, zum Beispiel über ein gewonnenes Projekt, eine Produktneuheit oder eine schicke Referenz.

Klar, manche Fehler sind menschlich – und machen uns Vertriebler menschlich. Gerade bei Social Media glauben ja auch viele, dass es nicht schlimm ist, wenn sie etwas nicht ganz fehlerfrei in die Kommentare schreiben. Doch das ist ein großer Irrtum. Tippfehler sind peinlich und werden Ihnen persönlich zugeschrieben. Ob Sie in Eile waren oder nebenbei einen Videocall hatten, das interessiert hinterher niemanden mehr. Tippfehler sind wie Flecken auf dem

Hemd. Das kann jedem Mal passieren, sieht aber blöd aus. Tippfehler kratzen auch an Ihrer persönlichen Kompetenz.

**TIPPS**

1. Erweitern Sie Ihren Wortschatz, indem Sie gut formulierte Texte lesen.
2. Nutzen Sie die Korrekturhilfen Ihrer Textverarbeitungssoftware. Gehen Sie aber davon aus, dass diese nicht alle Fehler erkennt.
3. Lassen Sie wichtige Texte von Kollegen gegenlesen, die in der Rechtschreibung versierter sind.
4. Versenden Sie wichtige Nachrichten nicht sofort, sondern lesen Sie diese beispielsweise nach einer halben Stunde erneut durch.
5. Greifen Sie auf gut formulierte Textbausteine zurück. Denn es kommt nicht nur auf die Grammatik und Rechtschreibung an, sondern auch auf die Formulierung.

### Teamgeist

Die Prozesse im Unternehmen sind heute so abgestimmt, dass alle Abteilungen am gleichen Strang ziehen müssen, um am Markt erfolgreich zu sein. Manchmal liegen zwar die Ziele der Abteilungen weit auseinander, aber das ist auch gut so, denn irgendwo zwischen Ihren beiden Positionen liegt das Optimum für Ihr Unternehmen. Und darum geht es im Vertrieb: Sie kämpfen nicht für sich, Sie kämpfen für Ihr Unternehmen, das Sie dann für Ihre Leistung honoriert.

Es gibt immer noch Redewendungen, in denen von »meinem Kunden«, »meinem Projekt« oder »meiner Region« gesprochen wird. Aber gehört Ihnen der Kunde, das Projekt, die Region wirklich persönlich? Nein, auch wenn Sie für Ihre Kunden der Hauptansprechpartner sind. Sie werden nur dann Erfolg haben, wenn das ganze Team – und damit letztlich alle Ihre Kollegen – hinter Ihnen steht und sich für Sie engagiert. Sonst wird das nix. Zu diesem Team gehören auch der Lagerarbeiter, der Monteur und die Putzfrau. Diese erledigen nur eine andere Aufgabe, prägen aber letztlich das Gesamtbild Ihres Arbeitgebers.

Wenn Sie »bossy« rüberkommen und Ihre Kollegen den Eindruck haben, Sie wollten etwas Besseres sein als das Team, kippt die Motivation schnell. Und ja, es ist auch oft andersherum. An dem Vorurteil »Der mit dem ›dicken Auto‹ fährt doch nur rum und trinkt Kaffee mit seinen Kunden« halten so manche Kollegen fest, die wenig über erfolgreiche Vertriebsarbeit wissen. Das heißt nicht, dass Sie Harmonie um jeden Preis anstreben sollen – Probleme sollten immer zeitnah angesprochen werden. Gefordert ist von Ihnen im Vertrieb die Empathie, sich sowohl in Kolleginnen und Kollegen als auch in Kunden und Vorgesetzte hineinversetzen zu können und zu spüren, wie sich Ihr Gegenüber gerade fühlt, um angemessen kommunizieren und reagieren zu können.

**TIPPS**

1. Setzen Sie sich gedanklich auf den Platz Ihrer Kollegen. Was sind deren Interessen an dem Thema, was sind ihre Sorgen? Denn Ihre Ideen und Wünsche sind vielleicht für andere Mehrarbeit.
2. Stimmungen und Gefühle lassen sich nicht immer angemessen in eine E-Mail packen. Greifen Sie öfter zum Hörer und sprechen Sie mit Kollegen und Kunden.
3. Ein aufrichtiges »Danke schön!« kostet kein Geld, kann Ihnen aber helfen, dass Ihr Team gerne mit Ihnen zusammenarbeitet. Es ist eben nicht alles selbstverständlich und »nur« der Job.
4. Auch Vertriebshelden machen mal Fehler. Sprechen Sie offen darüber und geben Sie diese zu. Menschen, die auch mal einen Fehler eingestehen, werden leichter akzeptiert als die, die alles auf andere abwälzen.
5. Interessieren Sie sich auch für Kollegen, mit denen Sie so gut wie noch nie wirklich gesprochen haben. Sagen Sie einfach mal hallo, vielleicht so: »Wir arbeiten schon seit sechs Monaten zusammen, haben aber noch nie mal ein paar Minuten gesprochen.«

### Organisationstalent

Als Vertriebler sind Sie das Schweizer Taschenmesser in Ihrem Unternehmen, quasi ein kleines Einzelunternehmen in Ihrem betrieblichen Umfeld. Sie müssen täglich organisieren, arrangieren, Termine und Menschen zusammenbringen und Projekte koordinieren. Gerade dann, wenn Sie unterwegs zum Kunden sind, kann alles Mögliche passieren: Die Tickets sind falsch, der Koffer ist weg, der Kunde krank. Schimpfen und Jammern bringt Sie hier nicht weiter. So was will von Ihnen auch niemand hören. Sehen Sie zu, wie Sie das organisiert bekommen, wie Sie zum Kundentermin kommen, den Mietwagen organisieren oder schnell einen Ersatztermin erhalten.

Online-Meetings sind üblich, intern und auch mit Kunden. Nehmen Sie sich bitte die gleiche Aufmerksamkeit dafür wie bei einem persönlichen Termin. Gut angezogen, motiviert und pünktlich, online wie offline, ist wichtig. Kennen Sie die Videokonferenzsoftware noch nicht, dann beschäftigen Sie sich rechtzeitig damit. Recherchieren Sie im Internet nach Anleitungen oder üben Sie mal ein Meeting mit einem Kollegen. Im Prinzip sind alle Programme ähnlich, aber unterscheiden sich doch etwas in der Nutzung und den Ton- und Video-Einstellungen.

**TIPPS**

1. Nehmen Sie sich Zeit, alles noch einmal in Ruhe gedanklich durchzugehen.
2. Wenn Sie beispielsweise zum ersten Mal allein mit einem Flugzeug zum Kunden reisen, holen Sie sich von erfahrenen Kollegen Rat, damit alles möglichst auf Anhieb funktioniert.
3. Stimmen Sie unbedingt vor jedem Gespräch die Ziele mit Ihrem Gesprächspartner ab. Denn wenn beide Seiten die gleichen Erwartungen haben, können sich auch beide Seiten besser vorbereiten.
4. Erstellen Sie sich Checklisten für beispielsweise Geschäftsreisen, Präsentationstermine und Kundenbesuche. Ob Sie diese Checklisten in Papierform nutzen oder digital, bleibt Ihnen überlassen.
5. Überlegen Sie, ob Sie nicht eine Art Notfallkoffer im Auto deponieren können: Wie wäre es mit Medikamenten für eine kurzfristige Erkältung, einem Ladekabel, welches gerne im Hotel vergessen wird, oder einer Packung Schuhcreme?

### Unternehmerisches Denken

Mit Ihrer Arbeitsweise bestimmen Sie entscheidend die wirtschaftlichen Kennzahlen Ihres Arbeitgebers. Wenn Sie einem Kunden, der beispielsweise mit Ihnen 100.000 Euro Umsatz macht, 3 Prozent mehr Rabatt geben, dann spart Ihr Kunde zwar 3.000 Euro, aber Sie bzw. Ihr Arbeitgeber nimmt auch 3.000 Euro weniger ein. Blieben bisher bei dem Kunden »nur« 10.000 Euro als Gewinn »hängen«, haben Sie diesen Gewinn mit Ihrem Rabattzugeständnis um 30 Prozent auf 7.000 Euro gekürzt. Nun rechnen Sie bitte mal aus, wie viel Mehrumsatz Sie machen müssen, um diese 3.000 Euro Gewinn wieder zu erwirtschaften …

Die für Sie relevanten Kennzahlen müssen Sie ebenfalls kennen – und bei Ihrem täglichen Tun berücksichtigen: Was wird von Ihnen noch bis zum Abrechnungsende erwartet? Mit welchen Kunden und Interessenten wollen Sie wie diese Ziele erreichen?

Aber Sie müssen sich nicht nur mit Zahlen auskennen, sondern sollten auch Branchen- und Produktkenntnisse, betriebswirtschaftliches Wissen und auch juristische Grundkenntnisse haben. Ebenfalls gehören Priorisieren und Delegieren dazu sowie Ihr regelmäßiger Blick auf die Märkte: Was machen Ihre Mitbewerber? Was fordern die Kunden? Welche Trends gibt es?

**TIPPS**

1. Fachwissen und Hintergrundwissen erhalten Sie aus den Fachabteilungen. Fragen Sie dort nach und lassen Sie sich die Kennzahlen und Prozesse erklären.
2. Beschäftigen Sie sich mit Ihren Zielzahlen. Schauen Sie sich beispielsweise in einer Excel-Tabelle an, wie sich kleine und große Änderungen bei einzelnen Kunden auf Ihr Gesamtergebnis auswirken, damit Sie noch mehr Bewusstsein für das bekommen, was Sie tun.
3. Sie müssen (!) in der Lage sein, bei Ihren Kunden Einstandspreise nachvollziehbar berechnen zu können. Üben Sie das vorher, damit Sie einem Kunden, der behauptet, Ihnen nach Bonus, Skonto und Naturalrabatt einen Preis von 12,20 Euro zu zahlen, ggf. wertschätzend korrigieren können.
4. Lesen Sie Branchenmagazine und suchen Sie Kontakt zu Meinungsbildern wie beispielsweise Obermeistern und Verbandsvorsitzenden: Wie nehmen diese den Markt wahr?
5. Haben Sie Spaß daran, sich auch mit Themen wie Marketing, Führung und Unternehmertum zu beschäftigen. So lernen Sie nicht nur, sondern werden auch ein immer gefragterer Ansprechpartner.

### Analysefähigkeiten

Im Vertrieb sind Sie mit einem betriebswirtschaftlichen Hintergrund, ob Studium oder Ausbildung, schon mal per se richtig. Vertriebler arbeiten viel mit Zahlen, Umsätzen, Deckungsbeiträgen, Wachstum oder Umsatzrückgang. Die Uhren im Vertrieb ticken weniger nach Stunden und Minuten, sondern mehr nach Euro und Prozentzahlen. Ihre eigenen Zahlen sollten Sie kennen und bewerten können. Ein Ergebnis ist aber erst mal nur die Zahl. In Bezug zu einer anderen Zahl wird das Ergebnis zum Erfolg – oder eben zum Misserfolg.

Was genau wird von Ihnen erwartet? Sie kennen Ihre Umsatz- und Absatzzahlen, produktbezogen, regional- und auch marktbezogen. Sie sind der Zahlenexperte in Ihrem Vertriebsgebiet.

Sie müssen aber auch gegenüber Ihrer Führungskraft aussagekräftig sein. Wenn Sie beispielsweise gefragt werden: »Sagen Sie mal, was macht eigentlich das Geschäft mit dem Kunden XY?« oder »Wie entwickelt sich denn die Umsatzerwartung in dem Projekt, Sie haben ja so viel Zeit dort investiert?«, dann sollte Ihre Antwort kein lang gezogenes »Äh« sein. Die tägliche Arbeit mit »Ihren« Zahlen gehört zu Ihrem Job. Lassen Sie sich nicht nur zeigen, wie Sie an diese kommen, sondern nehmen Sie sich auch die Zeit dafür, aus diesen Konsequenzen abzuleiten.

**TIPPS**

1. Schauen Sie täglich in Ihr CRM- und oder ERP-System, um die aktuellen Umsätze abzufragen.
2. Schaffen Sie sich Prioritäten. Ein C-Kunde wird schnell vernachlässigt, doch hat dieser vielleicht das Potenzial zum A-Kunden? Ab welcher Grenze wird ein Kunde oder Interessent wirklich für Sie wichtig?
3. Nutzen Sie Analysetools, um Trends (positive und negative) zu erkennen und rechtzeitig Maßnahmen einzuleiten und ggf. Ihre Vertriebsleitung zu informieren.
4. Gibt die Unternehmenssoftware nicht alles her, bauen Sie sich übergangsweise eigene Abfragen und Statistiken mit beispielsweise Excel auf.
5. Konzentrieren Sie sich auf die entscheidenden Messgrößen. Von welchen Zahlen hängen Ihre Einkünfte ab? Das sind für Sie und Ihren Arbeitgeber die wichtigsten. Aber: Messen und Analysieren reicht nicht, Sie müssen auch Handlungen davon ableiten.

### Zeitmanagement

Alle Termine sollten geplant werden: Wo ist der Termin? Wie lange wird er gehen? Wie lange dauert die Anreise? Was benötigen Sie alles zur Vorbereitung? Seinen Kalender im Überblick zu behalten, ist gar nicht so einfach, schließlich gibt es ja nicht nur langfristige, sondern auch kurzfristig anberaumte Termine – teils geschäftlich, teils privat. Behalten Sie Ihre Termine und Terminzusagen im Griff. Wer andere warten lässt, begeht Zeitdiebstahl. Auch ein zu frühes Erscheinen nervt. Drehen Sie lieber noch mal eine Runde um den Block, bevor Sie 15 Minuten vor dem Termin am Empfang stehen. Wenn sich für Sie abzeichnet, dass Sie zu spät zum Termin kommen, informieren Sie bitte von sich aus alle Beteiligten. Die Haltung »Die merken ja schon, wenn ich zu spät komme!« ist eines guten Verkäufers nicht würdig. Wenn Sie souverän sein wollen, dann geben Sie auch nicht dem unerwarteten Stau die Schuld, sondern sich im Sinne von »Ich bin zu spät losgefahren und habe nicht genügend Puffer eingebaut«.

Seit 2020 sind Videokonferenzen nicht mehr wegzudenken. Diese sind manchmal eng hintereinander getaktet und oft ohne Pause geschaltet. Bauen Sie sich hier Luft ein, um pünktlich, frisch und konzentriert ins nächste Gespräch zu gehen. Zwei persönliche Kundenbesuche würden Sie sicherlich auch nicht ohne Puffer dazwischen einplanen.

Andere Länder, andere Sitten: In einigen südlichen Regionen Europas hat Pünktlichkeit eine ganz andere Bedeutung, beispielsweise fehlende Flexibilität. Machen Sie sich daher im Vorfeld über Sitten und Gebräuche schlau, damit nicht unnötig Frust entsteht.

**TIPPS**

1. Planen Sie nicht zu knapp. Vertriebsarbeit lässt sich nicht minutiös takten. Das gilt auch für die Online-Meetings.
2. Erwartungsmanagement ist ein oft unterschätzter Faktor im Vertrieb. Klären Sie vorab die Erwartungen an den Termin – so manch ein persönliches Gespräch vor Ort erledigt sich nämlich damit von allein.
3. Vereinbaren Sie schon bei der Terminvereinbarung Beginn und Ende des Gesprächs mit Ihren Kunden. Beispiel: »Prima, wir sehen uns dann bei Ihnen um 16 Uhr. Bitte planen Sie für den Termin 90 Minuten ein.«
4. Setzen Sie beim Termingespräch selbst öfter Gesprächsrahmen: Sagen Sie recht früh zu Beginn des Gesprächs, wie lange Sie für diesen Termin Zeit haben, sodass alle Beteiligten wissen, woran sie sind.
5. Beherrschen Sie mehrere Varianten der Gesprächs- und Präsentationsführung, um ggf. auch kurz und knackig auf Augenhöhe mit Ihrem Gesprächspartner ein Gesprächsergebnis zu erzielen.

**Geduld & Resilienz**
Geduld ist die Fähigkeit oder Bereitschaft, etwas ruhig und beherrscht abzuwarten oder zu ertragen. Resilienz ist die psychische Widerstandsfähigkeit. Beide Fähigkeiten werden Ihnen im Vertrieb abverlangt, da konkrete Ergebnisse hier oft etwas länger dauern.

Je größer das Unternehmen ist, für das Sie arbeiten, desto kleiner ist Ihr persönlicher Einflussbereich. Das ist für einen aktiven Vertriebsmitarbeiter schon mal nervig, denn es gibt viele Einflussfaktoren, auf die der Vertrieb keinen Einfluss hat: Die Produkteinführung verspätet sich, weil der Container aus China noch nicht da ist, Kapazitäten in der Entwicklung sind ausgelastet oder ein bestimmtes Budget ist für das Jahr bereits aufgebraucht. Das sind Dinge, über die sich Vertriebler täglich aufregen können – müssen sie aber nicht. Denn ändern können sie es ja leider eh nicht. Aber Vertriebler müssen das eben aushalten können. Kurz: Geduld und Resilienz gehören in den mentalen Werkzeugkasten.

Überall dort, wo viel los ist, geht auch schon mal was schief. Und wer viel macht, macht eben auch mal was falsch, manchmal verschuldet, manchmal auch unverschuldet: Sie verlieren ein Projekt, Sie erreichen Ihr Provisionsziel nicht, Sie verpassen eine wichtige Ausschreibung, Sie verlieren einen Kunden – all das tut im Herzen weh. Aber Jammern hilft weder Ihnen noch Ihren Kollegen. Vertriebler müssen Stehaufmännchen sein: Um 11 Uhr gerade einen großen Kunden verloren, um 13 Uhr ein Termingespräch mit einem potenziellen Neukunden führen, als wäre die Welt in Ordnung – das ist Vertriebsarbeit.

**TIPPS**

1. Trennen Sie die fachlichen Probleme von den persönlichen. Sehen Sie nicht hinter jeder Anmerkung gleich die persönliche Kritik.
2. Manche Dinge muss man auch mal ohne Murren ertragen können.
3. Wenn immer alles sofort bei Ihnen klappt, arbeiten Sie unter Ihren Möglichkeiten.
4. Lernen Sie aus eigenen und fremden Fehlern oder suchen Sie sich einen Sparringspartner, mit dem Sie sich austauschen können, um immer weiter auf dem Pfad des Gelingens zu kommen.
5. Humor und Sarkasmus, aber auch der Gedanke, wofür wohl x nun gut gewesen war, gibt vielen die Kraft, gewisse Dinge auch mal so stehen zu lassen.

### Verlässlichkeit und Integrität

Leider gibt es im Vertrieb auch viele »Luftpumpen«, die alles Mögliche versprechen, aber zahlreiche Ausreden haben, warum es jetzt (mal wieder) nicht klappt. Kunden brauchen aber keine »Laberheinis«, sondern verlässliche Geschäftspartner. Also: Ein Mann bzw. eine Frau – ein Wort. Und ganz wichtig: Sie stehen zu Ihrem Unternehmen, den Produkten, den Kollegen. Das heißt nicht, Sie sind »Everybody's Darling«, das soll heißen, man kann mit Ihnen rechnen – und Sie beziehen Position.

Zwischen Ihnen und Ihrer Vertriebs- bzw. Teamleitung darf im übertragenen Sinne »kein Blatt Papier passen«. Ja, es gibt Kollegen, die sich als Quelle negativer Infos großtun oder sich beim Bier über ihre Kollegen oder ihre Chefs monieren und die Firmenpolitik in den Schmutz ziehen. Es gibt Kollegen, die spielen unsauber, beispielsweise mit Spesen- oder Anwesenheitszeiten. Es gibt Kollegen, die sind toxisch, vergiften die Stimmung mit negativen Geschichten über andere. Sie nicht!

Seien Sie anders, seien Sie klar und stehen Sie zu dem, was Sie und Ihr Unternehmen tun. Integrität kann man nicht sehen, aber deutlich spüren.

#### TIPPS

1. Verzichten Sie auf Klatsch und Tratsch über Kollegen und Ihr Unternehmen. Es gibt das Sprichwort: »So wie man bei dir über andere lästert, so lästert man bei anderen über dich.«
2. Geben Sie nur Informationen weiter, die Sie auch selbst geprüft haben. Spekulationen bringen nicht viel.
3. Sichern Sie Kunden nichts vorschnell zu, erbitten Sie im Zweifelsfalle Bedenkzeit im Sinne von »Ich kann im Moment noch nicht ja sagen«.
4. Geben Sie Informationen rechtzeitig weiter. Lassen Sie niemanden unnötig warten. Oft ist es besser, recht früh einen Fehler zu thematisieren, als ihn aussitzen zu wollen.
5. Wenn Sie nicht hinter der Unternehmens- und insbesondere der Vertriebsphilosophie stehen können, dann übernehmen Sie Verantwortung – und suchen sich einen Arbeitgeber, der besser zu Ihnen passt.

### Digitale Kompetenz

Spätestens seit 2020 geht es auch im Vertrieb nicht mehr ohne digitale Kompetenz. Die Uhr wird auch nicht zurückgestellt werden, auch wenn das noch so manche hoffen, die schon gedanklich in Rente sind.

Es reicht aber heute im Vertrieb nicht mehr aus, dass Sie wissen, wie Sie Ihr Handy starten – und für alles andere die IT-Abteilung anfragen. Wenn Sie mehrere Social-Media-Profile habe, achten Sie darauf, dass alle möglichst aktuell sind. Denn Sie wissen nie, über welche Kanäle (potenzielle) Geschäftspartner auf Sie zukommen (wollen) – oder sich zumindest über Sie informieren. Da kann ein verwaistes Profil schnell für Irritation sorgen und den Willen des Erstkontakts durch den Kunden abwürgen oder zumindest für unnötige Vorurteile sorgen.

Social Selling, Webinare, digitale Messen und Online-Produktschulungen stehen heute auf der Agenda. Wenn Sie Ihren gewünschten Gesprächspartner nicht erreichen, weil dieser im Homeoffice steckt, dann versuchen Sie es doch digital. Er freut sich garantiert über Ihre Kontaktaufnahme, wenn Sie ihm einen echten Mehrwert bieten und sich nicht hinter hohlen Verkaufsphrasen verstecken.

**TIPPS**

1. Machen Sie sich mit den gängigen Online-Konferenztools vertraut. Auch wenn Ihr Unternehmen ein System präferiert, Ihre Kunden haben bestimmt auch andere Softwarelösungen im Einsatz.
2. Fragen Sie sich, wie Sie auf das Smartphone Ihrer (potenziellen) Kunden kommen. Denn wenn Interessenten und Kunden Ihren Mitbewerber anstrengungsärmer erreichen können, warum sollten sie sich die Arbeit machen, Sie oder Ihre Unternehmung aufwendig zu suchen?
3. Halten Sie Ihre Ohren und Augen offen, um zu erfahren, wie Ihre Wettbewerber akquirieren und Kunden binden. *Das* Online-Tool für die Kundenansprache gibt es nicht. Es gibt viele. Probieren Sie verschiedene aus, um sich dann später auf ein oder zwei Kanäle zu konzentrieren, die sowohl zu Ihnen als auch zu Ihrer Zielgruppe passen.
4. Viele Kunden und Interessenten versuchen sich gegen Online-Termine zu wehren, weil sie schlechte Erfahrungen gemacht haben. Achten Sie darauf, schnell relevant für Ihre Gesprächspartner zu sein, egal ob per Mail, via Zoom oder im persönlichen Gespräch. Dann klappt es auch leichter mit der Terminierung.

5. Es gibt manchmal auch Kunden, die Online-Termine ablehnen, weil sie die Sorge haben, mit der Technik nicht richtig zurechtzukommen. Bieten Sie im Zweifelsfalle ein »Ausprobier-Treffen« vorab an, damit Ihr Kunde dann auch gerne an dem anvisierten Gesprächstermin teilnimmt.

**Lebenslanges Lernen**

Gerade Vertriebler müssen immer wieder lernen, reflektieren, planen und ausprobieren, um da weiterzukommen, wo sie derzeitig Probleme haben. In der Welt des Vertriebs gibt es immer wieder neue Dinge, mit denen Sie sich auseinandersetzen können: Produkte, Vertriebstools, Software, Vertriebswege, aber auch Gesprächs- und Präsentationstechniken und vieles mehr.

Vertriebler sollten immer offen sein für Veränderungen. Denn wenn sie selbst verschlossen sind, wie können sie dann von potenziellen Kunden verlangen, sich ihren Angeboten zu öffnen? Sobald Sie sagen: »Dieses neue Zeug, das tue ich mir nicht mehr an«, haben Sie sich persönlich auf den Weg zum Abstellgleis begeben. Sie sind dann nicht mehr up to date und als Gesprächspartner schlimmstenfalls weniger interessant.

Halten Sie sich informiert und beherrschen Sie die technischen und vertrieblichen Tools mit einer charmanten Selbstverständlichkeit (auch wenn's manchmal schwerfällt). Wenn das nicht von alleine klappen will, holen Sie sich Hilfe bei Kollegen, der IT oder Ihren Vorgesetzten. Mittlerweile gibt es auch unzählige Online-Kurse und Videos zu jedem Thema, nutzen Sie das. Manchmal reicht auch schon eine einfache Recherche über Google. Es nervt Ihre Kollegen, Vertriebsleitung und Kunden, wenn Sie z. B. ein neues Vertriebstool für Video-Calls nicht beherrschen und dauernd Ausreden haben, warum es gerade bei Ihnen nicht funktioniert. Damit disqualifizieren Sie sich nicht nur im Kollegenkreis, sondern auch bei Ihren Kunden.

**TIPPS**

1. Nutzen Sie interne Weiterbildungen. Werden Sie aber nicht zum Seminarjunkie, denn nicht jedes Wissen ist für die erfolgreiche Vertriebsarbeit relevant. Und oft bringt Wissen wenig, wenn man es nicht umsetzt.
2. Sprechen Sie Ihren konkreten Schulungsbedarf von sich aus bei Ihren Vorgesetzten an. Denn diese wissen manchmal gar nicht genau, wer wo exakt Hilfe und Unterstützung benötigt.

3. Erkundigen Sie sich nach Bildungsurlaub. Es gibt gesetzliche Regelungen für Bildungsurlaub, den Sie in Anspruch nehmen können. Fragen Sie in Ihrer Personalabteilung nach den Spielregeln.
4. Von Ihnen selbst bezahlte Fort- und Weiterbildungen sind oft steuerlich absetzbar, inklusive Fahrtkosten und entsprechender Literatur. Wenn Sie durch passende Weiterbildungen Ihre Einkommenschancen verbessern können, erkennt das Finanzamt viele Ihrer Investitionen an. Sprechen Sie dazu auch mit Steuerberatern.
5. Nutzen Sie die freien Zeiten im Auto oder im Homeoffice für Podcasts und Webinare.

## Warum viele Vertriebler trotz guter Leistung nicht aufsteigen

Viele Mitarbeiter im Vertrieb sind mit ihrer Aufgabe zufrieden – und streben keine Karriere an. Doch wie macht man überhaupt Karriere, wenn man Bock auf »mehr« im Vertrieb hat? Oder wie bekommt man überhaupt die Chance, seitens seiner Führungskraft für »Höheres« wahrgenommen zu werden? Es ist ja in vielen Unternehmen keine Seltenheit, dass plötzlich jemand Führungskraft wird, wo man sich als Außenstehender fragt: »Wie hat der/die das denn hinbekommen? Ich habe ja nicht einmal gewusst, dass die Stelle neu besetzt werden soll?«

Mitarbeiter, die
- pünktlich zur Arbeit kommen und früh ihren Urlaub planen,
- schnell Stress bei Überstunden machen,
- unauffällig ihre Arbeit erledigen,
- über zu hohe Ziele klagen, statt sie engagiert anzustreben, und
- leise über ihre Erfolge informieren,

machen nur selten Karriere. Zum einen, weil sie nichts »Besonderes« leisten, zum anderen, weil man von einer Führungskraft erwartet,
- dass sie Ehrgeiz an den Tag legt,
- dass sie beweist, dass sie »mehr« kann, und
- dass sie nicht nur Gönnern und Förderern auffällt, sondern auch Personen, die Stellen neu zu besetzen haben.

Das bedeutet für Sie: Wenn Sie vielleicht schon jetzt der beste Verkäufer im Unternehmen sind, können Sie nicht davon ausgehen, dass man Sie plötzlich zum Vertriebsleiter befördert, selbst dann, wenn Ihr Vertriebsleiter von heute auf morgen das Unternehmen verlässt. Denn vielleicht wäre es einfach aus Arbeitgebersicht unwirtschaftlich oder sogar dumm, Sie aus Ihrem Verantwortungsbereich herauszunehmen, da Sie einen wunderbaren Job als Vertriebler bereits machen. Schließlich bringt es ja wenig, ein Loch zu stopfen, indem man an anderer wichtiger Stelle ein neues reißt. Möglicherweise fehlen Ihnen aber auch einige Fähigkeiten, die man von einer guten Führungskraft erwartet. Schließlich ist nicht jeder gute Verkäufer eine gute Führungskraft. Das wäre so ähnlich, als würde man sagen, dass jemand, der gut Rad fahren kann, auch automatisch Radrennen gewinnen wird. Ferner ist es aber auch denkbar, dass niemand etwas von Ihren heimlichen Wünschen und Karrierezielen weiß. Das ist oft ähnlich wie im Privatleben, wenn man auf der Suche nach einem Partner oder einer Partnerin ist. Zwei finden sich zwar sympathisch – und vielleicht auch noch viel mehr –, doch beide trauen sich nicht, dies zu thematisieren. Also gehen beide etwas trübselig weiter und warten darauf, dass ein anderer bzw. eine andere sie anspricht.

Wenn Sie aufsteigen wollen, müssen Sie wirklich bemerkt, gehört und wahrgenommen werden: von Ihren Kunden, von Ihren Kollegen, von Ihrem internen Karrierecoach, Ihrer Vertriebs- und/oder Geschäftsleitung. Vertriebler, die Karriere machen wollen, sind selbstlose Kämpfer, die die Ärmel hochkrempeln, wenn's angebracht ist. Die Power muss aber konzentriert eingesetzt werden, sonst verzettelt man sich in Aktionismus, der wirklich keinem etwas bringt.

## Leistung ist immer eine Sache der Perspektive

Jeder ist davon überzeugt, etwas Positives zu leisten. Wohl jeder möchte etwas von Bedeutung tun. Im Vertrieb ist diese Leistung messbar, sehr gut sogar. 100 Prozent sind aber für die eigene Karriere nicht genug! Auch wenn es so im Arbeitsvertrag steht, so wie vielleicht auch die 40-Stunden-Woche, so bringen auch Ihre durchschnittlichen Mitbewerber um die bessere Stelle 100 Prozent. Sicherlich sind 100 Prozent eine gute Leistung. Viele Führungskräfte wären froh, wenn sie davon ausgehen könnten, dass alle ihre Teammitglieder zum Jahresende die 100 Prozent einfahren würden. Aber letztlich reicht das für große Karrieresprünge nicht.

Wer entscheidet über die Qualität der Vertriebsarbeit? Ihre Kollegen, Ihre Chefs, Ihre Familie oder Sie selbst? Nur weil Sie vielleicht die meisten Stunden arbeiten, bedeutet das ja nicht zwangsläufig, dass Sie auch am produktivsten sind. Und so könnte schnell die eigene Familie sagen: »Du hast eine Gehaltserhöhung verdient!«, während der Chef durch den Vergleich mit den Kollegen erkennt: »Der ist einfach nur unorganisiert, fährt lieber rum, statt Zoom und das Telefon mehr zu nutzen – der soll froh sein, dass ich ihn noch beschäftige.« Klingt hart, aber letztlich ist Leistung immer eine Sache der Perspektive – und manchmal unterscheidet sich das Selbst- vom Fremdbild. Erst recht dann, wenn man sich als »guter« Verkäufer mit anderen »guten« Verkäufern austauscht bzw. als »schwacher« Verkäufer mit anderen »schwachen«. Oft leben Menschen in einer Art Blase. Und viele, die einen wunderbaren Job machen, zweifeln oft an sich, während die, die die rote Laterne tragen, von sich glauben, dass ihr Arbeitgeber in den Ruin gehen würde, wenn sie ihren Job kündigen würden.

Wichtig ist, dass Sie Spaß an Ihrer Arbeit haben. Früher wurde zwar gerne von Work-Life-Balance gesprochen, aber letztlich ist oft das Privatleben von schlechter Qualität, wenn die Arbeit keinen Spaß macht – und umgekehrt. Insbesondere durch das Smartphone und die zahlreichen Informationen, die auf einen einprasseln, ist eine strikte Trennung im Vertrieb zwischen Arbeit und Freizeit nicht machbar. Darüber hinaus hätte auch niemand dafür Verständnis, wenn ein guter Kunde mit Ihnen einen Telefontermin um beispielsweise 19 Uhr anvisiert, Sie dies aber partout ablehnen, weil Ihre Arbeitszeit von 08.00 Uhr bis 17.00 Uhr ist. Wer immer pünktlich Feierabend will, ist im Vertrieb falsch aufgehoben.

Doch wie werten Führungskräfte erfolgreiche Arbeit im Vertrieb? Beispielsweise an folgenden Punkten:

- Umsatzsteigerung zum Vorjahr,
- geringer Rückgang kaufender Kunden,
- Gewinnung neuer Kunden,
- sehr gute Einführung eines neuen Produkts in den Markt,
- Steigerung des Deckungsbeitrags im Bezirk sowie
- positives Feedback von Key-Kunden.

Diese Zahlen werden dann natürlich ins Verhältnis zu denen Ihrer Kollegen gesetzt, aber dies sind typische Vertriebskennzahlen, auf die Führungskräfte achten.

Sie können auch durch besondere Projekte positiv auffallen:

- Schulung Ihrer Kollegen bei einer neuen Vertriebssoftware,
- Aufbereitung einer Marktforschung,
- Einarbeitung neuer Kollegen,
- Sie nehmen auf Meetings die Rolle eines Verkaufstrainers ein und erarbeiten mit den Mitgliedern einen Verkaufsleitfaden,
- Sie begleiten Kunden auf einer Weiterbildungsveranstaltung, die Ihr Arbeitgeber organisiert.

Nicht nur Ihre Kollegen merken so, dass Sie etwas draufhaben. In der Chefetage spricht man natürlich auch über die Projekte, die anstehen, und damit auch über Sie und Ihre Leistung. Das können Sie für sich nutzen.

Erfolg entsteht immer durch Leistung, leider entsteht Erfolg nicht durch Glück. Sonst wären Vertriebler ja keine Leistungsträger, sondern Glücksbringer. (Obwohl man natürlich sagen könnte, dass Vertriebler, die aus Kundensicht einen super Job machen, Glücksbringer sind.) Leistung wird nach Karl Pinczolits durch Schlagzahl und Schlagkraft definiert.[2] Mit »Schlagzahl« ist die Anzahl der Kundenkontakte gemeint, mit »Schlagkraft« die Qualität der Termine. Wenn es Ihnen gelingt, täglich noch einen Kunden mehr anzusprechen und Ihre Qualität dabei zu steigern, kann man mit deutlichem Wachstum rechnen.

Gemessen wird diese anhand von KPIs (Key Performance Indicators) bzw. Vertriebskennzahlen. Damit wird Ihre Leistung vergleichbar. Wenn diese Zahlen deutlich für Sie sprechen, dann dürfen Sie sich selbst auf die Schulter klopfen. Dann aber auch so, dass man im Unternehmen davon etwas merkt. Es reicht nicht aus, wenn Sie abends Ihrer Familie von dem gewonnenen Auftrag erzählen, an dem sich schon drei Ihrer Kollegen die Zähne ausgebissen haben, diese Information muss im Unternehmen rundlaufen. Denn Eigenlob stinkt nicht, wenn dieses richtig kommuniziert wird.

Machen Sie also mit Qualität auf sich aufmerksam. Wenn man von Ihnen sagt: »Was macht eigentlich der Kollege/die Kollegin X, man hört ja gar nichts«, dann stimmt Ihre interne Selbstvermarktung nicht. Glauben Sie bitte nicht, Ihr Vorgesetzter hat jeden Ihrer Schritte auf dem Schirm und kann in Ihren Gedanken lesen, welch gute Ideen in Ihnen schlummern. Wenn Sie das nicht deutlich rüberbringen können, hält man Sie für still, zurückhaltend und schüchtern – und damit unpassend für Führungsaufgaben im Vertrieb.

**TIPPS**

1. Sprechen Sie über Ihre Erfolge! Informieren Sie Ihren Chef und Ihr Team, wenn ein schöner Auftrag durch Ihre Arbeit ins Haus gekommen ist.
2. Schreiben Sie sich diese Erfolge auf. Die Lorbeeren von heute sind der Kompost von morgen. Dokumentieren Sie Ihre Leistung. Das hilft dem Selbstvertrauen und bei der nächsten Gehaltsrunde.
3. Spekulieren Sie nicht, auch wenn man sich damit interessant machen kann. Falsche Informationen fallen auf Sie zurück. Nur gut recherchierte Infos zählen.
4. Verfallen Sie nicht dem Helfersyndrom, indem Sie allen ungefragt Ihre Unterstützung anbieten. Es kommt nicht immer gut an, was man gut meint.
5. Verniedlichen Sie Ihre Erfolge aber auch nicht mit Floskeln wie »Ja, es ist ja mein Job, neue Kunden zu gewinnen«, sondern sagen Sie durchaus: »Ja, ich gebe zu, es war nicht ganz einfach. Aber nun haben wir das endlich erreicht.«

## Wie Sie sich in Szene setzen, ohne zu prahlen

Die Marke »ICH« zu entwickeln, gehört auch zu Ihren Aufgaben. Vertriebler sind immer (oder meistens) positiv gestimmte und freundliche Menschen. Eine positive Einstellung zu Kunden und Kollegen ist Grundvoraussetzung. Gehen Sie fröhlich und zuvorkommend mit Ihren Mitmenschen um, es zahlt sich aus. Wenn das authentisch rüberkommt, haben Sie schon mal die ersten Pluspunkte gesammelt.

Gute Vertriebler sind nicht arrogant. Sie interessieren sich grundsätzlich für andere Menschen und stellen sich nicht über sie. Obwohl man mit dem schicken Wagen vorfährt, flott gekleidet ist und auch mal mit Kunden gut essen geht und vielleicht etwas von gutem Wein versteht, ist das noch lange kein Grund, überheblich zu sein. Verspielen Sie nicht durch arrogantes Verhalten Ihre bereits gesammelten Punkte. »Bossy spielen« muss ein guter Vertriebler also nicht, denn er hat sich den Respekt durch seine Leistung und Expertise schon längst verdient.

Ihre Authentizität ist wichtig, auch wenn dieser Begriff mittlerweile ziemlich abgedroschen ist. Vielleicht sind Begriffe wie »ehrlich«, »stimmig« oder »integer« bessere. Schnell bemerken Menschen, wenn etwas beim Gegenüber nicht stimmt, wenn jemand nicht »wirklich« freundlich ist, schauspielert oder einfach nicht ehrlich ist. Gerade in den ersten Minuten einer Begegnung checkt das innere Frühwarnsystem den neuen Kontakt auf Unstimmigkeiten ab. Vermutlich beruhen auch darauf die Sprüche »Für den ersten Eindruck gibt es keine zweite Chance« oder auch »Wie du kommst gegangen, so wirst du empfangen«.

Im Allgemeinen würden vermutlich viele Menschen glauben, dass Menschen im Vertrieb extrovertiert sein müssen. Das muss aber nicht immer der Fall sein. Natürlich könnte man schnell darauf schließen, dass Extrovertierte schneller Kontakte knüpfen. Aber für viele Menschen sind zu extrovertierte Menschen auch schnell unheimlich, weil sie im Zweifelsfall introvertierte, kritische oder auch gestresste Personen mit ihrer Art »überfahren« bzw. ihnen zu nahe kommen. Im Vertrieb arbeiten auch viele introvertierte Menschen erfolgreich. Teilweise sprechen sie mit ihrer Persönlichkeit ganz andere Menschen an, manchmal sind sie aber auch für Kunden eine willkommene Abwechslung zu ihren anderen extrovertierten Lieferanten.

Aber in der Kommunikation gibt es sowieso kein »Richtig oder Falsch«, sondern nur ein »Angemessen oder nicht«. Je nach Situation und Gesprächspartner können einzelne Aussagen komplett richtig oder falsch sein. Im Idealfall stellen Sie sich auf Ihr Gegenüber ein und behandeln nicht alle Menschen immer auf die gleiche Art und Weise, die Ihnen vielleicht sogar am besten liegt. Manche Kunden wünschen eher distanzierte Gespräche, andere brauchen Nähe. Einige wollen Zeit und Aufmerksamkeit, andere sehen Gespräche mit ihren Lieferanten als notwendiges Übel. Gute Vertriebler haben also nicht immer die gleichen Worte, Geschichten und Antworten für alle, sondern sind in der Lage, sich in unterschiedlichen Situationen jeweils passend zu verhalten.

Menschen hören gerne gute Geschichten, die bitte nicht mit Märchen zu verwechseln sind. Kleiden Sie Ihren Erfolg in kleine Storys, machen Sie es ruhig dabei etwas spannend, wenn Sie von Ihren Kundenbesuchen und Geschäftsabschlüssen erzählen. Denken Sie aber auch daran, dass die Dosis entscheidet, ob Sie damit bei Ihrem Gegenüber ankommen – oder nicht. Bringen Sie Positives auf den Tisch. Verschaffen Sie Ihren Kollegen und Kunden ein gutes Gefühl, wenn man mit Ihnen zusammenarbeitet. Dies wird Ihnen gut gelingen, wenn Sie Aufgaben freiwillig übernehmen, aber auch fair verteilen. Lästern Sie nicht, sondern legen Sie den Fokus auf die Lösung – und stehen Sie zu Ihrem Wort.

Sie werden auch oft angesprochen werden, beispielsweise mit »Wie läuft's denn« oder »Was macht denn eigentlich der Kunde oder das Projekt, wie war die Messe?«. Kommen Sie bitte nicht mit »floralem Vertriebsgejaule« wie beispielsweise »Die Quantität war nicht so gut, aber die Qualität der Messebesucher war top« oder »Sie wissen doch, die allgemeine wirtschaftliche Lage ist gerade nicht so gut, was soll man da erwarten?«. Berichten Sie besser von konkreten, messbaren Erfolgen. »Ich hatte ein gutes Gespräch mit XY«, »Wir bekommen einen guten Neukunden«, »Es zeichnet sich ein interessantes Neugeschäft mit XY ab«. So was wollen Ihre Chefs und Kollegen hören.

## Heulen Sie lieber zu Hause

Es will niemand hören, dass Sie schlecht geschlafen haben, dass Sie im Stau gestanden haben, dass Ihr Kunde Sie heute Morgen länger warten lassen hat. Es gibt immer etwas oder jemanden, der querschießt. Und wenn es auch »nur« die Politik, das Wetter oder der unfaire Mitbewerber ist, der den Vertriebsalltag verhagelt. Denn was sollen Ihre Gesprächspartner damit anfangen? Ändern kann man das nicht mehr, Mitleid bringt hier auch wenig. Nerven Sie Ihre Kunden und Kollegen nicht mit negativen, privaten Dingen, die nicht zu ändern sind. Behalten Sie die für sich und heulen Sie lieber zu Hause. Klingt vielleicht hart, ist aber tatsächlich besser.

Denn die negativen Schwingungen übertragen sich auch auf Ihr persönliches Bild, das die anderen Menschen von Ihnen bekommen. Heute hat jeder viel zu tun, hat Hunderte von E-Mails und Aufgaben, da kann man Menschen nicht gebrauchen, die einem selbst die Kraft rauben durch das ewig Negative, das womöglich im Büro verbreitet wird. Wem es gelingt, die täglichen Energieräuber oder -fresser nur zu halbieren, gewinnt enorm an Lebensqualität und Energie. Viele würden sogar schon große Schritte nach vorne machen, wenn sie nicht stündlich dieselben negativen Nachrichten hören oder lesen.

Überdenken Sie immer, wie Sie auf Ihre Kunden oder Kollegen wirken. Wollen Sie in deren Augen ein Energiefresser sein? Wohl eher nicht. Das Gemecker, Geläster, Gejammer ist ein Angriff auf die Lebensqualität Ihrer Mitmenschen. Unterlassen Sie das bitte im geschäftlichen Umfeld.

*»Beherrschen Sie sich. Denken Sie daran, dass sich die Größe eines Menschen darin zeigt, worüber er sich ärgert.«*[3]

Es ist natürlich etwas anderes, wenn es in Ihrem Unternehmen echte Probleme gibt. Diese müssen selbstverständlich auf den Tisch. Fordern Sie aber nicht nur Lösungen, sondern machen Sie sich lieber auch Gedanken über Lösungswege. Denn so manch eine Führungskraft wird sich Ihr Anliegen gerne anhören, Sie dann aber mit der Frage »Was schlagen Sie vor?« konfrontieren. Dieses Führungsverhalten ist durchaus legitim, denn Führungskräfte haben oft mehre heiße Eisen, die sie aktuell schmieden müssen. Zum anderen erfährt so auch Ihre Führungskraft, ob Sie Ihr Anliegen nur vortragen, um zu jammern, oder ob Sie wirklich an einer Lösung interessiert sind.

## 1.2 Wie Sie dort verkaufen, wo andere aufgeben

Kunden kaufen immer. Die Frage ist nur: von wem? Wenn Sie sich selbst an Ihre Rolle als Kunde erinnern, dann werden Sie vermutlich schnell zu dem Ergebnis kommen, dass Ihr Ansprechpartner selbst ein wichtiges Kriterium dafür ist, ob Sie bei ihm Kunde werden – oder nicht. Wenn Kunden also zuerst ihren Ansprechpartner »kaufen«, sollten Sie regelmäßig viel Zeit in sich persönlich investieren, damit Sie nicht nur ein guter Kommunikator sind, sondern auch von der Haltung her engagiert Kundenentscheidungen vorantreiben können.

### Wie Sie Ihre Kunden besser verstehen – und diese Sie

In der Praxis kommt es vor, dass Verkäufer so manche Kunden als anstrengend empfinden, weil diese beispielsweise kritische Fragen stellen, schnell reklamieren, um den Preis feilschen oder sich unzählige Vergleichsangebote holen, um letztlich dann doch nicht zu kaufen. Interessanterweise verhalten sich dann aber viele Verkäufer, sobald sie selbst in der Rolle eines Kunden sind, sehr ähnlich. An sich doch paradox: Wie kann man sich über jemanden wundern, wenn man doch letztlich in ähnlicher Situation auch nicht viel besser ist? Natürlich gibt es auch andere Kunden: Manche kaufen recht schnell – nahezu spontan. Weitere blocken vorschnell Gespräche mit alternativen Lieferanten mit den Aussagen »Ich bin zufrieden und möchte nicht wechseln« oder »Wir brauchen gar nicht miteinander zu reden. Die nächsten fünf Jahre bleibe ich bei meinem jetzigen Lieferanten« ab. Und was das Spannendste ist: Manche Vertriebler bleiben über Jahre am Ball, versuchen immer wieder ihr Glück und hoffen, irgendwann den Kunden zum Erstkauf motivieren zu können – und dann gehen sie dort wieder hin, um zu sehen, dass ihr Zielkunde zu einem anderen Lieferanten gewechselt hat. Wer soll da die Welt noch verstehen?

Eines muss klar sein: Nicht jeden Interessenten, den Sie haben wollen, werden Sie zum Stammkunden machen können. Ihre Kunst ist es nun, über die einzelnen Gespräche immer wieder herauszufinden:

- ob es überhaupt Chancen einer Zusammenarbeit gibt,
- welcher Weg am ehesten zu einer guten Geschäftsbeziehung führt und
- ob es sinnvoll ist, hier eher wohlwollend zu motivieren und zu appellieren,
- oder ob Ihr Zielkunde besser an die lange Leine gehört, dem Sie zwar weiterhin viel Aufmerksamkeit schenken, aber vielleicht nur alle halbe Jahre anrufen oder besuchen.

Wenn Sie Kunden für sich gewinnen wollen, müssen Sie jeden einzelnen besser verstehen. Viele Vertriebler sagen zwar, sie interessieren sich für die Interessen ihrer Kunden. Oft ist dies aber nur eine pauschale Behauptung, weil sie meinen, nur weil sie ein paar Fragen gestellt hätten, wüssten sie nun Bescheid. Versetzen Sie sich daher wirklich einmal in Ihren Kunden hinein – und verstehen Sie so besser, warum er (noch) nicht bei Ihnen kaufen kann.

## Jeder Kunde durchläuft mehr oder weniger bewusst Kaufkonflikte

Manche Kunden entscheiden schnell, andere langsam. Und gerade die, die nicht wirklich in die Pötte kommen, treiben so manche Vertriebler in den Wahnsinn. Sprüche wie »Überraschen Sie doch mal Ihre Kollegen mit einer guten Entscheidung und kaufen Sie jetzt bei mir« oder »Ja, Sie sind doch Geschäftsführer. Dann nehmen Sie doch jetzt das Angebot wahr und sagen Sie Ihren Mitarbeitern einfach, dass Sie nun auf ein besseres Produkt umgeschwenkt sind« klingen zwar in der Theorie sehr unterhaltsam und naheliegend, bewirken aber in der Praxis oft das Gegenteil. Denn Kunden sind Menschen, die genauso wie Sie Sorgen, Hoffnungen und Ziele haben – und deswegen oft nicht so spontan sein können, wie es sich so manch ein Mensch im Vertrieb wünscht. Wer da mit unangemessenen Sprüchen drängelt und durch Provokation eine Entscheidung beschleunigen möchte, verschließt kritische Kunden eher, statt sie zu öffnen.

Nachfolgend stellen wir Ihnen vier Kaufkonflikte vor, die vermutlich auch Sie in der Rolle eines Kunden mehr oder weniger bewusst durchlaufen, wenn Sie etwas kaufen wollen, was Ihnen vielleicht noch fremd ist. Zur besseren Veranschaulichung haben wir diese auf eine Situation übertragen, in der ein Anzeigenverkäufer seine Printanzeigen verkaufen möchte.

## Kaufkonflikte

**1. Bedarfskonflikt:** Brauche ich überhaupt eine Lösung?
Angenommen, ein Verkäufer möchte einem Interessenten eine Anzeige für ein Printmagazin verkaufen. Er argumentiert damit, dass dessen Kunden das Magazin lesen und seine Firma darum auch präsent sein sollte. Schließlich könnten Kunden nur von denen kaufen, die sie kennen.

**Problem:** Falls der Interessent mehr Kunden durch Werbung gewinnen möchte, kämen auch andere Lösungen in Betracht: Anzeigen schalten im Internet, Kinowerbung, Kaltakquise, Flyer verteilen … Der Interessent muss sich also erst einmal sicher sein, dass ihn Anzeigen im Printmagazin wirklich weiterbringen.

**Lösung:** Geben Sie dem Interessenten die Sicherheit, dass die Investition in Printanzeigen eine Investition ist, die sich für ihn rechnet.

**2. Angebotskonflikt:** Welche Alternative ist die beste?
Ist der Interessent sich selbst darüber im Klaren, dass eine Anzeige im Printmagazin für ihn eine gute Sache ist, dann bedeutet das noch lange nicht, dass er deswegen die Anzeige dort schaltet.

**Problem:** Es gibt mehrere Möglichkeiten, wo der Interessent Printanzeigen schalten könnte. Doch mit welchem Printmagazin erreicht er am besten seine Ziele? Mit Magazin A, B oder C?

**Lösung:** Verdeutlichen Sie Ihrem Kunden, warum seine Anzeige gerade in Ihrem Magazin optimal platziert ist und seine Zielgruppe angesprochen wird.

**3. Entscheidungskonflikt:** Soll ich jetzt – oder nicht?
Der Interessent ist selbst davon überzeugt, dass die Anzeige im Magazin des Verkäufers eine gute Sache ist. Aber: Soll er jetzt den Auftrag vergeben oder nicht?

**Problem:** Manchmal werden Angebote auch günstiger, wenn man länger wartet. Aber es besteht auch das Risiko, dass zwar das Magazin des Verkäufers wirklich die beste Wahl ist, es aber auch andere Investitionen gibt, die vielleicht wichtiger sind. Kurz: Es gibt oft Hemmungen, spontan zu sagen: »Ja, ich will kaufen.«

**Lösung:** Machen Sie dem Interessenten deutlich, warum es gerade jetzt sinnvoll ist, die Anzeige zu schalten.

**4. Verantwortungskonflikt:** Was sagen die anderen? Welche Folgen hat das Ganze?
Kauft jemand etwas, hat dies auch Folgen. Was sagen die Geschäftspartner zu der Investition? Wie kommt das bei den eigenen Kollegen an? Was sagt man zu dem Verkäufer des Mitbewerbers, der nun keinen Auftrag bekommt?

**Problem:** Manche Menschen möchten nicht anecken. Sie wollen in Harmonie leben. Für diese ist es emotional sehr schlimm, anderen einen »Korb« geben zu müssen oder für eine im Nachhinein schlechte Entscheidung geradestehen zu müssen.

**Lösung:** Gute Verkäufer sind keine »Reinverkäufer«, sondern »Rausverkäufer«. Das heißt, sie geben dem Kunden konkret Tipps und Ideen an die Hand, wie sie mit der gekauften Sache auch wirklich Erfolg haben werden, sodass es nicht zur Kaufreue kommt.

## Nehmen Sie sich Zeit für die Bedarfsanalyse

Gerade Menschen, die schon lange im Vertrieb sind, begehen oft den Fehler, dass sie ihren neuen Kunden zu wenig Fragen stellen, weil sie oft meinen, genau zu wissen, was Ihr Gegenüber braucht und will. Doch Vertriebler sind keine Wahrsager oder Hellseher – und können deswegen trotz gewisser Menschenkenntnis und Erfahrungen oft danebenliegen. Und vermutlich wurde auch schon so manch ein Auftrag nicht getätigt, weil der Kunde für sich das Gefühl hatte, dass er im Zweifelsfall für den Anbieter nur eine Nummer war, aber kein Mensch mit Sorgen, Zielen und Hoffnungen. Oder anders gesagt, der Kunde hatte einfach ein schlechtes Gefühl – und kaufte deswegen woanders bzw. hat die Investition vorerst verschoben.

Sicherlich können Sie einen potenziellen Interessenten nicht mit Fragen löchern. Dennoch sollten Sie auf folgende Fragen möglichst Antworten bekommen:

- Was hat der Kunde genau vor?
- Wie kommt er darauf, dass er mit der angefragten Lösung sein Ziel wirklich erreicht?
- Welche Erfahrungen hat der Kunde bisher mit der angefragten Sache gemacht?
- Ab wann möchte er, dass er über das Produkt verfügt bzw. die Dienstleistung umgesetzt ist?
- Wie läuft bei ihm der Entscheidungsprozess ab?

- Bis wann benötigt er ein Angebot?
- Ab wann macht es Sinn, nach der Angebotsabgabe wieder in den Dialog zu treten?

Je nach Branche sind vielleicht auch noch ein paar weitere Fragen sinnvoll. Entscheidend aber ist, dass Sie schnell für sich relevante Informationen bekommen, um klar entscheiden zu können, ob Sie den Auftrag überhaupt haben möchten – oder nicht. Denn eine Bedarfsermittlung dient auch einer möglichen Disqualifikation des Anfragenden. Denn warum sollten Sie viel Zeit in die Angebotserstellung und so weiter investieren, wenn der Kunde beispielsweise nicht über die finanziellen Mittel verfügt oder Sonderwünsche als zwingend definiert, die Sie nicht erfüllen können oder wollen?

Wenn Sie Fragen stellen mit der Haltung »Ich möchte gerne mit Ihnen ins Geschäft kommen, aber nicht um jeden Preis. Ich möchte Sie verstehen, um Ihnen die bestmögliche Lösung anzubieten. Und wenn es für uns beide passt, dann arbeiten wir zusammen – und wenn ich merke, dass ich für Sie nicht die beste Lösung bin, dann sage ich Ihnen das auch freiheraus«, dann kommen Sie nicht nur glaubwürdig und engagiert rüber, sondern arbeiten auch sehr produktiv.

**TIPP**

Sobald ein Kunde regelmäßig kauft, gewöhnt man sich schnell an ihn. Der regelmäßige Auftrag wird irgendwie zur Selbstverständlichkeit. Auch Appelle wie »Wenn etwas ist, dann sagen Sie es mir bitte!« klingen theoretisch gut, führen aber in der Praxis meist nicht zum Erfolg. Kunden haben nur selten Lust, um die Geschäftsbeziehung mit ihren Lieferanten zu kämpfen. Sie erwarten, dass Sie als Vertriebler oder Vertrieblerin merken, wenn etwas nicht richtig rundläuft – und Lösungen bringen. Passen Sie somit auf, dass Sie nicht in die Stammkundenfalle treten. Seien Sie aufmerksam bei jedem Kontakt, thematisieren Sie von sich aus Dinge, die Ihnen verdächtig vorkommen – und erfragen Sie öfter die Bedürfnisse, Wünsche und Aufgabenstellungen des Kunden. Denn nur, weil Sie die mal vor fünf Jahren erfragt haben, müssen diese ja nicht noch immer aktuell sein.

## Sympathie und Vertrauen zählen bei jedem Geschäft

Vielleicht sehen Sie manchmal Menschen, die Ihnen spontan sympathisch sind. Andere hingegen überhaupt nicht. Für diese blitzschnelle Beurteilung (oder wäre Verurteilung richtiger?) reichen oft wenige Sekunden. Ähnlich ist es auch am Telefon: Manche Stimmen und insbesondere gewisse Hintergrundgeräusche werden Sie positiv stimmen, andere nicht. Deswegen sollten Sie den Faktor »Sympathie« nicht außer Acht lassen. Das wissen auch Profi-Einkäufer, denn auch diese bauen oft bewusst Sympathie zu Ihnen auf, weil sie sich davon versprechen, bessere Preise von Ihnen leichter zu bekommen. Denn wer hat noch keinen Spruch bei der Preisverhandlung wie »Hey, wir kennen uns doch schon so lange, da ist doch bestimmt noch mehr im Preis drin!?« gehört?

Was müssen Sie tun, um attraktiv für Kunden zu sein?

- Unterbrechen Sie nicht, sondern hören Sie zu, um zu verstehen – und nicht, um zu antworten.
- Stellen Sie keine Frage der Frage wegen, sondern weil Sie aus tiefem Interesse wirklich an einer Antwort interessiert sind.
- Sagen und machen Sie das, was Sie tun, aus tiefer innerer Überzeugung, und nicht, weil Sie glauben, so den Auftrag zu bekommen.
- Seien Sie höflich, sprechen Sie wertschätzend und erkennen Sie Leistung an.
- Akzeptieren Sie auch andere Meinungen und Ansichten, denn es ist immer wieder interessant zu erfahren, wie andere zu ihrer Meinung kommen.
- Verhalten Sie sich selbst vorbildlich und geben Sie auch offen eigene Fehler unumwunden zu.
- Seien Sie für Ihre Kunden erreichbar, auch nach dem Kaufabschluss, um diese bei Bedarf zu unterstützen.
- Kleiden Sie sich angemessen, aber im Zweifelsfalle nur ein wenig besser als Ihr Gegenüber.
- Bauen Sie keinen Druck auf, sondern bieten Sie Kunden Wahlmöglichkeiten an.
- Sagen Sie auch höflich nein, wenn Sie das Gefühl haben, dass Ihr Gegenüber Ihr Wohlwollen auszunutzen beginnt.

Interessieren Sie sich auch für den Kunden als Menschen persönlich. Das hat nichts mit Ausfragen zu tun. Es geht einfach darum, dass sowohl Sie als auch Ihr Gegenüber etwas von sich persönlich freiwillig preisgeben. Fragen Sie also sinngemäß: »Wie sind Sie eigentlich der geworden, der Sie jetzt sind?« oder »Vor unserem Gespräch habe ich Sie ja über XING geadded. Da habe ich gesehen, dass Sie gerne segeln. Cooles Hobby, wie sind Sie denn darauf gekommen?« oder »Ich habe gesehen, dass Sie kurze Zeit nach mir in Bremen studiert haben. Haben Sie damals auch Professor x kennenglernt?«. Auch kann es helfen, zuerst ein wenig von sich selbst preiszugeben. Beispielsweise: »Wenn es für Sie in Ordnung ist, erzähle ich kurz ein wenig von mir, damit Sie einfach wissen, wer ich bin. Darf ich?« Sollten Sie einen Dialekt erkennen oder etwas anderes beim Kunden, was Sie kennen oder Ihre Aufmerksamkeit erregt, dann thematisieren Sie das ruhig: Nicht nur Verkäufer reden gerne, sondern Kunden auch.

## Es fällt vielen Kunden nicht leicht, Lieferanten zu wechseln

Oft sind Kunden schon sehr zufrieden, wenn die Geschäftsbeziehungen mit ihren Lieferanten nahezu reibungslos laufen. Manche Kunden sind zwar mit ihren Lieferanten deutlich weniger zufrieden, wechseln aber dennoch nicht, weil es ja im Zweifelsfalle durch den Wechsel noch schlimmer werden könnte. Ein Sachverhalt, der so manch einen Vertriebler bei seinen Akquisebemühungen verzweifeln lässt.

Im Vertrieb muss es Ihnen gelingen, die richtige Balance zwischen Aufdringlichkeit und Gleichgültigkeit hinzubekommen. Manche Ihrer (potenziellen) Geschäftspartner finden es vielleicht toll, wenn Sie diese regelmäßig mit Angebots-Newslettern informieren, andere nicht. Weitere möchten am liebsten sofort am nächsten Tag die Ware haben, anderen ist das ziemlich egal, sofern sie vor ihrer Bestellung bereits von den längeren Lieferzeiten wussten. Sie merken: Kundenerwartungen sind sehr unterschiedlich. Darum kann es nicht richtig sein, alle Kunden gleich zu behandeln. Darüber hinaus sind Sie dafür verantwortlich, Ihre Zeit und Energie in die »richtigen« Abnehmer zu investieren. Doch auch das ist nicht immer ganz so leicht. Denn ist es nun sinnvoll, bei einem Ihrer Bestandskunden, der sowieso kauft, viel Zeit für eine bessere Kundenbindung zu investieren, oder bei einem Noch-nicht-Kunden, der vielleicht später mal ganz viel von Ihnen kauft?

### Wann kommen Sie ins Spiel?

Grundsätzlich ist beim Einkauf zu unterscheiden, ob Ihr Kunde die angefragte Sache zum ersten Mal überhaupt kauft, bereits ähnliche Sachen gekauft hat – oder ob er bei Ihnen etwas anfragt und kaufen will, was er schon viele Male 1:1 so erworben hat. Denn schon allein bei diesen drei unterschiedlichen Ausgangsszenarien können Sie davon ausgehen, dass Sie unterschiedlich hohe Verkaufschancen haben. Wenn Sie eine Anfrage für ein austauschbares Produkt erhalten, steht meist der Preis deutlich mehr im Mittelpunkt, als wenn sich der Kunde zum ersten Mal einem neuen Thema zuwendet – und entsprechende Informationsbedarfe hat.

Für Ihren Verkaufserfolg ist es entscheidend, ob Sie mit Ihrer Leistung letztlich »nur« Bedarf decken oder Bedarf wecken. Denn wenn es einem Kunden nur noch darum geht, die beste Lösung für ein von ihm identifiziertes Problem zu finden, haben Sie ganz andere Karten, als wenn Sie als Ideengeber Ihren Kunden auf von ihm unentdeckte bzw. unbemerkte Chancen und Perspektiven aufmerksam machen – und einen Lösungsansatz mitbringen. Sehen Sie sich doch mal nicht als Verkäufer, Vertriebler oder Außendienstmitarbeiter, sondern als Erfolgscoach des Kunden. Allein diese andere Sichtweise kann Ihnen entscheidend dazu verhelfen, Verkaufsgespräche komplett anders aufzubauen.

## Der unterschätzte Hebel – die Vorbereitung

Vor lauter Arbeit kommen viele Menschen nicht mehr zum Denken, sie arbeiten irgendwann nur noch ab – und arbeiten so wie immer. Das muss nicht immer von Nachteil sein. Aber Routinen sorgen schnell dafür, dass man immer nur das erreicht, was man bisher immer schon erreicht hat – und nicht wirklich weiter vorankommt. Dazu drei Beispiele:

- Verkäufer, die in den ersten drei Jahren kaum neue Kunden gewinnen, werden dies meist auch später nicht tun.
- Mitarbeiter, die ihre Jahresziele in den ersten Jahren nicht schaffen, werden diese voraussichtlich auch später nur »auf Krampf« schaffen.
- Vertriebler, die von Anfang an unterdurchschnittlich produktiv sind, werden später kaum überdurchschnittlich produktiv sein.

Wer trägt nun hier die Verantwortung? Die Führungskraft oder der Mitarbeiter? Vermutlich beide. Nun ist die Frage, welchen Anspruch Sie an sich selbst haben. Manche Mitarbeiter sagen sich: »Ein Fisch, der in der Mitte schwimmt, wird nicht gefressen«, was so viel bedeutet wie »Wenn du nicht extrem positiv oder negativ auffällst, dann hast du deine Ruhe«. Das mag in vielen Unternehmen auch so funktionieren, schließlich hat eine Führungskraft auch nur 100 Prozent Energie und wendet sich beispielsweise bei Umsatzdruck meist an die besten Verkäufer, damit diese das Minus, welches die schwächsten Kollegen erwirtschaften, wieder ausgleichen. Und, das muss man leider auch so sagen, bei vielen »schwachen« Mitarbeitern resignieren so manche Führungskräfte und auch Teammitglieder irgendwann und reden sich die Situation mit »Jedes Team verträgt auch ein schwaches Mitglied« schön.

Sie kennen Ihre Zahlen. Sie wissen, wo Sie gut sind – und wo Sie noch Potenzial haben. Sie müssen für sich entscheiden, ob Sie das ändern wollen oder nicht. Denn wenn es nicht bei Ihnen »klick« macht, wird sich nichts ändern. Sollten Sie sich dazu entscheiden, noch besser werden zu wollen oder Ihr bereits hohes Niveau halten zu wollen, dann hat dies für Sie persönlich drei Vorteile:

- Sie haben eine höhere Lebensqualität, weil vieles läuft.
- Sie bekommen meist mehr Geld und Anerkennung.
- Sie brauchen keine Angst vor Arbeitslosigkeit haben, da gute Vertriebler immer gefragt sind.

Damit es bei Ihnen besser läuft, brauchen Sie sich eigentlich »nur« mehr Zeit für Ihre Vor- und Nachbereitung zu nehmen, wozu selbstverständlich auch das Lernen, Reflektieren und Umsetzen gehört. Denn je mehr Sie in einem Thema »drin« sind, desto leichter gelingen Ihnen echte Fortschritte im Vertrieb.

### CHECKLISTE: Terminierung Neukunde

- Warum sollte der Kunde mit mir zusammenarbeiten? Warum bin ich für ihn relevant?
- Wie finde ich heraus, wer mein Hauptansprechpartner ist?
- Wie kann ich souverän den Empfang motivieren, mich durchzustellen?
- Sollte dies nicht gelingen: Welche Social-Media-Kanäle kann ich nutzen, um meinen Zielkunden anzusprechen?
- Was will ich beim Entscheider sagen, nachdem ich »Guten Tag« gesagt habe?

- Was ist mein maximales Ziel, was sind meine Rückzugsziele?
- Wie kann ich ihm den Sinn eines Termins so verdeutlichen, dass sich dieser sagt: »Stimmt, wenn ich keinen Termin mache, begehe ich einen Fehler«?
- Wie kann ich Sicherheit und Sympathie für einen Dialog aufbauen?
- Welche Bedenken könnten auftreten? Wie will ich diese entkräften?
- Welche Informationen benötige ich vom Kunden, damit ich mich auf den Termin optimal vorbereiten kann?
- Wie bestätige ich originell den Termin, sodass ich anders als viele andere bin?
- Welche Informationen sollte ich ihm bis zum Termin zukommen lassen, damit ich mich optimal »vorverkaufe«?

**CHECKLISTE:** Produkteinführung

- Wie kann der Kunde mit dem Produkt Geld verdienen oder sparen, seine Arbeit erleichtern oder generell bei seinen eigenen Kunden besser punkten?
- Was unterscheidet dieses Produkt entscheidend von anderen ähnlichen Produkten auf dem Markt – weswegen ist ein Wechsel naheliegend?
- Wie kann ich die Mehrwerte des Produkts kurz und knackig verdeutlichen?
- Mit welcher Gesprächseröffnung kann ich dem spontanen Reflex des Kunden »Das brauchst du mir gar nicht erst zu zeigen« vorbeugen?
- Welche Einwände und Bedenken könnten kommen, wie will ich diese entkräften?
- Wie kann ich konkret meinen Kunden dabei unterstützen, dass er nicht nur das Produkt kauft, sondern es auch wirklich anwendet – und damit Erfolg hat?
- Welche Angebotsalternativen habe ich für ihn?

Beleidigen Sie also nicht Ihre (potenziellen) Kunden, indem Sie vorrangig an diesen üben, sondern nehmen Sie sich die Zeit, um mit sich selbst oder auch mit Kollegen gewisse wahrscheinliche Situationen durchzuspielen. Viele Vertriebler kommen nämlich nicht entscheidend voran, weil sie aus Kundensicht einfach nicht relevant genug mit ihren Angeboten sind. Fragen Sie sich auch konstruktiv nach jedem Gespräch: »Was lerne ich daraus?«, sodass Sie zunehmend besser werden.

## So lassen Sie sich von Kunden weniger unter Druck setzen

Druck und Stress machen Sie sich letztlich selbst, weil es Ihre oft antrainierte unbewusste Reaktion auf eine gewisse Gegebenheit ist. Während der eine Vertriebler schon beim ersten Stau brüllt, schimpft und schreit, sagt sich ein anderer: »Gut, dass ich genügend Puffer eingebaut habe. Dann kann ich jetzt ja die Zeit für ein Telefonat nutzen.« Ein anderer Vertriebler bekommt Herzrasen, weil er nun wieder telefonische Kaltakquise machen muss, ein weiterer sagt zu sich: »Gut, dann rufe ich jetzt mal wieder zehn Leute an, mal gucken, was das für welche sind.« Sie merken: Es liegt immer daran, wie Sie mit bestimmten Situationen umgehen – und zu sich selbst sprechen. Oft sind sich Menschen darüber gar nicht im Klaren, dass sie Gefangene ihrer eigenen Routinen und Erfahrungen sind – und deswegen immer wieder sehr ähnlich reagieren –, sowohl im Positiven als auch im Negativen.

Druck ist also relativ. Wenn Sie beispielsweise in das Büro Ihres Kunden gehen, um mit ihm ein Gespräch zu führen, dann kann es durchaus passieren, dass Sie Unterlagen von Ihrem Mitbewerber auf seinem Schreibtisch liegen sehen. Möglicherweise sagt dieser sogar ganz offen, dass er sich aktuell ein paar Angebote einholt, um zu überprüfen, ob ein Wechsel sinnvoll ist oder ob er weiterhin mit Ihnen zusammenarbeiten wird. Vielleicht sorgen solche Verhaltensweisen bei Ihnen für ein unangenehmes Gefühl. Möglicherweise auch erst nach dem Gespräch, wenn Sie das Ganze aus der Distanz betrachten und vielleicht denken: »Ogottogott, nun greift mein Mitbewerber auch noch diesen Kunden an!«

Ihre besten Kunden sind die Zielkunden Ihrer Mitbewerber. Sie können also davon ausgehen, dass, wenn Sie 100 Kunden haben, von denen Ihnen 20 sehr wichtig sind, weil diese gute Abnehmer für Sie sind, Ihre Mitbewerber dort nahezu ein und aus gehen. Das ist im Vertrieb ganz normal. Darum ist für Sie Neukundengewinnung kein Kann, sondern ein Muss. Denn jederzeit kann es passieren, ohne dass Sie oder Ihre Kollegen etwas falsch gemacht haben, dass Sie bei einem Kunden »rausfliegen«. Leider nehmen das viele Vertriebler zu persönlich und gehen dann aus Trotz dort nie wieder hin. Aber jetzt mal Hand aufs Herz: Wenn Ihr Kunde die Geschäftsbeziehung mit Ihnen beendet und er zu einem Mitbewerber wechselt, mit dem er dann nach drei Monaten doch nicht mehr so zufrieden ist – warum sollte dieser Sie freiheraus wieder anrufen, wenn Sie sich beim Verabschiedungsgespräch trotzig bzw. wie eine beleidigte Leberwurst verhalten haben? Oder ihm sogar mit Aussagen wie »Das werden Sie noch bereuen!« drohen? Wenn Sie das jetzt so lesen, müssen Sie vielleicht schmunzeln und fragen sich, ob das wirklich Vertriebler machen. Aber wenn Sie oder ein anderer von einer unerwarteten Situation wie dieser eiskalt erwischt werden, dann können schnell mal Worte gesagt werden, die einem nicht nur im Nachhinein leidtun, sondern auch peinlich sind.

### So werden Sie souveräner

- Oft entstehen Stress und Druck, weil eine plötzlich aufgetretene Situation uns aus der Planung und Gewohnheit reißt. Insbesondere dann, wenn neue Situationen zu bewältigen sind, kann dies zu Unbehagen führen. Dabei ist oft der Gedanke daran, etwas Bestimmtes tun zu müssen, schlimmer, als es tatsächlich zu machen.
- Üben und besprechen Sie mit Kollegen oder externen Trainern mögliche heikle Situationen, um zunehmend mehr Verhaltensalternativen parat zu haben. Wenn Vertriebler wissen, dass ihnen eine harte Preisverhandlung bevorsteht, und sie sich darauf nicht professionell vorbereiten, weil sie sich sagen, dass sie das schon irgendwie hinbekommen, dann verhalten sie sich wie Amateure. Denn wer viele Alternativen in der Verhandlung parat hat, bleibt souverän. Wer aber nur eine Möglichkeit hat und merkt, dass diese jetzt nicht realisiert werden kann, bekommt schnell Druck und Stress.
- Stellen Sie sich offen den Dingen, die Ihnen Bauchschmerzen bereiten. Wenn Sie der Gedanke daran, Neukunden telefonisch zu akquirieren, stresst, dann finden Sie Lösungen (und keine Vermeidungstaktiken!), wie Sie die Aufgabe bewältigen können. Bitten Sie durchaus um Unterstützung.
- Wer unter Druck steht, bekommt oft einen Tunnelblick. Dieser ist gefährlich, denn es gibt oft nicht nur einen Weg nach Rom, sondern mehrere. Erbitten Sie daher durchaus Bedenkzeit, wenn Sie glauben, dass Sie jetzt kurzfristig keine ideale Lösung bzw. Antwort haben. Denn unter Druck gemachte Zugeständnisse, die man vielleicht in dem Moment sogar für ideal hielt, können später schnell zum Boomerang werden.
- Damit Sie nicht unnötig ins offene Messer laufen, fragen Sie vorher nach. Bittet Sie Ihr Kunde unerwartet zum Termin, dann fragen Sie nach: »Gerne können wir reden. Damit ich mich gedanklich drauf einstellen kann – was ist Ihr Anliegen?« Gehen Sie im Zweifelsfalle auch vor einem Besuch die Kundenhistorie durch. Getreu dem Motto »Angriff ist die beste Ver-

teidigung« ist es oft besser, wenn Sie kritische Punkte von sich aus thematisieren, als dass Ihr Kunde Sie bei Fehlern ertappt.
- Stress kommt auch von »Nein« meinen und »Ja« sagen. So manche Anbieter trauen sich nicht, in den (möglichen) Konflikt zu gehen – und stimmen vorschnell zu.

## Druck in der Preisverhandlung

Einkäufer haben die Aufgabe, Einkaufspreise zu senken. Darum wenden sie oft auch gewisse Einkaufstricks und Einkaufstaktiken an. Sie müssen auf solche Tricks und Taktiken vorbereitet sein. Denn es kann ja nicht richtig sein, dass Kunden plötzlich bessere Preise bekommen, nur weil sie mit ihrem Lieferanten spielen und Preisdruck aufbauen, oder?

Weshalb feilschen viele Einkäufer um den Preis?
- Einkäufer interessieren sich eigentlich gar nicht für Ihr Produkt, sie verfolgen ihre eigenen Interessen.
- Einkäufer haben die Aufgabe, Einkaufspreise zu reduzieren und stets nach guten Alternativen zu suchen.
- Häufig haben Einkäufer konkrete Zielvorgaben. Bei deren Erreichung gibt es manchmal auch Prämien.
- Auch Einkäufer sind Menschen – und wollen bei der Preisverhandlung Gefühle wie Spaß und Macht erleben.
- Meistens erhalten Einkäufer auch bessere Konditionen, nur weil sie danach fragen bzw. um diese feilschen.
- Intern sind Einkäufer auch oft zur Rechenschaft verpflichtet, warum sie gerade Produkt x gekauft haben.
- Im Umkehrschluss stehen sie gut da, wenn sie einen guten Deal eingefädelt haben.
- Günstiger einzukaufen ist ein Gebot der Wirtschaftlichkeit.
- Eventuell hat der Kunde wirklich nicht mehr Budget zur Verfügung.
- Vielleicht hätte der Einkäufer lieber in einem anderen Bereich aus Ihrem Angebot Zugeständnisse gehabt, aber nicht bekommen. Daher will er nun einen Ausgleich über den Preis.
- Möglicherweise »hackt« er aber auch aus taktischen Gründen zuerst auf Ihrem Preis rum, um dann einen anderen Vorteil von Ihnen zu erhalten.

- Ein Mitbewerber gibt ebenfalls Rabatt – und ist vielleicht (!) sogar günstiger.
- Es besteht gar kein Interesse am Kauf. Der Einkäufer möchte nur ein gutes Angebot, um seinen Lieblingslieferanten erpressen zu können.
- Vielleicht hat der Einkäufer auch eine falsche Haltung gegenüber Preisen und glaubt, er müsse immer und überall einen Nachlass bekommen.
- Es kann aber auch sein, dass er zwischen Ihrem Angebot und dem Ihres Mitbewerbers keinen Unterschied bemerkt, der für ihn relevant ist.

## Begegnen Sie Preisdruck souverän

Bereiten Sie sich gründlich auf Preisverhandlungen vor. So manch ein Einkäufer wird versuchen, Ihnen ein schlechtes Gewissen zu machen, indem er Ihnen konkret aufzeigt, wo Sie in letzter Zeit Fehler gemacht haben oder aus seiner Sicht Ihren vertraglichen Verpflichtungen nicht nachgekommen sind. Beispielsweise:

- Wann und weshalb kamen Lieferungen zu spät?
- Wann und wieso waren Lieferungen nicht vollständig?
- Wann und weshalb kam es zu Reklamationen?
- Wann und wieso kam es zu ungeplanter Mehrarbeit für den Kunden?
- Wann und weshalb kam es zu sonstigen Schwierigkeiten?

Es ist durchaus legitim, wenn Kunden dem Verkäufer berechtigte Mängel benennen. Möglicherweise wird aber auch das ein oder andere ein wenig aufgebauscht, um dem Ziel näher zu kommen, Preisdruck aufzubauen – und als »Wiedergutmachung« bessere Konditionen zu erhalten.

Als Verkäufer sind Sie im Idealfall auf diese Taktik vom Einkauf vorbereitet. Sie können dann dokumentieren, welche nicht vertraglichen Zusatzleistungen Sie als Anbieter während der Zusammenarbeit geleistet haben, ohne dem Kunden diese zu berechnen. Beispielsweise.

- Sonderlieferungen, weil der Kunde zu spät bestellt hat,
- Auslieferungen, obwohl der Kunde die vereinbarte Mindestbestellmenge nicht erreicht hat, oder
- die Bearbeitung und Überprüfung von Reklamationen, die nicht auf Fehler aus Ihrem Hause zurückzuführen waren, sondern auf falsche Anwendung im Kundenunternehmen. Denn nicht jede Reklamation ist berechtigt.

### Fünf gängige Einkaufstricks, die Einkäufer nutzen, um bei Ihnen Druck zu erzeugen

**Guter Cop, böser Cop**
Bei dieser Einkaufstaktik haben Sie zwei Einkäufer im Gespräch, von denen der eine den wohlwollenden Einkäufer (guter Cop) und der andere den kritischen Einkäufer (böser Cop) spielt. Beispiel: Sie wollen einen Verkaufspreis von 98 Euro erzielen. Der eine Einkäufer sagt während der Einkaufsverhandlung, dass diese Forderung deutlich übertrieben sei – 85 Euro seien genug.
Der andere Einkäufer scheint sich mit Ihnen zu solidarisieren und schlägt als Kompromiss 92 Euro vor. Sie fallen auf diesen Einkaufstrick rein, wenn Sie tatsächlich glauben, dass der »gute Cop« auf Ihrer Seite ist. Denn vorab wurden zwischen den beiden Einkäufern die Rollen verteilt – und der anzustrebende Einkaufspreis von 92 Euro festgelegt. Aber hätte der Einkäufer gleich zu Beginn 92 Euro verlangt, dann wäre der Preis nach der Verhandlung sehr wahrscheinlich höher gewesen.

**Mitleidstour**
Dieser Einkaufstrick beruht darauf, dass der Einkäufer erklärt, dass er oder sein gesamtes Unternehmen gerade Probleme hat – und er deswegen unbedingt auf niedrigere Preise angewiesen sind. Ob als Problem der Mitbewerber angeführt wird, die allgemeine Marktsituation oder auch die ganz persönliche Ebene im Sinne von »lieber Verkäufer, ich brauche von dir x Prozent, sonst bekomme ich meinen Bonus nicht«, ist zweitrangig. An erster Stelle geht es dem Einkäufer darum, dass Sie bitte kein Unmensch sind.

**Kumpel-Methode**
So wie Verkäufer eine Beziehung zum Kunden aufbauen, um diesem leichter mehr zu verkaufen – oder überhaupt Geschäfte zu machen –, so machen dies auch Einkäufer ganz gezielt, um günstiger einzukaufen. Denn wenn man erst einmal ein Bier zusammen getrunken hat oder sich sonst einfach persönlich sehr mag, dann tun sich einfach viele schwer mit dem konsequenten Nein.

**Salamitaktik**
Scheibchenweise ergattert sich der Einkäufer bei diesem Trick immer bessere Konditionen. Zuerst verlangt er beispielsweise bessere Rabatte. Der ungeübte Verkäufer denkt sich: »Okay, dann komme ich ihm hier entgegen – und dann

ist die Preisverhandlung vorbei!« Aber sobald man sich auf die neuen Rabatte verständigt hat, bringt der Einkäufer das nächste Thema ins Spiel: Ob das dann Skonto, das Zahlungsziel, die Senkung der Mindestbestellmenge oder sonst irgendwelche »Kleinigkeiten« sind, der Einkäufer versucht, Ihnen immer mehr »abzuknöpfen«.

**Ehre**

»Ach, kommen Sie, Sie als alter Hase setzen das schon gut bei Ihrer Geschäftsleitung durch!« ist nur eine von vielen denkbaren Formulierungen bei dieser Einkaufstaktik, die Sie ermuntern soll, sich doch für den Kunden – bzw. seine Konditionswünsche – in Ihrem Unternehmen einzusetzen. Wer will denn auch schon so dastehen, als ob er kein richtiger Macher mit Willen und Durchsetzungskraft sei? Das Spiel wird auch gerne bei jungen Verkäufern eingesetzt, die sich profilieren wollen. »Müssen Sie hierfür jetzt extra Ihren Chef fragen?«

## Wenn Reklamationen nerven

Als Mitarbeiter oder Mitarbeiterin im Vertrieb gehört es auch zu Ihren Aufgaben, schlechte Nachrichten zu überbringen. So müssen Sie beispielsweise Kunden vertrösten, wenn eine Zusage nicht eingehalten werden kann. Sie müssen vielleicht auch manchmal als Prellbock für Ihre Kollegen herhalten, wenn beispielsweise aus Ihrem Hause versehentlich eine Mahnung verschickt worden ist, die eigentlich niemals hätte rausgehen dürfen.

Manchmal scheint es auch wie verhext zu sein, wenn es immer wieder dieselben Kunden erwischt, bei denen etwas nicht funktioniert. Was soll man denn dann noch sagen? Irgendwann kann man sich für gewisse Fehler nicht mehr entschuldigen, weil sie einfach objektiv nicht mehr zu erklären sind. Gut, nicht jeder Kunde regt sich gleich auf. Aber trotzdem passiert es schnell, dass man erhöhten Puls bekommt, wenn man gewisse Namen oder Nummern auf dem Handydisplay sieht, weil man nun fürchtet, dass erneut etwas nicht rundgelaufen ist.

## So gehen Sie mit Reklamationen besser um

Reklamationen werden schnell emotional, wenn Kunden das Gefühl haben, dass sie von ihrem Lieferanten betrogen worden sind, oder diesen bei einem Fehler ertappten. Getreu dem Motto »Angriff ist die beste Verteidigung« sollten Sie immer schnell handeln, wenn Sie merken, dass etwas in die falsche Richtung läuft. Es ist nun mal ein Unterschied, ob Sie anrufen und sagen: »Ich habe leider gerade erfahren, dass wir versehentlich die Rechnung zu früh von Ihrem Konto abgebucht haben. Und da dachte ich, ich rufe kurz an, bevor Sie vom Stuhl fallen, wenn Sie das merken«, oder Ihr Kunde ruft Sie an und sagt: »Ich bin stinksauer. Was fällt Ihnen eigentlich ein, schon jetzt die Rechnung abzubuchen?«

Nehmen Sie Reklamierenden den Wind aus den Segeln, indem Sie sich aufrichtig für die Reklamation bedanken. Also jetzt nicht im Sinne von »Danke, dass Sie reklamieren!«, sondern im Sinne von »Danke, dass Sie gleich angerufen haben, sodass ich mich darum kümmern kann«.

Fragen Sie im Zweifelsfalle Ihren Kunden, wie dieser sich eine Lösung vorstellt. Oft möchten Kunden gar keine große Mühe machen, sie wollen nur, dass ihnen persönlich durch die Reklamation kein Schaden entsteht. Es gibt beispielsweise viele Möglichkeiten, wenn bei der Lieferung falsche Ware dabei war:

- Der Kunde bestellt die fehlende Ware nach und behält die falsch gelieferte Ware, weil er diese sowieso bald braucht.
- Die richtige Ware wird geliefert und die falsche Ware wird abgeholt.
- Sie holen beim nächsten Besuch einfach die falsch gelieferte Ware ab und bringen sie einem anderen Kunden vorbei, der diese braucht. Die Rechnung wird dann umgebucht.

Machen Sie im Idealfall Ihren Kunden konkrete Lösungsvorschläge, die auch kostenmäßig im Sinne Ihres Arbeitgebers sind. Fassen Sie im Zweifelsfalle intern nach, ob die von Ihnen eingereichte Reklamation im Sinne der Absprache mit Ihrem Kunden erledigt wird. Geben Sie die Reklamation zur Erledigung schnell weiter – und informieren Sie Ihren Kunden über den konkreten Ablauf, was bis wann nun wie geschieht.

Versprechen Sie aber nichts, was Sie nicht halten können. Sollte Ihnen der Kunde die Pistole auf die Brust setzen, dann sagen Sie dennoch noch nichts zu, sondern erklären Sie, dass Sie kurz Rücksprache mit Ihren Kollegen halten müssen, damit Sie auch wirklich nur das zusagen, was Sie auch erfüllen können.

Sollten Sie nun persönlich extra für Ihren Kunden eine Sondertour fahren, um ihm beispielsweise fehlende Ware vorbeizubringen, dann hüten Sie sich davor, sein Lob »Danke, dass Sie mir so schnell die Ware vorbeigebracht haben!« mit der Aussage »Dafür bin ich doch da« zu schmälern. Sagen Sie ruhig: »Ich gebe zu, es war nicht leicht, aber für Sie habe ich das gerne getan.«

## 1.3 Wie Sie Ihr eigenes Konjunkturprogramm starten

Natürlich ist es immer gut, wenn die Rahmenbedingungen Ihre Arbeit erleichtern. Sind Sie beispielsweise in einem Wachstumsmarkt tätig, stehen die Chancen gut, dass Sie automatisch mehr Umsatz machen – ohne dass Sie deswegen zwangsläufig deutlich mehr arbeiten müssen. Aber: Wenn Sie nicht stärker als Ihr Markt wachsen, verlieren Sie unterm Strich – und Ihre Mitbewerber erstarken.

Häufig wollen wir andere verändern. So wünschen sich Verkäufer oft, dass sich potenzielle Kunden für ein unverbindliches Gespräch öffnen oder bestehende Kunden das neueste Produkt aus ihrem Hause ebenfalls führen. Doch es nützen Ihre besten Appelle nichts, wenn Sie schlecht argumentieren. Sie werden andere nicht verändern können, genauso wenig, wie Sie sich von anderen verändern lassen wollen. Oder übernehmen Sie sofort die Meinung eines anderen? Vermutlich nicht. Damit Sie entscheidend im Verkaufsalltag vorankommen, ist es wichtig, dass Sie in der Lage sind, Zugang zu den unterschiedlichsten Menschen zu finden, indem Sie Ihre Kommunikation nach diesen ausrichten. Denn es ist egal, was Sie sagen – entscheidend ist immer, was Ihr Gegenüber aufgrund Ihrer Handlungen und Aussagen denkt. Sobald Sie in der Lage sind, durch Ihre Aussagen beispielsweise in der Neukundengewinnung Ihren Gesprächspartner dazu zu bringen, »Wenn ich mir das nicht anhöre, begehe ich einen Fehler« zu denken, sind Sie ein gutes Stück weiter. Sollten Ihre Kollegen also beispielsweise leichter neue Kunden gewinnen oder souveräner ihre Preise durchsetzen, so haben diese nicht mehr Glück oder einfach bessere Kunden, sie sprechen nur anders zu ihren Kunden. Und dieser Ansatz macht doch Mut, oder? Denn Sie werden leichter dort verkaufen, wo andere aufgeben, wenn Sie einfach ein besserer Kommunikator sind, der Kundenbeziehungen entwickeln kann.

## Vom Wissenssammler zum Wissensumsetzer

Mitarbeiter aus dem Vertrieb nehmen regelmäßig an Verkaufstrainings teil, weil sie wissen, dass sie mit dem, was sie wie tun bzw. nicht tun, entscheidend ihre Verkaufszahlen beeinflussen. Letztlich ist es im Verkauf wie im Sport: Wer aufhört, regelmäßig zu trainieren, hört auf, gut zu sein. Denn Verkäufer müssen gut sein, wenn es drauf ankommt. Schließlich sind gewisse Dinge schnell zugesagt, wenn man nicht auf diese vorbereitet ist. Und so hat schon so manch ein Verkäufer das Spiel für die Rabattverhandlung mit einer unüberlegten Antwort eröffnet – und ordentlich Marge verschenkt.

Häufig gibt es in einem Vertriebsteam sehr unterschiedliche Verkäufer, die unterschiedliche Probleme im Verkaufsalltag haben – und damit unterschiedlichen Trainingsbedarf.

Verkäufer, die beispielsweise schon recht erfolgreich sind, fragen sich häufig:

- Wie kann ich meine guten Kunden noch besser an mich binden?
- Wie kriege ich die ganzen Aufgaben bewältigt, die täglich auf mich einprasseln?
- Wie gehe ich mit Preisdruck um?

Neue Verkäufer hingegen haben oft ganz andere Fragestellungen:

- Was sage ich, wenn der Kunde sagt: »Zu teuer!«?
- Wie komme ich an den Termin?
- Wie mache ich den Auftrag?

Auch die Motivation, an einem Verkaufstraining teilzunehmen, ist sehr unterschiedlich:

- Manche Teilnehmer sind nahezu traumatisiert, weil sie vor vielen Jahren von einem Trainer »fertiggemacht« worden sind, als sie bei einem Rollenspiel vor der Gruppe schlecht performten und dieser ihnen Feedback gab. (Der Trainer meinte es bestimmt nicht böse, es kam aber so an.)
- Andere Teilnehmer haben eigentlich für ein Training gar keine Zeit, weil sie noch genügend offene Aufgaben aus ihrem Tagesgeschäft haben.
- Weitere freuen sich auf die Weiterbildung, weil sie dankbar sind, endlich bzw. wieder mal einen Blick von außen zu bekommen – und somit (hoffentlich) neue Ideen.

In kleineren Unternehmen ist es dann meist gängige Praxis, dass das gesamte Vertriebsteam mit dem Trainer in einen Raum (virtuell oder im »echten« Seminarraum) geht – und der Trainer sein Training durchführt. Oft überfordert dieser dann die »Schwächsten« und unterfordert die »Besten«, da dieser bei einer solchen gemischten Truppe nahezu nie alle dort abholen kann, wo sie aktuell stehen. Besser ist es somit, wenn die Führungskraft kleinere, homogenere Gruppen ermöglicht, sodass bedarfsgerecht und zielgerichtet Inspiration, Motivation und Training erfolgen kann. Dies erfordert verständlicherweise ein höheres Budget, aber es bringt mehr. Hier muss die Führungskraft richtig priorisieren: Lieber richtig und bedarfsgerecht oder lieber pauschal und hoffen, dass sich was ändert?

Ebenfalls muss die Führungskraft den Teilnehmern nach dem Training auch die Möglichkeit zur Umsetzung geben. Im Idealfall erinnert sie die Teilnehmer regelmäßig daran. In der Praxis ist es aber oft so, dass ein Training zwischen dem normalen Verkaufsalltag zwischengeschoben bis hin zu reingedrängt wird – und die Teilnehmer am Folgetag so viel zu tun haben, dass sie zwangsläufig wieder in ihr altes Verhaltensmuster fallen.

Für Sie als Teilnehmer bedeutet das, dass Sie, sobald Sie wissen, wann ein Training ist, gleich an dessen Folgetag und auch in den darauffolgenden Wochen Zeitfenster zur Reflexion, Nachbereitung und Auffrischung der Trainingsinhalte einplanen müssen. Vermutlich kennen Sie dieses Blocken von Zeitfenstern aus dem Alltag von Messen: Wer nur die Zeit in seinem Kalender blockt, wo die Messe selbst stattfindet, hat oft nach der Messe gar keine Zeit, um bei den Messekontakten nachzufassen. Ein teurer Fehler.

Trauen Sie sich auch als Teilnehmer, im Seminar nachzufragen – und bringen Sie konkrete Probleme aus Ihrem Verkaufsalltag mit. Im Idealfall hat der Trainer diese Themen schon im Vorfeld in Erfahrung gebracht, um ein bedarfsgerechtes Training zu bieten.

»Starke« Verkäufer im Seminar unterscheiden sich von den »schwächeren« Verkäufern oft dadurch, dass sie mit einer ganz anderen Haltung teilnehmen. Während ein »schwacher« Verkäufer oft viele Argumente findet, warum etwas nicht geht, finden »gute« Verkäufer oft Lösungen und Wege, da sie Ideen von den Trainern und Kollegen mit der Wie-Brille bewerten: Wie könnte ich das umsetzen?

### Stoppen Sie Ihren Bewertungsreflex

Kommentare wie »Das haben wir schon immer so gemacht!«, »Das geht vielleicht in Süddeutschland, aber bei meinen Kunden ganz bestimmt nicht!« oder »Das habe ich mal ausprobiert, hat damals schon nicht funktioniert« sind sehr gefährliche Gedanken, da diese Gedankenreflexe Verbesserung und Optimierung verhindern. Wenn Sie eine neue Idee hören, dann probieren Sie diese doch einfach mal aus. Bitte nicht nur ein Mal, sondern zehn Mal. Und wenn das dann immer noch nicht klappt, fragen Sie sich: Was kann ich verbessern? Gerade diese Möglichkeit, immer wieder schnelles Feedback im Verkaufsalltag zu bekommen, macht den besonderen Reiz im Vertrieb aus: Man macht etwas Neues, es klappt – und man freut sich. Man macht etwas anderes, es klappt nicht – und man optimiert. Nun geht es darum, das Gute beizubehalten und weiter zu verfeinern, um zunehmend mehr positive Eigenschaften und Verhaltensweisen an den Tag zu legen – und damit sicherer und leichter die Vertriebsziele einzufahren.

Was hat das nun mit Ihrem Bewertungsreflex zu tun? Bilden Sie sich doch einfach selbst eine Meinung, ob das, was Ihnen ein Trainer oder ein Kollege empfiehlt, wirklich (immer noch nicht) funktioniert. Sie werden staunen! Denn auch Trainer oder Kollegen sind nicht allwissend – also fragen Sie, bis Sie ein klares Ja oder Nein hören. Und bei dieser Gelegenheit: Oft ist selbst ein Nein niemals endgültig, sondern oft nur vorübergehend. Aber das ist ein anderes Thema …

## So investieren Sie richtig in sich

Der größte Fehler, den Sie als Mitarbeiter im Vertrieb machen können, ist zu glauben, dass Sie nichts mehr zu lernen bräuchten. Getreu dem Motto: Entweder man kann verkaufen oder man kann es nicht.

Kunden kaufen immer. Die Frage ist nur: von wem? Ob Sie bestimmte Abnehmer beliefern oder Ihr Mitbewerber, hängen stark von Ihrem kommunikativen Geschick, Ihrer Ausdauer und Ihrer Leidensfähigkeit ab. Natürlich spielen auch Ihre zu verkaufenden Produkte und Dienstleistungen an sich eine große Rolle. Nichtsdestotrotz können Sie Ihr Angebot in der Sache selbst nicht verändern – aber in der Kommunikation zu Ihren Kunden. Erst recht, wo Kunden immer professioneller einkaufen, weniger markentreu sind und besser an Informationen gelangen, müssen Sie als Verkäuferpersönlichkeit punkten. Und das werden Sie unter Ihren Möglichkeiten, wenn Sie Ihre persönliche Weiterbildung nicht auch in Ihre eigenen Hände nehmen.

Häufig beißt sich nämlich die Katze in den eigenen Schwanz: So manch ein Arbeitgeber glaubt, dass seine Mitarbeiter schon aus purem Eigeninteresse eigenverantwortlich in ihre Fortbildung investieren (bspw. zur Sicherung des eigenen Arbeitsplatzes oder um mehr zu verkaufen und somit auch mehr zu verdienen). Doch auf der anderen Seite stehen viele Mitarbeiter, die sich sagen: »Wenn mein Chef möchte, dass ich besser verkaufe, dann soll er gefälligst auch in mich investieren.« Fragen Sie sich einfach: Wer trägt die Verantwortung für Ihr Leben und Ihre Karriere? Letztlich Sie. Nur Sie. Wenn Sie hoffen, dass andere für Ihr Fortkommen kämpfen, legen Sie zu viel Verantwortung in andere Hände. Auch möchte nicht unbedingt jeder Ihrer Kollegen zwingend, dass Sie weiter nach oben bzw. vorankommen. Im schlimmsten Falle haben Sie sogar einen schwachen Vorgesetzten, der Sie bewusst kleinhalten will. Meinen Sie ernsthaft, dass dieser sich gezielt um Ihren beruflichen Aufstieg bzw. um die Sicherung Ihrer Position kümmert?

### 10 Fragen, die Sie sich zum Thema Weiterbildung selbst stellen sollten:

1. Lässt Ihre bisherige Arbeitszeit eine nebenberufliche Weiterbildung zu? »Nebenberuflich« bedeutet in der Regel nach der Arbeitszeit – also abends oder am Wochenende. Hier geht also viel Ihrer Freizeit drauf. Es können schon mal zehn bis 20 Stunden in der Woche zusammenkommen. Haben Sie diese Zeit?
2. Welche Aus- und Weiterbildungen bringen Sie wirklich karrieremäßig weiter? Ein Studium wird mit hoher Wahrscheinlichkeit nicht dazu beitragen, dass Sie Ihre Verkaufsfertigkeiten entscheidend verbessern. Andererseits ist ein abgeschlossenes Studium in gewissen Unternehmen eine Voraussetzung für die nächste Karrierestufe.
3. Welche steuerlichen Aspekte sollten Sie berücksichtigen, damit Sie mit Ihren Investitionen in Ihre persönliche Weiterbildung auch möglichst viel der gezahlten Lohnsteuer zurückbekommen? Kosten für die Seminare und Prüfungen, Fahrtkosten, Literatur und vieles mehr lassen sich ja oft als Werbungskosten ansetzen.

4. Welche staatlichen Fördermöglichkeiten können Sie beanspruchen? Die einzelnen Bundesländer bieten oft unterschiedliche Programme an. Beispielsweise Bildungsschecks, Bildungsgutscheine, IWIN-Förderungen und Meister-Bafög. Ist es sinnvoll, die Weiterbildung durch Ihren Arbeitgeber zu beantragen oder selbst?
5. Fördert Ihr Arbeitgeber die Weiterbildung finanziell (komplett oder teilweise) oder gibt Ihnen Extrazeit für die Maßnahme? Sprechen Sie doch ganz offen darüber mit Ihrem Chef oder der Personalabteilung. Wenn Ihr Arbeitgeber Kosten übernimmt, kann es sein, dass dieser dann auch Erwartungen hat. Beispielsweise, dass Sie mindestens noch x Monate im Unternehmen bleiben, andernfalls die Fortbildungskosten an ihn (anteilig) zurückzahlen müssen.
6. Wie wird Ihre Familie Ihre Weiterbildung unterstützen? Schließlich haben Sie für diese dann (noch) weniger Zeit.
7. Können Sie es sich leisten, eine gewisse Zeit im Job auszusetzen, um ein Vollzeitstudium aufzunehmen? Denn wenn Sie bereits eigenes Geld verdienen, haben Sie vermutlich finanzielle Verpflichtungen.
8. Welche Erwartungen verknüpfen Sie mit Ihrer persönlichen Weiterbildung? Nur weil Sie plötzlich einen besonderen Abschluss haben, wird in der Regel kein Interessent zum Kunden. Daher konkret an Sie die Frage: Was bezwecken Sie wirklich mit der Weiterbildung?
9. Was machen Sie, wenn Ihnen die Puste während der Weiterbildung ausgeht? Haben Sie dann genügend »Biss«, um trotzdem einen guten Job zu machen? Kein Arbeitgeber hat dafür Verständnis, wenn Sie eine Weiterbildung besuchen – aber Ihre Verkaufszahlen plötzlich schlechter werden. Im Umkehrschluss bedeutet dies: Sie müssen sich fragen, ob es taktisch besser ist, Ihren Arbeitgeber nicht zu informieren, wenn Sie sich auf eigene Faust weiterbilden.
10. Welche ehemaligen Teilnehmer des Bildungsanbieters können Sie anrufen, um zu erfahren, wie die Weiterbildung wirklich ist? Denn nichts wäre ja schlimmer, als wenn Sie nach ein paar Wochen merken, dass Sie aufs falsche Pferd gesetzt haben.

Sie müssen nicht unbedingt studiert haben, um einen interessanten Job im Vertrieb und Verkauf zu bekommen. Es gibt einige Menschen im Vertrieb, die ohne Studium mehr Geld verdienen als so mancher Akademiker. Sie sollten auch nicht vergessen, dass ein Vollzeitstudium von drei bis fünf Jahren in der

Regel ohne nennenswerten Verdienst abläuft. Und so zahlt schon so mancher mit Mitte 20 bereits seine eigene Wohnung erfolgreich ab, während ein anderer sich um sein erstes Angestelltenverhältnis bemüht.

Andersherum gibt es in vielen Unternehmen unsichtbare Mauern: Man kommt einfach nicht auf eine bestimmte Führungsebene, wenn man nicht studiert hat oder gar promoviert. Aber müssen Sie deswegen unbedingt ein Vollzeitstudium für eine Option absolvieren, die Sie vielleicht später gar nicht einlösen wollen?

Es gibt jedoch auch viele Gründe, direkt nach der Schule mit einem Vollzeitstudium zu beginnen:

- Immer mehr Menschen haben studiert, unter anderem auch die Ansprechpartner von uns Verkäufern. Beispielsweise Einkäufer und Geschäftsführer. Getreu dem Motto »Gleich und Gleich gesellt sich gern« kann dies für eine unbewusste Verbindung sorgen.
- In manchen Branchen ist ein Abschluss Voraussetzung, beispielsweise oft im Maschinenbau. Bekanntlich kann man aus einem Ingenieur leichter einen Verkäufer machen als aus einem kaufmännischen Angestellten einen Ingenieur.
- Häufig haben auch diejenigen, die Personalentscheidungen treffen, einen akademischen Abschluss und erwarten einen solchen, weil schon viele andere Kollegen einen solchen haben.

In der Regel wird unterstellt, dass studierte Menschen analytischer denken, Zusammenhänge besser verstehen und somit für konzeptionelle Arbeiten besser geeignet sind. Vermutlich werden auch in den nächsten Jahren die Produkte und Dienstleistungen immer komplexer – aber bei Weitem nicht alle.

Generelle Weiterbildungsmöglichkeiten, die über längere Zeit gehen und meistens mit einer Abschlussprüfung enden und die zum Tragen eines Titels bzw. einer Bezeichnung berechtigen, sind:

- Vollzeitstudium
- berufsbegleitendes Studium
- Fernkursus
- berufsbegleitende Aus- und Weiterbildungen

## Bereiten Sie nicht nur Verkaufsgespräche vor und nach, sondern auch Seminare

Gehen Sie vor einem Training auf die Webseite des Veranstalters. Informieren Sie sich über den Anbieter. Überlegen Sie sich, auf welche Fragen Sie in der Schulung unbedingt eine Antwort bekommen möchten.

Sie geben zu viel Verantwortung ab, wenn Sie einfach zu einem Training hingehen, zu dem Ihr Arbeitgeber Sie geschickt hat – und sich dort berieseln lassen. Denn woher wollen Sie wissen, ob ein Training für Sie gut war oder nicht, wenn Sie selbst ziellos an einer solchen Veranstaltung teilnehmen?

Denken Sie auch immer daran: Wenn Sie zu einem Training »geschickt« werden, dann knüpft Ihre Führungskraft auch Erwartungen an Sie. Sonst würde er oder sie sich das Geld sparen. Eine gute Führungskraft vereinbart sogar mit Ihnen Lernziele, damit Sie genau wissen, welche Änderungen von Ihnen nach dem Training erwartet werden. Sollte dies Ihre Führungskraft versäumen, so sollten Sie sich selbst Ziele setzen. Dies beeinflusst Ihre Wahrnehmung im Training ungemein.

## Nutzen Sie insbesondere offene Seminare

Bei offenen Seminaren sind auch Verkäufer aus anderen Branchen und Unternehmen unter den Teilnehmern. Dies kann sehr inspirierend sein, weil es immer interessant ist zu erfahren, wie in anderen Unternehmen Verkaufserfolge möglich sind.

Darüber hinaus können Sie so über kurz oder lang auch potenzielle Kunden oder Lieferanten finden.

Im Idealfall organisiert der Veranstalter ein Hotel, wo es am Vorabend schon ein lockeres Treffen der Teilnehmer gibt. So können schon erste Kontakte geknüpft werden.

Denken Sie auch daran, mit den Teilnehmern in den Pausen zu netzwerken – und ggf. Kontakte auszutauschen. Vielleicht finden Sie ja auch Kontakt zu einem interessanten Unternehmen, das für Sie später mal als Arbeitgeber infrage kommen könnte.

## Wissen ist das eine – Tun das andere

Vom Kopf her sind viele Menschen ganz schlau. Das Problem aber ist, dass viele ihr Wissen nicht anwenden:

- Nehmen Sie sich regelmäßig Zeit zur Reflexion.
- Haben Sie Spaß daran, immer wieder etwas Neues auszuprobieren.
- Bereiten Sie Gespräche besser vor, um an die Umsetzung von neuen Ideen zu denken.
- Nutzen Sie Gedächtnisstützen, um beispielsweise eine neue Frage, die sie entwickelt haben, im Verkaufsgespräch tatsächlich anzuwenden.
- Entwickeln Sie Lernpatenschaften: Tauschen Sie sich regelmäßig mit anderen Seminarteilnehmern aus, die auch weiter nach vorne kommen wollen.
- Kleben Sie im Zweifelsfalle einen Zettel irgendwo hin, damit Sie an die Umsetzung einer bestimmten Sache erinnert werden.
- Arbeiten Sie ggf. mit Checklisten, um neue Dinge in Ihren Alltag zu integrieren.

Es ist auch sinnvoll, einen persönlichen Ordner anzulegen – egal ob online oder offline. Hier speichern Sie in kurzen, knappen Sätzen Ihre wichtigsten Erkenntnisse, Formulierungen und Erfolgstipps. Diesen Ordner können Sie dann immer wieder als Inspirationsquelle nutzen. Denn machen wir uns nichts vor: Wie oft haben wir schon gewisse Dinge gehört oder gelesen, haben es jahrelang verdrängt, irgendwann dann doch getan – und sind nun begeistert? Es kommt nämlich nicht darauf an, möglichst viele Seminare zu besuchen, sondern möglichst viel umzusetzen. Und während der eine Verkäufer meint, er sei immer noch nicht gut genug und müsse zum nächsten Seminar, geht der andere Verkäufer einfach los zum Kunden, setzt um – und verkauft ...

## Gute Quellen für Vertriebstipps mit schmalem Budget

Früher gab es tatsächlich »nur« Bücher und Seminare zum Thema Verkaufen. Heutzutage sind die Möglichkeiten, an neues Wissen heranzukommen, deutlich größer geworden. Und teilweise sogar deutlich günstiger.

Sie sollten regelmäßig im verkaufsrelevanten Wissen »baden«. Zum einen, um sich immer wieder an gewisse Dinge zu erinnern, zum anderen, um zunehmend besser zu werden. Es spricht auch nichts dagegen, einen Ratgeber zum Thema Preisverhandlung nach einiger Zeit erneut zu lesen. Oft erschließen sich dann ganz neue Erkenntnisse, weil man bei der ersten Lektüre noch anders gedacht und empfunden und somit den Text auch anders wahrgenommen hat.

## Vertriebsbücher

Im deutschsprachigen Raum gibt es leider recht wenig Vertriebsliteratur. Wer in Amerika ist, wird im Vergleich dazu ins Staunen geraten: Dort ist es keine Seltenheit, dass es Verkaufsbücher über mehrere Meter im Regal gibt. Bei uns muss man schon froh sein, wenn man beim stationären Händler fünf Bücher zu dieser Thematik findet.

Mithilfe des Klappentextes, mit dem Sichten des Inhaltsverzeichnisses und dem Anlesen mancher Kapitel können Sie sich schnell einen Eindruck verschaffen, ob Sie das Buch lesen sollten oder nicht. Achten Sie nicht zu viel auf Rezensionen, die meisten sind leider aus Gefälligkeit geschrieben. Kaufen Sie einfach mal drei Stück zu einem Thema, nachdem Sie diese grob geprüft haben – ein Highlight ist bestimmt für Sie dabei. Und was sind schon 100 Euro für Fachliteratur, wenn Sie dadurch endlich einen entscheidenden Schritt weiterkommen?

Es spricht auch nichts dagegen, in die örtliche Bibliothek zu gehen. Dort stehen nicht nur Bücher zum Thema Verkaufen, sondern auch zu Themen wie Marketing, Kommunikation und Führung.

## Zeitschriften und Zeitungen

Es gab mal Magazine wie »Verkaufen« oder auch »Acquisa«. Leider heute nicht mehr. Vermutlich, weil die Magazinverlage ähnliche Probleme haben wie die Buchverlage: Vertriebler und Verkäufer lesen zu wenig. Dennoch sollten Sie Zeitschriften wie »Impulse«, die »WirtschaftsWoche« oder Magazine aus Ihrer Branche lesen, um zu wissen, was am und insbesondere in Ihrem Markt los ist.

Sollten Sie über Artikel stolpern, die Ihre Kunden bzw. Zielkunden betreffen, so spricht auch nichts dagegen, wenn Sie diese auf die Veröffentlichung hinweisen. So bleiben Sie in Erinnerung und haben auch ein gutes Argument, dort mal wieder anzurufen: »Hallo, Herr Kunde, ich lese gerade das Magazin x und da fand ich einen Artikel über y, und da musste ich spontan an Sie denken. Haben Sie den Artikel schon? … Ach, wo wir gerade reden, ich habe da noch eine Idee, wie …«

### YouTube

YouTube ist eine super Möglichkeit, kostenlos nicht nur Verkaufstrainer kennenzulernen, sondern auch von diesen zu lernen. Schauen Sie sich am besten verschiedene Kanäle an. Sie werden manche sehr mögen – und sollten ihnen dann direkt mithilfe eines Abonnements folgen.

Damit Sie welche finden, geben Sie am besten in die Suchzeile Namen der Verkaufstrainer ein, die Sie bereits kennen. Beispielsweise »Oliver Schumacher«. Oder Sie geben Begriffe wie »Verkaufstrainer« oder »Vertriebstrainer« ein. Oder Sie geben direkt Aufgabenstellungen ein. Beispielsweise »Terminierung«, »Neukundengewinnung« oder »Preisverhandlung«.

Nutzen Sie auch die Kommentarfunktion auf YouTube, um Fragen zu stellen. So manche Verkaufstrainer werden diese dann auch beantworten.

### Podcast

Speziell Verkäufer im Außendienst verbringen viel Zeit im Auto oder im Zug. Muss man dann die ganze Zeit Radio hören – und regelmäßig die gleichen Nachrichten? Nutzen Sie also diese »tote« Zeit für Ihre persönliche Weiterbildung und hören Sie Podcasts. Es gibt auch viele Menschen, die hören Podcasts bei der Gartenarbeit, beim Joggen – oder zum Einschlafen. Probieren Sie einfach aus, was für Sie passt.

### Webseiten

Zum Thema Verkaufen werden Sie auch sehr viel im Internet finden. Geben Sie doch ähnlich wie bei YouTube unterschiedliche Worte in eine Suchmaschine ein und gucken Sie, was so vorgeschlagen wird. Es gibt aber auch Webseiten, da lohnt es sich, diese regelmäßig aufzusuchen, weil sie einfach gute Inhalte bieten. Beispielsweise:

https://vertriebszeitung.de/
https://www.impulse.de/
https://www.marconomy.de/

Aber auch so manche Trainer, Redner, Berater und Coaches haben gute Blogs. Kennen Sie schon den Blog von Oliver Schumacher?

https://oliver-schumacher.de/vertriebsblog-fuer-b2b/

## Austausch mit Kollegen

Damit Vertriebsmeetings Sie weiter voranbringen, fragen Sie sich vorab, welche Fragen, Probleme und Aufgabenstellungen Sie haben – und gehen Sie dann gezielt auf Kollegen zu und bitten Sie diese um ihre Meinung. Fragen Sie auch nicht unbedingt immer die, die Sie schon immer gefragt haben, trauen Sie sich, auch andere zu fragen. Achten Sie aber bitte darauf, dass Sie Menschen um Rat bitten, die Ihrer Ansicht nach auch qualifiziert dafür sind. Denn eine Meinung hat jeder – Ahnung nicht. Auch sollten Sie das Telefon öfter nutzen, um sich lösungsorientiert auszutauschen.

## Datenbanken und Apps

Vermutlich sind Sie in Ihrem Unternehmen nicht der Einzige, der neu eingearbeitet werden muss, vor neuen Aufgabenstellungen steht oder einfach mal eine Information haben möchte. Fragen Sie doch mal nach, ob es nicht beispielsweise interne Lernvideos gibt, oder externe Apps, die Sie zur Fortbildung nutzen können.

## Austausch in Verbänden und sonstigen Vereinigungen

Denken Sie auch daran, über den eigenen Tellerrand zu schauen. Oft gibt es eine Art »Brancheninzest«, getreu dem Motto: »So wie es die Mitbewerber machen, so machen wir das auch.« Doch nur weil die Mitbewerber das so machen, muss es deswegen so richtig sein?

Wenn Sie sich auf Veranstaltungen mit anderen Menschen aus anderen Unternehmen austauschen, haben Sie oft nicht nur gute Gespräche, sondern häufig auch interessante Erkenntnisse. Warum also nicht mal mit einem anderen Teilnehmer über seine Art der Akquise fachsimpeln und sich austauschen? Darüber hinaus können Sie auch so gut andere Unternehmen kennenlernen, für die Sie später vielleicht mal arbeiten.

Wichtig: Häufig fühlt man sich wie ein fünftes Rad am Wagen, wenn man alleine zu einer Veranstaltung geht, weil dort niemand mit einem sprechen möchte. Oft fährt man dann frustriert wieder nach Hause und sagt sich: »Komischer Verband, dort gehe ich nie wieder hin.« Natürlich wäre es professioneller, wenn der Veranstaltungsleiter Sie auf der Veranstaltung persönlich begrüßen und vielleicht auch dem einen oder anderen Mitglied vorstellen würde. Da Sie aber nicht davon ausgehen können, dass der Veranstalter professionell arbeitet, können Sie im Vorfeld mit diesem Ihre Erwartungshaltung klären.

Es spricht aber auch nichts dagegen, wenn Sie sich einfach mal zu Menschen dazusetzen bzw. dazustellen. Denn letztlich ist jeder auf einer Veranstaltung, um zu netzwerken und Spaß zu haben. Vielleicht mit »Hallo, ich bin Vorname Name, darf ich mich dazusetzen?«.

Denken Sie daran, dass Sie nicht nur lernen, um selbst im Verkauf besser zu werden, sondern auch, um Ihre Kunden mit Tipps weiter voranzubringen. Denn wenn Ihre Kunden spüren, dass Sie auch tolle Verkaufsideen haben und auch ein wertvoller Ratgeber sind, wenn es mal um andere Themen geht (Führung von Mitarbeitern, Organisationsprobleme, Stress oder Ähnliches), dann werden Sie ein gefragter Ansprechpartner sein.

## Wie Sie sich mental in einen guten Zustand bringen

Dass Sie von außen bestenfalls nur kurzfristig motiviert werden können, haben Sie sicherlich schon mal gehört – und vermutlich auch schon selbst erlebt. Ihre Motivation kommt im Idealfall aus Ihrem Inneren (intrinsische Motivation). Sie tun also das, was Sie tun, nicht, weil Sie es vorrangig müssen und sollen, sondern weil Sie es möchten und wollen.

Prämien und Boni begeistern nur bedingt, denn letztendlich sind es nur Zahlen, die auf Ihrer Gehaltsabrechnung stehen. Bloße Zahlen motivieren aber nicht, sondern viel eher die schönen Dinge, die man damit erreichen kann. Beispielsweise der Urlaub mit der Familie, das neue Motorrad oder der große Bildschirm für zu Hause. Aber auch diese Dinge können irgendwann zur Selbstverständlichkeit werden und nicht dauerhaft zu der gewünschten Motivation im Job führen. Ebenfalls nicht zu unterschätzen sind Punkte wie Sinnhaftigkeit (Erfüllt Sie Ihre Arbeit?), Anerkennung (Werden Sie von Kollegen und Kunden gelobt?) und Entfaltung (Können Sie Ihr Talent voll zur Geltung bringen?).

Wie stellen Sie es nur an, damit aus Ihrem Arbeitsalltag ein guter Tag oder sogar ein richtig guter Tag werden kann?

Die Kernaussage aus dem Buch »Fish! Ein ungewöhnliches Motivationsbuch« bringt es auf den Punkt: »Auch wenn wir uns nicht immer aussuchen können, welche Arbeit wir machen, so steht es uns frei zu entscheiden, wie wir sie machen.«[4]

Damit Sie Ihre Arbeit mit mehr Spaß und Motivation erledigen können, nehmen Sie sich am besten folgende zehn Tipps zu Herzen:

## TIPPS

1. **Vergleichen Sie sich nicht mit anderen.**
   Es gibt immer einen Kollegen, der schneller Karriere macht, immer einen, der mehr PS unter der Motorhaube beim Firmenwagen hat oder der ein besseres Monatsergebnis erarbeitet. Ein Vergleich führt schnell zu Neid, Frust und Resignation. Wenn Sie sich benachteiligt fühlen, weil beispielsweise Ihr Vertriebsgebiet nicht so gut frequentiert ist wie das vom Kollegen, sprechen Sie das offen an. Vielleicht gibt es einen Grund, den Sie nachvollziehen können. Möglicherweise können Sie aber auch eine Veränderung anstoßen.
   Besser für Sie ist es, sich sportlich im Sinne von »Wenn x das schafft, dann kann ich das auch« zu vergleichen. Oder gewisse Leistungen von anderen einfach zur Kenntnis zu nehmen. Denn nur, weil jemand bei einem Ranking besser abschneidet, heißt es ja noch lange noch nicht, dass dieser genauso viel/wenig in den letzten Monaten wie Sie dafür gearbeitet hat. Außerdem: Ist der Vergleich überhaupt fair? So sollten Sie sich als Newcomer mit anderen Newcomern vergleichen. Und als erfahrener Verkäufer mit anderen erfahrenen Kollegen.
2. **Bringen Sie sich immer voll ein.**
   Was denken Sie über Kollegen, die im Meeting am Handy spielen, die zu spät in die Besprechung kommen oder unvorbereitet beim Kunden über Belangloses lamentieren? Genau, das nervt und bringt Sie nicht weiter. Vielleicht lassen Sie dieses Gefühl der Missachtung auch Ihren Kollegen bewusst oder unbewusst spüren. Jene aber, die voll dabei sind, gut vorbereitet und hoch konzentriert, nimmt man ernst und gibt ihnen positives Feedback, Anerkennung und Vertrauen. Das wiederum bestärkt sie in ihrer Arbeit, schafft Selbstvertrauen – und es läuft einfach besser.
3. **Seien Sie freundlich und interessiert.**
   Interessieren Sie sich nicht für Ihre Mitmenschen, hält man Sie schnell für arrogant und überheblich. Ein freundliches Wort, ehrliches Interesse an Kollegen oder die Frage »Wie geht's dir heute?« wird Ihnen sicherlich positiv zurückgespiegelt. Auch kleine Geschenke ohne Hintergedanken erhalten die Freundschaft.
   Wann haben Sie Ihren Kollegen das letzte Mal ein Eis mitgebracht oder gesagt, dass Sie sich freuen, dass er oder sie zum Beispiel nach Krankheitstagen wieder im Team zurück ist?

4. **Bleiben Sie locker.**
Kommen Sie nicht verbissen und ernst ins Büro. Gehen Sie auch mal spielerisch (nicht verspielt!) an Ihre Aufgabe. Das können Sie mit sich selbst, aber auch mit Kollegen machen. »Wenn du den Kunden bekommst, gebe ich dir einen aus« oder »Komm, wir wetten um einen Kasten Bier, wer die meisten Kontakte auf einem Messetag bekommt«. Sie können das Spiel auch mit sich selbst machen: »Die Uhr/Tickets/Tasche … gönne ich mir, wenn ich mein Ziel geschafft habe.« Damit bringen Sie Spaß in Ihren Job, und das hilft Ihnen, den Tag zu einem guten zu machen. Manche gehen sogar so weit, dass sie sich eine Flasche Champagner in den Kühlschrank legen, damit sie immer wieder an ihre Zielsetzung erinnert werden – und sich schon auf die bevorstehende Feier freuen können.
5. **Erledigen Sie die großen Brocken zuerst.**
Wenn Sie das schwierige Thema des Tages gleich am Anfang erledigt haben, wie beispielsweise dem Kunden die spätere Lieferzeit mitzuteilen oder die Preiserhöhung anzukündigen, dann haben Sie den Rest des Tages »frei«. Sie können sich den angenehmeren Dingen widmen und sind fit und motiviert für beispielsweise Akquisegespräche. Wenn Sie unangenehme Jobs Ihrer To-do-Liste immer wieder vor sich herschieben, macht das mürbe und wirkt demotivierend. Packen Sie es also an, denn besser werden Dinge meistens nicht, wenn man sie verdrängt. Außerdem ist das Aussitzen von Problemen keine Eigenschaft, die sich Vertriebler zu eigen machen sollten.
6. **Sorgen Sie für Ordnung.**
Wie arbeitet es sich an einem aufgeräumten Schreibtisch? Wie schläft es sich in frischer Bettwäsche? Irgendwie besser, oder? Wenn Sie einen kleinen Motivationsschub brauchen, stehen Sie auf und räumen Sie Ihr Arbeitsumfeld auf. Wenn alles frisch und aufgeräumt ist, macht auch die Arbeit wieder Spaß. Erlauben Sie sich einfach, auch mal wieder gut zu sich selbst zu sein.
7. **Umgeben Sie sich mit positiven Menschen.**
Es ist ganz normal, auch mal einen Durchhänger zu haben. Und die Welt, insbesondere die Welt im Vertrieb, ist nicht immer rosig. Das heißt, Sie müssen sich auch mal »auskotzen« können. Dann muss es aber auch wieder gut sein. Dies wird Ihnen leichter gelingen, wenn Sie sich mit Menschen, sowohl beruflich als auch privat, austauschen, die selbst eine positive Lebenseinstellung haben – und die vorrangig die Chancen und nicht das Risiko sehen. Umgeben Sie sich aber überwiegend mit negativen Menschen, ziehen diese Sie runter – ob Sie wollen oder nicht.

8. **Machen Sie mal Pause.**
   Sie werden nicht der erste Mensch sein, der es verlernt hat, sich zu entspannen. Es gibt sogar Unternehmen, die ganz bewusst eine Kultur der Angst aufbauen, und zwar so, dass man immer wieder ein schlechtes Gewissen hat, wenn man nicht arbeitet. Passen Sie also auf sich auf, denn wenn Sie es nicht tun, wer soll es sonst tun? Machen Sie bewusst auch mal eine Pause, nehmen Sie sich nicht zu wichtig – und feiern Sie Ihre Erfolge, um sich immer wieder bewusst zu machen, dass Sie wer sind – und etwas erreichen können.
9. **Machen Sie regelmäßig Inventur.**
   Irgendwann werden gewisse Dinge für uns selbstverständlich. Früher war es vielleicht ein Krampf, Kunden zu gewinnen, heute geht es ganz leicht. Die Gefahr, die dann zunehmend damit einhergeht, ist, dass man vergisst, dankbar für das zu sein, was man hat – und was man erreicht. Darum sollten Sie sich täglich fünf bis zehn Dinge aufschreiben, die Sie an diesem Tag erfreut haben. Ob das nun berufliche Etappen sind wie »Heute habe ich beim Kunden Meyer endlich einen Termin bekommen!« oder »Als ich heute Morgen aufwachte, streichelte die Sonne mein Gesicht – das war wunderschön!«, bleibt Ihnen überlassen. Wichtig ist nur, dass Sie positive Dinge festhalten – und sich immer mehr bewusst machen, dass jeder Tag auch seine schönen Seiten hat.
10. **Hören Sie auf, sich selbst zu langweilen.**
   Routine ist zwar schön, weil man weiß, was einen erwartet – kann aber auch irgendwann zu viel sein. Wenn Sie über Wochen und Monate schon wissen, wie viel Umsatz Sie beispielsweise an dem jeweiligen Tag schreiben werden, dann laufen Sie Gefahr, den Spaß und den Sinn an Ihrer Arbeit zu verlieren. Denn offensichtlich fordert Ihre Arbeit Sie nicht (mehr). Probieren Sie also mal neue Dinge aus, setzen sich selbst andere Ziele und merken Sie so, welche unentdeckten Potenziale noch in Ihnen stecken.

# 2.
# So nutzen Sie die Digitalisierung für sich

Auch wenn die Digitalisierung im Vertrieb einen großen Entwicklungsschub in den letzten Jahren ausgelöst hat, kann diese eine schwache Verkäuferpersönlichkeit und mangelnde Kundenorientierung nicht ausgleichen. Deshalb geht es im zweiten Kapitel zu Beginn um die richtige Haltung von Menschen mit Kundenkontakt, die schließlich nicht nur Ihre gedachten und gesprochenen Worte beeinflusst, sondern auch Ihre Handlungen selbst. Denn gerade beim Social Selling kommt es auf viel Fingerspitzengefühl an, da Online-Verkaufsgespräche anders ablaufen als persönliche vor Ort.

Für viele von uns ist das Smartphone bereits Teil ihrer Persönlichkeit geworden, sie fühlen sich quasi »nackt«, wenn sie es nicht dabeihaben. Doch beherrschen Sie Ihr Handy, oder beherrscht es schon Sie?

Wir geben Ihnen neben Tipps zum richtigen Umgang mit Videokonferenztools auch konkrete Ideen an die Hand, wie Sie aus passiven XING- und LinkedIn-Kontakten mehr machen, nämlich mehr Aufmerksamkeit, mehr Interessenten und mehr Aufträge.

Ferner erhalten Sie einen guten Einblick, wie Sie Ihr CRM-Tool besser nutzen und an welchen Zahlen letztlich viele Führungskräfte festmachen, ob Sie ein guter Verkäufer sind oder nicht. Schließlich ist in Zeiten von Digitalisierung nahezu alles auf Knopfdruck messbar, auch wenn es nicht sinnvoll ist, alles zu messen, was man messen kann.

## 2.1 Alles digital, oder was?

»Wir müssen digitaler werden!« Diese Aufforderung geistert schon seit einiger Zeit mehr oder weniger erfolgreich durch die Vertriebsabteilungen. Dies sorgt auch für viele Ängste, denn wer möchte denn schon den persönlichen Kontakt zu seinen lieb gewonnenen Kunden verlieren oder gar von einer Künstlichen Intelligenz abgelöst werden? Doch keine Sorge – Vertrieb wird es auch in Zukunft geben (müssen), und an sich ist Digitalisierung im Vertrieb nichts Neues, schließlich machen Sie doch schon jetzt einiges digital, oder?

- Sie kommunizieren per Mail, Messenger und nutzen digitale Endgeräte wie Handy und Tablet.
- Sie haben schon an digitalen Meetings via Zoom, Skype oder Microsoft Teams teilgenommen.
- Sie analysieren Ihre Kunden- und Vertriebschancen mithilfe eines CRM-Systems.
- Ihr Arbeitgeber hat eine schöne Webseite, um seine Leistungen zu präsentieren.
- Sie haben ein Profil auf digitalen Plattformen, wie XING oder LinkedIn.

Was soll Sie da eigentlich noch schocken, wenn Sie schon die wichtigsten Tools kennen und auch schon nutzen? Neu sind nur die intelligenten Verknüpfungen und Analysetools, die Ihnen helfen sollen, Ihre Kunden noch besser verstehen und beraten zu können, um letztlich Ihre Arbeit leichter und effizienter zum Verkaufsabschluss zu führen und produktiver zu arbeiten.

Die Entwicklung steht nicht still, es warten KI-Tools (Künstliche Intelligenz) darauf, uns in der Vertriebsarbeit zu unterstützen.

### Im Jahr 2020 kam es zur Zwangsdigitalisierung

Die COVID-19-Pandemie hat in vielen Unternehmen zu einer Zwangsdigitalisierung geführt. Vieles war auch schon vor der Pandemie technisch möglich, aber man hat es gerne aufgeschoben bzw. verdrängt oder gar blockiert. Wozu auch ein Vertriebsmeeting regelmäßig online veranstalten, wenn sich alle Beteiligten über Jahrzehnte daran gewöhnt haben, ihren Außendienst quer durch die Republik zu schicken, damit dieser an einer Tagung in einem schönen Tagungshotel teilnimmt?

Im Vertrieb hatten sich »vor Corona« so manche – teilweise extrem unproduktive – Reflexe eingeschlichen: Ein potenzieller Kunde signalisierte Interesse.

Und was tat dann der Außendienst oft? Er fuhr nach einem meist sehr kurzen Telefonat mit dem Interessenten sofort zu diesem hin, um Präsenz zu zeigen. Zugegeben, das war die beste Wahl, aber nur dann, wenn das Ganze wirklich in einem gesunden Verhältnis zwischen Aufwand und Ertrag stand. Denn es passierte (und passiert immer noch) nicht selten, dass ein Außendienstmitarbeiter einen ganzen Tag in einen Interessenten investierte, um dann doch etwas bedröppelt mit der Botschaft »Das wird leider nichts« wieder ins Büro zu kommen. Bei allem Respekt: Sind nicht viele Einwände und Bedenken, die gegen eine Zusammenarbeit sprechen, auch telefonisch oder online vorher ermittelbar? Blendet nicht manch ein Vertriebler, von der Hoffnung getrieben, die Realität einfach stumpf aus? Getreu dem Motto »Mach dir schöne Stunden, fahr hin zum Kunden« ist er dann wenigstens aktiv. Aber damit nicht zwangsläufig auch produktiv! Ein weiteres Problem: Für Außenstehende, wie beispielsweise eine Führungskraft, wirkt es manchmal merkwürdig, wenn das Außendienstteam im Büro arbeitet – statt »draußen« (beim Kunden) zu sein. Manch eine Führungskraft soll auch schon zu Vertrieblern gesagt haben: »Es reicht, wenn wir uns auf der Weihnachtsfeier sehen.« Natürlich ist so viel Vertrauen schön, auch wenn es leider von so manchen Mitarbeitern missbraucht wird. Aber letztlich kommt es im Vertrieb nicht darauf an, den Eindruck zu erwecken, dass man auf Hochtouren arbeitet, sondern darauf, dass man dabei wirklich produktiv ist. Und dazu kann die Digitalisierung erheblich beitragen – wenn Sie deren Möglichkeiten richtig nutzen.

## Lassen Sie sich nicht von der Digitalisierung »abhängen«

Auch in 20 Jahren werden viele Menschen im Vertrieb arbeiten. Doch es wird eine andere Arbeit als heute sein. Schon jetzt haben sich hybride Arbeitsformen durchgesetzt, d. h. ein Teil der Arbeit wird persönlich erledigt, der andere Teil digital. Social Media, Social Selling und vieles mehr, was es vor zehn Jahren noch nicht wirklich gab, führt bereits heute zu Anfragen und Aufträgen. Die Technik wird sicherlich auch noch die eine oder andere Überraschung in den nächsten Jahren bereithalten. Aber gewisse Gespräche und Verhandlungen werden auch in 20 Jahren noch persönlich und vor Ort notwendig sein.

Stellen Sie sich vor, Sie wollten 500.000 Euro oder mehr investieren, beispielsweise in eine Maschine. Sie schreiben fünf potenzielle Anbieter an. Einer davon reagiert gar nicht, zwei rufen Sie an und zwei weitere schlagen gleich eine Videokonferenz vor. Mit vier potenziellen Lieferanten geht es also irgendwie weiter: Telefonate, E-Mails und Videokonferenzen über mehrere

Wochen – wenn nicht sogar Monate. Einer von den vieren schlägt schließlich vor, Sie persönlich zu besuchen. Hätte dieser dann schlechtere Karten, den Auftrag von Ihnen zu bekommen? Hätte er vielleicht sogar bessere? Selbst wenn Sie den Besuch höflich ablehnen würden? Für wen würden Sie sich entscheiden, wenn er bei Ihnen mit Termin vorbeikäme, und Sie könnten ihm persönlich in die Augen schauen, er würde sich alles vor Ort ansehen, Tipps geben, Möglichkeiten aufzeigen, mit Ihnen lachen und Smalltalk führen, mit Ihnen einen Kaffee trinken … Würden Sie ihm nicht den Auftrag erteilen, wenn sein Angebot Sie nicht schlechter stellen würde als das der drei Mitbewerber, die sich nicht blicken ließen? Was meinen Sie, wie würden sich andere Kunden an Ihrer Stelle verhalten?

Durch die Pandemie hat sich bei vielen Vertrieblern eine gewisse Lethargie eingeschlichen: »Ach, der Kunde will bestimmt keinen Termin, der hat ja selbst auch gerade genug Probleme« oder »Reisen geht ja sowieso gerade nicht«. Machen Sie sich frei davon, zu wissen, was der Kunde wohl gerade denkt. Fragen ist die bessere Alternative. Geben Sie also den (potenziellen) Kunden die Chance, nein zu sagen, vielleicht sagen sie ja doch ja – egal ob zu einem persönlichen oder digitalen Termin.

Digital ist vieles möglich, aber ausschließlich auf die Digitalisierung zu setzen, kann ein teurer Fehler sein. Sie müssen also verantwortlich handeln und die richtige Balance zwischen Online- und Offline-Gesprächen und -Maßnahmen finden.

## Digitalisierung kann mangelnde Persönlichkeit nicht ausgleichen

Es wird immer weniger persönliche Kundengespräche vor Ort geben. Das bedeutet, dass es ganz normal ist, dass immer mehr Verkäufer bei ihren digitalen Aktivitäten nahezu vergessen, dass auf der anderen Seite Individuen, Menschen mit Wünschen, Zielen, Problemen, Hoffnungen und Bedürfnissen, sind. Dies birgt enorme Risiken:

- Viele Verkäufer verkrampfen, weil sie noch nicht routiniert genug mit Online-Konferenztools sind. Es fehlt ihnen an einer gewissen Leichtigkeit, Verkaufsgespräche online zu führen, was kundenseitig die Freude auf den nächsten Online-Termin mindert.
- Oft sind Online-Gespräche zeitlich eng getaktet. Auf beiden Seiten. Dies führt schnell zu Frust, wenn im geplanten Zeitfenster Ziele nicht

erreicht werden. Darüber hinaus kann eine enge Taktung schnell dazu führen, dass die Beziehungsebene nicht genug gepflegt wird – und nach dem Gespräch eher Erleichterung eintritt, dass es nun endlich beendet ist.

- Wer bei Online-Meetings immer »nur« seine direkten Ansprechpartner sieht, sieht vieles andere nicht: das Unternehmen selbst, andere Mitarbeiter, die Stimmung im Hause und so weiter. Kunden und Lieferanten können so Geschäftspartner schnell falsch einschätzen und möglicherweise auch in unsichtbare Fettnäpfchen treten.
- Glauben Sie, dass eine online vorgelesene mehrseitige PowerPoint-Firmenpräsentation Ihrerseits nachhaltig für einen besseren Eindruck sorgen kann? Versuchen Sie sich doch mal an die letzten drei Online-Folienschlachten zu erinnern und an die letzten drei persönlichen Kundenbesuche. Was ist Ihnen besser in Erinnerung geblieben?

Darum berücksichtigen Sie bitte insbesondere bei Ihrer Online-Kommunikation, egal ob via Video oder per E-Mail, folgende Hinweise:

### Gesagt oder geschrieben ist noch lange nicht verstanden

Die Aufnahmefähigkeit von Empfängern einer Nachricht ist nicht so groß, wie viele denken. Verkäufer, die einen zu hohen Wortanteil haben, laufen nicht nur Gefahr, dass zahlreiche Informationen vom Kunden gar nicht verstanden werden, sondern auch, dass sie als unsympathisch, besserwisserisch und/ oder langatmig rüberkommen. Aber auch Kunden, die glauben, sie müssten nicht mitschreiben, weil sie ja ein »gutes« Gedächtnis haben, überschätzen sich oft – und treffen im schlimmsten Falle falsche Entscheidungen.

Strukturieren Sie somit auch Ihre Online-Verkaufspräsentationen und E-Mails. Schreiben Sie so, dass man Sie anstrengungsarm versteht und sich auch in Ihren Mails und Präsentationen leicht zurechtfindet.

Überlegen Sie doch mal, was Sie machen, wenn Sie eine Mail nicht sofort verstehen oder ein Verkäufer im Sendemodus ist, Sie also nicht zu Wort kommen lässt. Die meisten schalten dann gedanklich ab. Und Sie?

Alle Beteiligten sollten sich nicht nur auf den Protokollführer verlassen, sondern alle sollten für sich ihre persönlichen Highlights und Aufgaben sofort mitschreiben – und am Ende des Gesprächs abgleichen. Dies sorgt für Verbindlichkeit und Produktivität – und beugt Missverständnissen vor.

## Lesen Sie zwischen den Zeilen

Auch gute Verkäufer, die sich nicht mehr auf das konzentrieren müssen, was sie sagen, sondern viel mehr darauf achten, wie ihr Gegenüber reagiert, haben in Zeiten der Digitalisierung ein Problem: Zahlreiche Reaktionen seitens des Kunden werden über den Bildschirm nicht mehr wahrgenommen. Sitzen Sie beispielsweise an einem Tisch mit drei Verhandlungspartnern, nehmen Sie eine ganz andere Stimmung wahr, als wenn Sie auf Ihrem Bildschirm drei Videoübertragungen gleichzeitig sehen. Das gilt auch für die Blicke der Teilnehmenden untereinander. Darüber hinaus würde vielleicht ein kritischer Teilnehmer Sie oder seinen Kollegen sofort unterbrechen, doch im Rahmen einer gewissen Online-Disziplin tut er das nicht.

Es gibt viele offensichtliche und versteckte Botschaften, egal ob verbal oder körpersprachlich.

Wer seinen Geschäftspartnern direkt in die Augen sehen kann, gilt gewöhnlich als ehrlich. Wohin blicken Sie, wenn Sie online verhandeln? Überträgt Ihre Kamera Ihren direkten Blick, oder sehen Ihre Kunden, wie Sie Ihre Präsentation gerade ablesen? Denn auch Ihre Kunden suchen (unbewusst) nach Indizien, ob Sie eines Auftrags wert bzw. würdig sind oder nicht. Sollten Sie also noch zu denjenigen gehören, die ihre Kamera nicht auf Augenhöhe horizontal vor sich haben, dann ändern Sie das bitte sofort. Denn kein Gesprächspartner will, dass Sie auf diese hochgucken – oder gar runterschauen.

## Schaffen Sie Struktur

»Na, dann erzählen Sie mal, was haben Sie denn diesmal Neues?« ist eine Aufforderung, die manch ein Verkäufer im Außendienst von seinen Stammkunden hört. Im schlimmsten Falle kommt nun der Verkäufer vom Elefanten über den Rüssel zum Regenwurm, also nicht auf den Punkt.

Schon in der Schule haben wir gelernt, aufmerksam zu gucken, auch wenn uns das Thema nicht interessiert. Ähnlich höflich sind auch viele Kunden, die so manche wortgewaltigen Vertriebler zwar selten schätzen, dennoch aber höflich ertragen.

Sorgen Sie für eine klare Struktur. Sie müssen in der Lage sein, binnen weniger Sekunden bei der Vorstellung eines neuen Produkts oder einer neuen Dienstleistung relevant zu sein. Im Idealfall denkt Ihr Kunde dann: »Wenn ich nun nicht weiter zuhöre, begehe ich einen Fehler!« Dies erfordert Ihrerseits nicht nur Vorbereitung, um eine gewisse Struktur für Ihr Verkaufsgespräch zu erarbeiten, sondern auch die Fertigkeit, für eine gewisse Aufmerksamkeitskurve bzw. Spannung bei Ihrem Gegenüber zu sorgen. Denn als Verkäufer werden Sie ja nicht für Erzählungen und hohe Wortanteile bezahlt, sondern für Ergebnisse. Im Vertrieb bekommen Sie bessere Ergebnisse, wenn Sie das Verkaufsgespräch zu einer »gemeinsamen Sache« machen, indem auch Ihr Kunde nicht nur zu Wort kommt, sondern tatsächlich eingebunden wird. Stellen Sie ihm also gute Fragen, um unter anderem die Erwartungshaltungen beider Seiten zu klären – am besten auch schon vor dem (Online-)Termin.

## Leben Sie Werte und Tugenden

Wenn Sie für ein Unternehmen arbeiten, dass hervorragende Produkte oder Dienstleistungen bietet, dann haben Sie schon viel erreicht. Es nützt aber nichts, wenn Sie nur ein hervorragendes Angebot haben, Sie aber als Verkäuferpersönlichkeit bei Ihren Kunden nicht ankommen.

Dies erklärt auch, warum ein Unternehmen mit sehr guten Produkten nicht in allen Verkaufsbezirken Marktführer ist: Jeder Verkäufer arbeitet anders – und kommt anders bei seinen Kunden an. Die Kunden treffen aber oft Kaufentscheidungen aufgrund des Verkäufertyps selbst – und nicht aufgrund der Leistungen seines Arbeitgebers. Letztere sind aus Kundensicht eh oft austauschbar. Darüber hinaus hat auch jeder Kunde andere Ansprüche und Erwartungen. So kann es passieren, dass in Ihrem Verkaufsbezirk der Vertreter des Marktführers Ihrer Branche unbewusst und ungewollt ein Konjunkturprogramm für Sie, den Mitbewerber, startet und am Laufen hält, beispielsweise, weil dieser

- unsauber aus Unwissenheit, Überforderung oder Gleichgültigkeit arbeitet,
- gedanklich schon in Rente ist und nach dem Motto »Arbeite lustig und gediegen, was nicht fertig wird, bleibt liegen« arbeitet,
- nicht Fuß bei seinen Kunden fasst, weil sie ihm als Neuling im Vertrieb (noch) nicht vertrauen.

Wollen Sie also attraktiv für einen Großteil Ihrer (potenziellen) Kunden sein, dann müssen (!) Sie folgende Werte und Tugenden leben. Achtung – die Betonung liegt auf »leben«! Wenn Sie die nachfolgenden zehn Punkte nur für wichtig halten, aber in der Wahrnehmung Ihrer Kunden nicht glaubhaft leben, dann haben Sie noch deutlich Luft nach oben.

## Die zehn wichtigsten Werte & Tugenden eines Vertrieblers

### 1. Verlässlichkeit

Der Vertrieb gilt klischeehaft leider auch oft als Sammelbecken von Schönrednern, Dampfplauderern und Komme-ich-heute-nicht-komme-ich-morgen-Typen. Interessanterweise tummeln diese sich zumindest in einigen Branchen sehr stark – in anderen umso weniger. Fragen Sie gerne mal in Ihrem Umkreis, was bisher Ihre Freunde im Umgang mit Vertretern auf die Palme gebracht hat. Alle – auch Sie – werden schnell Beispiele parat haben. In der Regel nerven nämlich unzuverlässige Verkäufer und sogenannte Laberheinis. Solche Vertriebler kann kein Kunde gebrauchen – und auch kein Arbeitgeber.

Darum seien Sie am besten die Verlässlichkeit in Person. Wenn Sie etwas sagen, dann muss Ihr Kunde wissen, dass das auch so eingehalten wird. Gelingt Ihnen das, sind Sie schon so manchem Konkurrenten gegenüber im Vorteil. Sollten Sie ein Versprechen nicht einhalten können, informieren Sie sofort. Ihnen darf kein Kunde hinterherlaufen, damit er das bekommt, was Sie ihm zugesichert haben.

### 2. Ausdauer und Leidensfähigkeit

Viele Verkäufer sind stolze Menschen. Manchmal leider zu stolz. Es ist keine Seltenheit, dass bei der Kaltakquise Zielkunden angesprochen werden, die aktuell gerade einen etwas schweren Moment haben – und darum vielleicht etwas unhöflich Verkäufern entgegentreten. Beispielsweise genervt mit »Schon wieder ein Vertreter?! Ich habe jetzt keine Zeit!« oder etwas barsch »Ich habe schon Ihrem Vorgänger gesagt, dass ich nicht mit Ihrer Firma zusammenarbeiten möchte«.

Vollkommen falsch wäre es aber nun, bei jedem Nein immer (!) sofort komplett (!) aufzugeben, womöglich noch im CRM-System einen Vermerk wie »I« zu setzen (im Sinne von »Idiot«) und dort nie wieder einen Kontaktversuch auszuprobieren. Denken Sie daran: Kunden kaufen immer. Die Frage ist nur: Von wem? Wenn *Sie* den Kontakt nicht suchen, Ihr Mitbewerber wird ihn suchen. Bleiben Sie also angemessen (!) am Ball. Es ist nun mal Ihr Job, an lukrativen potenziellen Kunden dranzubleiben.

Ausdauer ist insbesondere im Sport ein Hauptthema. So sollten Sie auch Akquise sehen, nicht verbissen, sondern sportlich oder sogar spielerisch. Machen Sie also ruhig mal einen Wettkampf mit sich selbst oder Ihren Kollegen à la »Wenn wir x erreichen, dann machen wir y«.

### 3. Wertschätzung

Die aalglatten Verkäufer, die fast in jedem Satz den Namen des Kunden sagen, gibt es erfreulicherweise so gut wie nicht mehr. In den 80er- und 90er-Jahren hatten so manche Trainer und Teilnehmer das mit der Namensnennung nämlich übertrieben, weil es damals hieß, dass Kunden nichts lieber hören würden als ihren Namen. Zur Wertschätzung gehört aber deutlich mehr, als nur den Namen zu sagen, beispielsweise Respekt, Dankbarkeit und ein ernst gemeintes Lob aus innerer Überzeugung. Genauso aber auch ein Nicken oder ein kurzer Blickkontakt zu anderen Menschen, beispielsweise den Arbeitern in der Produktion oder im Lager bei einer Besichtigung. Kritik darf selbstverständlich auch geäußert werden, aber höflich – oder zumindest der Situation angemessen.

Natürlich versuchen Sie sich nicht dadurch aufzuwerten, dass Sie über Ihre Mitbewerber lästern. Denn wenn Sie zu Ihrem Zielkunden sagen, dass sein aktueller Lieferant schlecht ist, sagen Sie automatisch zu ihm: »Du bist blöd, dass du dich für den entschieden hast.« Wer will das schon hören? Und ebenso gehören sich bei der Kaltakquise auf den Kundeneinwand »Ich bin zufrieden« nicht Vorwürfe im Sinne von »Ja, sind Sie denn mit denen verheiratet?!«. Besser ist ein ernst gemeinter Dank, vielleicht »Danke, dass Sie das gleich so offen sagen. Ich rufe an, da …« oder ein »Schön, dass Sie das gleich klarstellen. Es geht um …«.

### 4. Hören, um zu verstehen, nicht, um zu antworten

Nicht nur viele Politiker fallen dadurch unangenehm auf, dass sie viel sagen, ohne etwas zu sagen. Schlimm ist es auch, wenn sie nicht einmal auf gestellte Fragen antworten oder nicht nachfragen, wenn eine Frage für sie nicht eindeutig zu verstehen war. Die These »Wer auf eine Frage mit einer Frage antwortet, ist unhöflich« ist falsch. Wer nämlich Gegenfragen stellt, um Verständnis zu fördern, macht alles richtig. Wer Gegenfragen stellt, um vom Thema abzulenken, manipuliert.

Bei der Kommunikation kommt es darauf an, Menschen zu verstehen. Fühlt sich Ihr Kunde von Ihnen verstanden, kommt dieser oft viel besser damit klar, wenn Sie für ihn eine negative Antwort haben, als wenn er den Eindruck hat, dass Sie ihn nicht ernst nehmen – und einfach mit Allgemeinplätzen drauflosreden, nur um diesem etwas zu verkaufen.

### 5. Lösungen suchen – und keine Schuldigen

Wenn Sie eine Tätigkeit suchen, in der Sie nicht mehr lernen müssen, dann sind Sie im Vertrieb falsch. Denn in kaum einem anderen Beruf lernen Sie sich und andere Menschen immer wieder neu kennen. Gute Verkäufer finden Wege und keine Ausreden. Sie warten also nicht, bis das Prospekt aus dem Marketing fertig ist, sondern fangen an. Sie warten auch nicht, bis der Chef mal wieder ein Vertriebstraining bezahlt, sondern kaufen sich von ihrem eigenen Geld einen Vertriebsratgeber oder gehen gleich zum Seminar. Und wenn sie mit einer Sache nicht zurechtkommen, dann boykottieren sie sie nicht so lange, bis ihnen jemand erklärt, wie das geht, sondern ergreifen die Initiative und fragen nach. Daher sind so manche guten Vertriebler auch für viele ihrer Kollegen etwas unangenehm, da sie im Sinne des großen Ganzen oft etwas fordernder auftreten und Dinge ansprechen, die nicht funktionieren.

**6. Freude und Begeisterung**

Ein gewisser Optimismus hilft Ihnen, öfter mal über Ihren Schatten zu springen. Auch ist es gut, wenn Kunden spüren, dass Sie das, was Sie tun und sagen, nicht machen, weil Sie es tun und sagen müssen, sondern weil Sie es aus purer innerer Überzeugung tun.

Darum kann vermutlich ein guter Verkäufer auch nicht alles verkaufen. Denn wer mit höchster innerer Überzeugung Tabakprodukte an den Mann oder die Frau verkauft, wird dies nicht auch mit Gesundheitsprodukten tun können. Wenn, dann vielleicht nach außen hin, aber im tiefen Inneren kann das langfristig nicht gehen. Darum sollten Sie auch nur das verkaufen, hinter dem Sie stehen. Denn Sie sind für das verantwortlich, was Sie verkaufen – nicht Ihr Arbeitgeber. Letzteren haben Sie sich mit seinem Leistungsangebot nämlich ausgesucht.

**7. Eigene Fehler zugeben**

Es ist ganz natürlich, dass Sie im Vertrieb auch mal im Kreuzfeuer stehen: Die Vertriebsleitung erwartet von Ihnen die Zielerfüllung, Kunden möchten, dass Sie ihnen entgegenkommen – und andere Kollegen wenden sich mit Aufgaben und Wünschen an Sie. Hin und wieder kann dann auch ganz schnell das Gefühl entstehen, dass Sie mit Ihren Kunden ziemlich alleine gelassen werden. Beispielsweise dann, wenn »Ihre« Buchhaltung voreilig Mahnungen verschickt oder Produkte, die Sie verkaufen sollen, beim Kunden nicht richtig funktionieren. Wichtig ist, dass Sie, wenn Sie Fehler machen, dieses auch offen Ihren Kunden und Kollegen gegenüber zugeben – und nicht trotzig Ihren schwarzen Peter weiterreichen.

**8. Ehrlichkeit**

Manchmal sind Kunden auch Laien, die gar nicht wissen, was für sie optimal ist. Im schlimmsten Falle verschätzt sich Ihr Kunde bei der Festlegung seines Bedarfs und kauft beispielsweise zu viel oder einfach eine Variante, die zwar die teuerste, aber für ihn nicht die beste ist. Ihre Aufgabe ist es auch, Kunden vor sich selbst zu schützen, indem Sie Kunden im Zweifelsfalle ausbremsen. Zwar haben Sie dann möglicherweise kurzfristig weniger Umsatz, aber im Idealfall einen dankbaren Kunden fürs Leben.

Wer im Vertrieb mit Sätzen wie »Sage immer die Wahrheit, aber nie die ganze« Verkaufsabschlüsse anstrebt, hat im Vertrieb nichts verloren. Vielleicht sagen Sie jetzt: »Aber mein Chef will, dass ich dieses Produkt hier verkaufe, welches objektiv gesehen wirklich keine Vorteile für Kunden hat.« Dann haben Sie tatsächlich ein Problem: Denn aufgrund des Weisungsrechts Ihres Vorgesetzten sind Sie als angestellter Vertriebsmitarbeiter dazu verpflichtet, das zu verkaufen, was Ihnen gesagt wird. Aber letztlich haben Sie ja die Wahl, ob Sie sich von Ihrem Chef zum unseriösen Drücker machen lassen – oder sich einen besseren Job suchen. Denn es kann ja im Extremfalle nicht sein, dass Sie sich nicht mehr in die Fußgängerzone trauen, weil die Gefahr besteht, dass Sie dort auf Kunden stoßen, die Sie über den Tisch gezogen haben.

Andersherum werden oft aufwendig entwickelte Produkte auch gar nicht erst offensiv bei Kunden angeboten, weil die Vertriebler nicht zu 100 Prozent dahinterstehen. Ein solches Verhalten ist zwar normal, aber fatal. Hier verpufft viel Energie, die das Unternehmen in Entwicklung und Marketing investiert hat. Die Flop-Rate in der Konsumgüterindustrie liegt irgendwo zwischen 70 und 80 Prozent. Das hat sicherlich nicht alleine der Vertrieb zu verantworten, sondern geht auch oft auf die Rechnung der Kollegen von Marketing und Entwicklung. Dennoch stehen hinter dieser Flop-Rate Millionen von Geldern, die falsch investiert worden sind. Vertriebler haben oft ein Gespür dafür, ob ein neues Produkt erfolgreich wird. Dieses Gespür, am besten verpackt mit belastbaren Infos aus dem Markt, sollte früh, möglichst schon am Anfang der Produktentwicklung, mit einfließen. Dann hat das Produkt eine Chance auf Erfolg.

Sie haben im Vertrieb auch die Verantwortung, ehrlich und wertschätzend Input zu liefern, wenn seitens Produktmanagement und Marketing Kundenwünsche und Trends abzufragen sind. Hinterher zu sagen »Das wusste ich doch von Anfang an, dass das nichts wird«, zeichnet keinen guten Vertriebsmitarbeiter aus.

### 9. Kein Reinverkäufer sein, sondern ein Rausverkäufer

Mit zunehmender Digitalisierung werden auch Preise und Produkte immer transparenter – und austauschbarer. Wenn Sie sich nur als Produktverkäufer sehen, der sich bestenfalls an den Kunden nur noch wendet, wenn dieser die Rechnung nicht zahlt, dann ist das Ende Ihrer vertrieblichen Zukunft zum Greifen nah. Kunden brauchen in der heutigen Zeit keine Reinverkäufer, sondern Rausverkäufer. Also Verkäufer, die ihnen helfen, mit der gekauften Sache auch wirklich die gesteckten Ziele zu erreichen. Andernfalls kann nämlich der Kunde leicht auf Sie verzichten, denn »reine« Produkte zum günstigen Preis gibt es im Internet fast immer. Sehen Sie sich also als Erfolgscoach des Kunden. Wenn Ihre Kunden spüren, dass Sie ihnen helfen, mit der gekauften Sache auch wirklich Geld zu verdienen, dann sind Sie für diese wertvoll. Bei der Gelegenheit mal die Frage: Haben Sie sich eigentlich bei Ihren letzten fünf Kunden gemeldet, die ein Produkt oder eine Dienstleistung bei Ihnen zum ersten Mal gekauft haben, und sich mal erkundigt, wie diese mit der von Ihnen gekauften Sache klargekommen sind?

Vertriebler sollten nicht an ihren Kunden verdienen, sondern mit ihren Kunden. Wenn Sie Lösungen anbieten, mit denen Ihre Kunden bei ihren Geschäftspartnern erfolgreich sind, haben Sie alles richtig gemacht. Wenn das mal nicht klappt, hilft kein Wegducken. Suchen Sie mit Ihrem Kunden konstruktiv nach Lösungen.

### 10. Grenzen aufzeigen

Viele Verkäufer machen so einiges für ihre Kunden und Kollegen möglich. Manche werden aber auch irgendwann ausgenutzt. Darum zeigen Sie besser sofort Grenzen auf, sobald Sie merken, dass das Verhältnis von Geben und Nehmen nicht (mehr) stimmt. Beispielsweise im persönlichen Gespräch mit den Worten »Ich habe das Gefühl, dass … Und da, dachte ich, sollten wir mal drüber reden.« Denken Sie daran: Sonderleistungen werden schnell zur Gewohnheit, wenn nicht klar gesagt wird, dass es sich um eine Sonderleistung handelt.

Ein klares »Nein« ist oft besser als ein »Wir schauen mal …«. Schüren Sie keine Hoffnung, wenn es keinen Grund dafür gibt. Manche Verkäufer haben Angst davor, mit »Nein zu verkaufen«, weil sie denken, der Kunde nimmt ihnen das persönlich krumm. Oft ist aber ein klares »Nein« besser, weil dann eine Basis für einen Lösungsansatz besteht. Mit einem »wischi-waschi könnte klappen« ist niemandem geholfen.

## Smartphone – Chance oder Lebenszeitvernichter?

Mal eben eine E-Mail schicken oder eine Nachricht per WhatsApp – warum denn auch nicht?! Dennoch sollten Sie überlegen, öfter ein Telefonat zu führen. Dies hat mehrere Vorteile:

- Sie festigen mit einem Gespräch Ihre Beziehung besser als mit einer E-Mail.
- Sie erfahren meist beim Telefonat mehr, da Sie unmittelbar Feedback bekommen.
- Sie werden mit hoher Wahrscheinlichkeit am Telefon leichter Zusatzverkäufe tätigen als per E-Mail.

Entscheiden Sie, je nach Gesprächspartner und Ihren Zielen, ob es nicht besser wäre, zumindest ein Telefonat zu versuchen – und ggf. erst bei Nichterreichen eine Nachricht zu schicken.

Gerade mit »schwierigen« Kunden sollten Sie mehr telefonieren. Denn Ihr Kunde wird so lange für Sie »schwierig« bleiben, bis Sie sich beide wieder »mögen« bzw. respektieren. Zeigen Sie also speziell diesen Kunden, dass Sie an einem echten Dialog stark interessiert sind, indem Sie bei diesen häufiger zum Telefon greifen, statt sich hinter einer E-Mail zu verstecken. Denn im Zweifelsfalle werten Kunden, sofern nicht abgesprochen, einen ausschließlichen Mailingverkehr mit Ihnen als Desinteresse an ihrer Person und ihren unternehmerischen Zielen. Außerdem: Vielleicht weiß Ihr Kunde gar nicht, dass Sie ihn als »schwierig« empfinden. Möglicherweise gehört genaues Nachfragen oder Klarstellen von Sachverhalten einfach zu seinen Persönlichkeitsmerkmalen, die Sie aus irgendwelchen Gründen stressen.

### Sind Sie schon süchtig?

Natürlich ist es schön, wenn Sie eine Frage haben – und Ihnen der Empfänger bzw. die Empfängerin innerhalb kürzester Zeit eine gute Antwort sendet. Viele nehmen sich aber irgendwann zu wichtig und »leben« nahezu in ihrem Smartphone, weil sie nicht nur glauben, immer erreichbar sein zu müssen (»Es könnte ja was Wichtiges sein!«), sondern auch, weil sie ihren Social-Media-Profilen eine zu hohe Aufmerksamkeit schenken (»Man will ja nichts verpassen!«).

Dr. Doris Wolf veröffentlichte in dem Beitrag »Gefahren intensiver Nutzung von Smartphones«[5] folgende Erkenntnisse und Empfehlungen:

- Um das Smartphone mit seinem kleinen Bildschirm richtig zu nutzen, müssen der Kopf nach vorne gesenkt und die Schultern hängen gelassen werden. Da schnell am Tag mehrere Stunden zusammenkommen, wirkt sich dies auf die Schulter- und Nackenmuskulatur aus. Fachleute sprechen schon von »iPad-Schulter«, »iPad-Nacken« sowie der »Kopf-unten-Generation«. Diese Körperhaltung bei der Nutzung ist eine depressive Haltung, die für schlechte Gefühle sorgt.
- Sehnenscheidenentzündungen sowie die Beeinträchtigung des Lungenvolumens durch flaches Atmen sind weitere Folgeerscheinungen. Weniger Sauerstoff im Blut führt zu Gefäßerkrankungen.
- Darüber hinaus übertragt ein Handy Strahlungen, die auch Auswirkungen auf den Körper haben können.
- Wer längere Zeit auf sein Smartphone blickt, schwächt sein Selbstvertrauen und Durchhaltevermögen. Der zu kleine Bildschirm erzwingt zum besseren Lesen das Zusammenkneifen der Augen, was Muskeln aktiviert, die auch für das Stirnrunzeln verantwortlich sind. Letztlich werden die Testosteron-Konzentration im Blut sowie die des Stresshormons Cortisol erhöht.
- Es besteht sogar die Gefahr von Abhängigkeiten, ähnlich wie Alkohol- oder Spielsucht.
- Schlafstörungen und »digitale Eifersucht« können entstehen, wenn in sozialen Medien weniger eigene Kommentare gelikt oder Mails nicht so schnell beantwortet werden, wie erwartet.
- Besser ist es, dass Smartphone öfter beiseite zu legen. Auch das aufrechte Hinsetzen trägt zum Wohlbefinden bei. Hin und wieder die Schultern zu schütteln und zu kreisen, aktiviert den Körper, genauso wie bewussteres Atmen in den Bauch. Lächeln hilft Ihrer Gesichtsmuskulatur zu entspannen.

Falls Sie sich fragen, ob Sie bereits social-media-süchtig sind, dann helfen Ihnen folgende Fragen von Matthias Kemter in seinem Artikel für die »Stuttgarter Zeitung«[6] weiter:

- Können Sie sich vorstellen, einige Tage problemlos ohne Social Media zu verbringen?
- Ziehen Sie die Social-Media-Nutzung so mancher wichtigen Aufgabe vor?
- Ist Ihnen ein virtueller Kontakt wichtiger als ein persönlicher?
- Denken Sie manchmal an Ihre Apps, auch wenn Sie diese gar nicht nutzen?

- Verändert sich Ihre Stimmung, wenn Sie gewisse Apps nicht nutzen können?
- Nutzen Sie Social Media, obwohl Sie wissen, dass Sie dafür eigentlich gar keine Zeit haben?
- Schränken Sie Hobbys und andere Freizeitaktivitäten zulasten von Social Media ein?
- Reden Sie Ihre Zeit, die Sie mit Social Media verbringen, vor anderen Menschen schön?
- Nutzen Sie Ihre Zeit am Smartphone, um überwiegend mit Menschen zu kommunizieren, oder aus Angst, etwas Wichtiges zu verpassen?
- Haben Sie Benachrichtigungsfunktionen aktiviert, die Sie über Dinge informieren, die nicht wirklich (!) relevant sind?

Mal etwas provokant gefragt: Statt sich Sorgen zu machen, einen wichtigen Post zu verpassen, sollten Sie sich nicht lieber Sorgen darüber machen, Umsatzchancen zu verpassen? Auch hier kann es sicherlich kein klares Ja geben. Dennoch sollten Sie mal über Ihre Prioritätensetzung nachdenken. Was ist Ihnen wirklich wichtig? Ihr Smartphone, Ihre Arbeit – oder etwas anderes? Das sollten Sie für sich bewusst entscheiden, denn es ist Ihr Leben.

Reden Sie doch gerne mal mit anderen über die Social-Media-Nutzung. Es gibt auch Apps, mit denen Sie Ihre aktive Zeit nicht nur tracken, sondern auch begrenzen können.

### Unfälle aufgrund von Smartphone-Nutzung

Das Bundesministerium für Verkehr und digitale Infrastruktur macht auf seiner Seite *www.besmart-mobil.de* deutlich, dass nicht Raserei oder Trunkenheit am Steuer die Unfallursache Nummer 1 in Deutschland ist, sondern die Nutzung des Smartphones. Durch Ablenkung am Steuer wird die Reaktionszeit verlangsamt (ähnlich wie unter Alkoholeinfluss), die Gegebenheiten werden anders eingeschätzt, was zu einem längeren Bremsweg führt und damit zu einem erhöhten Unfallrisiko.

Falls Sie davon überzeugt sind, dass Sie alles im Griff haben, und Sie dennoch Ihr Smartphone während der Fahrt nutzen sollten (ist ja auch nur ausnahmsweise), macht Sie vielleicht der Blick in den Bußgeldkatalog nachdenklich.

## Bußgelder bei Nutzung des Handys

Es geht bei der Ermittlung des Strafmaßes nicht darum, dass Sie das Handy am Ohr hielten, um zu telefonieren, sondern dass Sie es nutzten. Textnachrichten schreiben oder ein anderes Lied auswählen ist also ebenfalls nicht gestattet. Auch nicht das Wegdrücken eines Anrufers.

Der ADAC veröffentlicht auf seiner Webseite unter dem Titel »Handy am Steuer – Was ist erlaubt? Was nicht?« interessante Details zu den Bußgeldern:[7]

---

### Strafen in Deutschland 2021

Elektronische Geräte rechtswidrig benutzt

| | |
|---|---|
| • beim Führen eines Fahrzeugs | 100 Euro – 1 Punkt |
| • mit Gefährdung | 150 Euro – 1 Punkt – 1 Monat Fahrverbot |
| • mit Sachbeschädigung | 200 Euro – 2 Punkte – 1 Monat Fahrverbot |

In **Österreich** gehen die Strafen bei 50 Euro los und in der **Schweiz** bei 90 Euro.

---

Was kann Ihnen alles passieren, wenn Sie sich im Straßenverkehr von einer Push-Nachricht ablenken lassen! Und es möchte wohl auch niemand in der Rolle eines Kunden stecken, der Ihnen nichts Böses ahnend eine E-Mail schickte und dann von Ihrem Vorgesetzten hören muss, dass Sie bei der Bearbeitung von E-Mails während der Autofahrt einen tödlichen Unfall hatten. Ebenso würden Sie wenig Verständnis an den Tag legen, wenn Ihr Kind von einem Autofahrer überfahren wurde, der gerade auf sein Smartphone schaute.

Klar, das sind jetzt harte Beispiele. Aber sie sind nicht aus der Luft gegriffen! Sie sollten sich und Ihre Kunden als auch Mitmenschen wichtig nehmen – aber doch nicht eine Textnachricht! Legen Sie Ihr Handy öfter beiseite. Das geht für viele nicht von heute auf morgen. Sollten Sie bereits der Handysucht verfallen sein, dann sollten Sie spätestens jetzt mit dem »Entzug« anfangen. Manche legen beispielsweise ihr Smartphone in den Kofferraum während der Fahrt, andere führen handyfreie Zeiträume ein, die zunehmend größer werden. Interessanterweise haben auch immer mehr Unternehmen erkannt, welche Gefahr von Ablenkungen ausgeht, sodass manche Arbeitgeber ihren Mitarbeitern sogar verbieten, während der Autofahrt die Freisprechanlage zu nutzen.

## **ZEHN TIPPS** zur Smartphone-Etikette

1. Priorität haben immer die anwesenden Personen, niemals Ihr Handy! Wer sein Handy in der Öffentlichkeit nutzt, muss sich immer darüber im Klaren sein, dass er damit den anwesenden Personen signalisiert, dass diese ihm unwichtiger sind.
2. Wenn Sie meinen, Sie müssten Ihr Handy mit zum Kundentermin reinnehmen, dann schalten Sie es nicht nur leise, sondern machen Sie auch den Vibrationsalarm aus.
3. Sitzen Sie im Wartezimmer, dann lassen Sie weiterhin Ihr Handy in der Jacke oder im Koffer. Sprechen Sie lieber mit Mitarbeitern im Kundenunternehmen oder schauen Sie sich um.
4. Sollten Sie beim Kunden telefonieren wollen, beispielsweise, weil der Kunde nun eine Information benötigt und Sie kurz bei Kollegen nachfragen möchten, dann zücken Sie nicht einfach so Ihr Handy, sondern fragen Sie sinngemäß: »Ist es für Sie in Ordnung, wenn ich kurz telefoniere? Dann haben wir gleich eine Antwort.« Denn Sie sind Gast im Hause des Kunden. Vielleicht hat Ihr Kunde ja auch gar keine Lust, Ihnen beim Telefonieren zuzusehen, sondern kann auf die Antwort noch etwas warten. Darüber hinaus ist es ja auch keine Seltenheit, dass auf Handynutzer weitere Nachrichten und damit Emotionen einprasseln, wenn diese es einschalten.
5. Manche scheinen gar nicht zu wissen, dass die Lautstärke ihrer Freisprechanlage auf einem Parkplatz stehend eine andere sein kann als mit 120 km/h auf der Autobahn. Nutzen Sie also den Lautstärkeregler – nicht nur Anwohner werden es Ihnen danken, sondern auch Ihr Gesprächspartner, der ja gar nicht weiß, dass er im Umkreis von 10 Metern klar verständlich zu hören ist.
6. Stellen Sie einen leisen und dezenten Klingelton ein.
7. Auch wenn es jeder wissen müsste: Smartphones, selbst die älteren, verfügen über gute Mikrofone. Ein lautes Sprechen und damit die Unterhaltung aller Anwesenden im Raum ist damit nicht erforderlich. Wenn Ihnen die anwesenden Personen wichtig sind oder Sie von diesen erwarten, dass diese Sie für wichtig einschätzen, dann gehen Sie zum Telefonieren aus dem Raum.
8. Sollten Sie tatsächlich einen wichtigen Anruf erwarten (Familienmitglied hat schwere Operation oder Ähnliches), dann erklären Sie den Anwesenden, warum Sie einen wichtigen Anruf erwarten und darum Ihr Handy mit dabeihaben.

9. Wenn Sie merken, dass jemand Sie über Ihr Telefon erreichen will, so greifen Sie nicht zuerst zum Handy, sondern fragen die Anwesenden kurz um Erlaubnis, ans Handy gehen zu dürfen.
10. Besprechen Sie Ihre Mailbox mit Ihrem vollständigen Namen. Beispielsweise »Hier ist die Mailbox des Verkaufstrainers Oliver Schumacher«. Anrufer, die Sie zum ersten Male anrufen, hinterlassen nämlich oft noch seltener eine Nachricht, wenn die Mailbox nur die automatisierte Ansage mit der Telefonnummer oder gar keine Ansage abspielt, da immer minimale Restzweifel bestehen, ob man die richtige Nummer gewählt hat.

## 2.2 Online-Meeting & Co. – keine Angst vor Technik

Ein Großteil der jungen Menschen ist mit der Technik aufgewachsen – und kann nicht nachvollziehen, dass ihn so manche Ältere nicht haben: den sicheren und souveränen Umgang mit den neuen Medien. Doch beide Extreme haben Nachteile: Während sich diejenigen, die sich mit der Organisation von Videokonferenzen und deren Durchführung mit Kunden schwertun, Flucht in Ausreden wie »Meine Kunden wollen das nicht!« suchen, verschenken viele junge Menschen ihre Chancen im Verkauf, weil sie lieber schreiben und texten, statt anzurufen und zu sprechen.

Egal, wie alt Sie sind: Sie dürfen nicht darauf hoffen, dass es mit dem Internet irgendwann wieder vorbei ist – Sie müssen da schon mitmachen. Andernfalls nehmen Ihnen Ihre Mitbewerber (das können auch Kollegen aus Ihrem eigenen Hause sein) schnell die Butter vom Brot, sodass Ihre Führungskraft sich fragen muss, ob eine Stellenumbesetzung sinnvoll ist. Natürlich können Sie hoffen, dass Ihre Führungskraft schwach ist – und Sie noch bis zu Ihrer Rente in acht Jahren »durchschleppt«. Doch Arbeitszeit ist Lebenszeit – und Sie sollten bis zum letzten Tag viel Spaß und Erfolge haben. Sie müssen nur anfangen, sich gewissen Dingen zu stellen. Oft können schon einige Stunden »Lernqualen« zu der Erkenntnis »Hätte ich das früher gewusst, hätte ich das schon viel eher gemacht« führen. Meist ist es nur der Gedanke, etwas tun zu müssen, der uns abhält. Wenn wir es dann tun bzw. getan haben, merken wir oft, dass wir uns unnötig verrückt gemacht haben.

## Wie Sie aus Online-Treffen das Maximum herausholen

Wenn Sie erfahren, dass Sie zu einem Vertriebsmeeting müssen, freuen Sie sich dann? Falls Sie jetzt spontan »Nein, natürlich nicht!« denken, dann sind Sie nicht allein: So manche Unternehmen berufen Vertriebsmeetings leider in erster Linie nur noch zu dem Selbstzweck der Informationsweitergabe ein, statt sie zur Motivation und zum Finden vertrieblicher Lösungen zu nutzen. Ein Meeting darf aber kein Selbstzweck sein, ein Meeting muss etwas bringen. Dies erfordert eine gute Vorbereitung und eine gewisse Kommunikationskultur.

Stattdessen werden oft über Jahrzehnte Meetings immer wieder auf die gleiche Art und Weise durchgeführt, ohne zu überlegen, was man besser machen könnte, um die wertvolle Zeit optimaler zu nutzen. Denn allein, wenn sich zehn Teilnehmer nur für 45 Minuten treffen, ist damit schnell schon ein ganzer Arbeitstag investiert.

Auch Online-Vertriebsmeetings haben nicht entscheidend dazu beigetragen, die Meetingkultur deutlich zu verbessern. Auch bei Online-Meetings gibt es häufig viele Problem-Potenziale:

- Einzelne sind nicht pünktlich da.
- Es gibt technische Probleme. Dies geht von »Ich komme nicht rein!« bis zum eingeschalteten Mikrofon von Teilnehmern, die gerade nicht sprechen sollen, aber ungewollt (?) ihre Hintergrundgeräusche übertragen.
- Es wird gesprochen, ohne etwas zu sagen.
- Themen, die relevant für die Mehrheit der Teilnehmer sind, werden nicht thematisiert.
- Für die einzelnen Teilnehmer steht der Lerngewinn für ein einstündiges Meeting oft in keinem guten Verhältnis zur aufgewendeten Zeit.
- Manche lassen sich nur berieseln und bringen sich nicht ein.
- Redeanteile werden nicht klar begrenzt.
- Themen und Einzelschicksale mancher Teilnehmer, die nicht auf der Agenda stehen, führen plötzlich zu Endlosdiskussionen.
- Es gibt nur selten Vorfreude auf das Meeting.
- Nach dem Meeting kann meist kaum einer besser verkaufen.

Doch natürlich haben Online-Meetings auch Vorteile:

- Sie sind deutlich kostengünstiger.
- Niemand muss 100 Kilometer oder mehr anreisen.
- Sie können deutlich kürzer, aber fokussierter ausgerichtet werden.

Und genau beim letzten Punkt liegt die große Chance: Warum nicht einmal in der Woche für 45 Minuten gemeinsam über ein Thema konstruktiv reden? Damit das Ganze dann rundläuft, müssen zuvor natürlich Aufgaben verteilt werden. Aber warum nicht zu folgenden Themen ein regelmäßiger Austausch:

- Wie verdrängen wir Mitbewerber X?
- Mit welchen Argumenten bekommen wir mehr Termine?
- Wie platzieren wir Produkt x besser im Markt?
- Was können wir aus den unterschiedlichen Entwicklungen der Kunden in den einzelnen Regionen lernen?
- Wie können wir mit »schwierigen« Kunden besser zusammenarbeiten?

Sollten Sie bei Ihren Vertriebsmeetings Luft nach oben sehen, dann können Sie das ja mal intern ansprechen. Zuerst bei Ihren direkten Kollegen. Sollten diese das mehrheitlich auch so sehen, können Sie auch Ihre Führungskraft darauf ansprechen. Bitte vergessen Sie aber nicht: Klagen Sie nicht nur an, sondern machen Sie auch konkrete Vorschläge. Denn Sie können davon ausgehen, dass Ihre Führungskraft die Meetings nicht aus Bösartigkeit so durchführt, wie sie sie durchführt. Zum anderen wird sie mit hoher Wahrscheinlichkeit umsetzbare Ideen erwarten – und mit hoher Wahrscheinlichkeit Sie und Ihre Kollegen bitten, auch aktive Teile während des Meetings zu übernehmen. Aber das macht ja nichts, schließlich verbessern Sie so nicht nur Ihre Präsentations- und Moderationskompetenz gegenüber Ihren Kollegen, sondern auch gegenüber Ihren Kunden.

### Online-Kundengespräche

Für Sie haben Online-Verkaufsgespräche viele Vorteile:

- Sie sparen Reisezeit.
- Sie können deutlich mehr Gespräche an einem Tag führen.
- Bei der Terminierung sind Sie nun deutlich flexibler.

Aber es gibt natürlich auch Nachteile, zumindest für manche:

- Sie haben nun weniger »Erholungszeit« im Auto.
- Sie erleben weniger das Kundenunternehmen selbst und
- Sie können weniger leicht Beziehungen aufbauen.

Zugegeben, viele Kunden blocken auch so manches Online-Gespräch ab. Doch letztlich geht es darum, dass Sie den richtigen Mix zwischen Online- und Offline-Gesprächen so hinbekommen, damit Sie Ihre Jahresziele sicher und wirtschaftlich schaffen. Machen Sie sich über folgende Fragen Gedanken, damit Sie nicht nur produktiver arbeiten, sondern auch eine bessere Kundenbindung erzeugen:

- Welche Kunden sind dankbar, wenn Sie mit ihnen Online-Gespräche führen statt Vor-Ort-Gespräche?
- Bei welchen Kunden investieren Sie zu viel Zeit in Vor-Ort-Gespräche, sodass stattdessen Telefonate oder Online-Meetings angemessen sind?
- Bei welchen Kunden können Sie Ihren Marktanteil ausbauen, indem Sie beispielsweise Ihre Betreuung um Online-Konferenzen ergänzen, weil Sie in diesen Schulungen für die Mitarbeiter des Kundenunternehmens geben?
- Wie können Sie durch Online-Konferenzen den Vorqualifizierungsprozess optimieren, um sicherzugehen, dass sich auch ein Besuch Ihrerseits lohnt? Vielleicht statt erst Telefonat und dann Besuch noch ein Online Meeting zwischenschalten?
- Bieten Sie zukünftig offensiver Telefon- und Online-Termine statt Gespräche vor Ort an.
- Geben Sie (potenziellen) Kunden die Möglichkeit, sich online in Ihren Terminkalender zwecks Telefonat oder Videokonferenz mit Angabe des Wunschthemas einzutragen.

Wenn Sie der Gedanke, jetzt gleich ein Online-Verkaufsgespräch mit Kunden oder Interessenten führen zu müssen, auch nur minimal stresst, dann müssen Sie sich mit dieser Thematik unbedingt sofort beschäftigen. Denn wer im Stress ist, ist sicherlich aufmerksamer, verliert aber oft die Souveränität, wenn es dann doch nicht gleich so klappt wie erhofft. Natürlich reißt einem kein Gesprächspartner sofort den Kopf ab, wenn es mal zu einer kleinen Panne kommt. Doch es geht ja nicht nur um technische mögliche Probleme, sondern auch um den roten Faden im Verkaufsgespräch: Viele Verkäufer, die in einem schlechten emotionalen Zustand sind, stellen dann wichtige Fragen nicht, haben einen überdurchschnittlich hohen Redeanteil und nehmen den Gesprächspartner nicht ausreichend wahr.

Eine gute Vorbereitung auf den Online-Termin und damit ein sicheres Gefühl bietet Ihnen folgende Checkliste. Arbeiten Sie sie in aller Ruhe im Vorfeld durch und überlegen Sie im Voraus, wie das Gespräch ablaufen könnte und welche Informationen Sie parat haben sollten.

## CHECKLISTE: Das erfolgreiche Online-Verkaufsgespräch

- Was sind Ihre Gesprächsziele?
- Welche Erwartungen hat Ihr Kunde an den Termin?
- Wer nimmt noch aus dem Kundenunternehmen daran teil bzw. sollte daran teilnehmen?
- Zeitfenster und Datum noch mal prüfen.
- Gibt es Informationen, die Sie vorher Ihrem Kunden mailen oder schicken sollten?
- Welches Online-Konferenzprogramm soll genutzt werden?
- Kennen Sie und Ihr Kunde sich mit dem Programm aus? Wenn der Kunde damit Probleme haben sollte, telefonieren Sie mit ihm: Entweder wählen Sie gemeinsam ein anderes Programm, machen einen extra Termin zur Einweisung in die Software oder weichen auf ein Telefongespräch aus.
- Stimmen die technischen Voraussetzungen?
- Können Sie Ihre eigene Videoübertragung auf Ihrem eigenen Bildschirm ausschalten, sodass Sie sich automatisch noch mehr auf Ihre(n) Gesprächspartner konzentrieren?
- Wenn Sie eine Präsentation zeigen wollen – wie wollen Sie den Kunden in diese einbinden, damit er nicht zum Zuhören »verdammt« wird? Stichworte: Bedarfsanalyse und Meinungsfragen.
- Welche Einwände und Bedenken seitens des Kunden können kommen? Wie wollen Sie diese entkräften?
- Wie erreichen Sie Ihre Gesprächsziele oder zumindest einen konkreten Verbleib?
- Achten Sie darauf, dass nicht irgendwelche Dateien auf Ihrem Rechner geöffnet sind, die Sie dann versehentlich beim Teilen Ihres Bildschirms den anderen übertragen.
- Sagen Sie nicht vorschnell zu. Im Zweifelsfalle vertagen Sie eine Entscheidung, um eine gute Entscheidung treffen zu können.
- Trainieren Sie Ihr Verkaufsgespräch vorher mit Kollegen. Sollten Sie eine schwierige Verhandlung erwarten, holen Sie sich einen weiteren Kollegen hinzu, der Ihnen eventuell auf einem Flipchart hinter Ihrem Bildschirm, den Sie für das Online-Gespräch nutzen, wichtige Stichwörter gibt.

## So klappt es auch mit der Technik

Fehler gehören zum Leben dazu. Doch manche Fehler bei Online-Gesprächen nerven einfach nur – nicht nur Sie, sondern auch Ihre Gesprächsteilnehmer. Nun kommt es darauf an, dass Sie möglichst alles im Griff haben – auch wenn mit einem vertretbaren Aufwand eine hundertprozentige Garantie nicht gegeben werden kann, dass nicht trotzdem plötzlich ein Update durchgeführt werden muss oder die Internetleitung schwankt. Denn dann wird es kritisch. Doch sind nicht auch solche Dinge vorhersehbar – zumindest, wenn sie schon einmal aufgetaucht sind?

### Typische Fehlerquellen

Zum Glück gibt es viele Erfahrungsberichte über Pannen und peinliche Situationen, auf die Sie bei Ihrer Vorbereitung zugreifen können; je stärker sich die Online-Termine durchsetzen, desto besser lassen sich Störungen und Anfälligkeiten durch Lernen von anderen vermeiden.

- Schlechte Internetverbindung: Schauen Sie, ob Sie nicht alternativ zum WLAN ein LAN-Kabel nutzen können. So ist die Übertragungsrate meist deutlich besser.
- Fehlende Rechnerleistung: Schließen Sie sämtliche Programme, die Sie während der Videokonferenz nicht benötigen, damit Ihr Computer mehr Kapazität für die Rechenleistung hat.
- Nicht genügend Rechte: Es ist mehr als peinlich, wenn der eigene Kollege, der an dem Gespräch teilnimmt, nicht seine Präsentation teilen kann, nur weil er die entsprechenden Zugangsrechte nicht hat. Testen Sie das Ganze vorher vernünftig durch.
- Teilnehmer kommen mit dem Programm nicht zurecht: Üben und testen Sie im Zweifelsfalle lieber vorher.
- Das Online-Tool hakt und ruckelt: Manchmal schreiben Unternehmen genau vor, welche Online-Tools ausschließlich zu verwenden sind. Doch was nützt es, wenn sich Ihr Arbeitgeber für einen schlechten Anbieter entschieden hat? Im Idealfall gibt es auch noch einen Plan B – also ein weiteres Tool. Sollten Sie Probleme haben mit dem von Ihrem Arbeitgeber vorgeschriebenen Tool, dann thematisieren Sie dies umgehend.
- Ungewolltes Teilen von Inhalten: Beim Umschalten zwischen der eigenen Präsentation und dem eigenen Videobild sehen Teilnehmer Inhalte, die nicht für sie gedacht sind, beispielsweise Ordner, Rechnungen oder

Bilder. Daher vor der Konferenz alles schließen – und notwendige Dateien, die für die Konferenz benötigt werden, in einen Extra-Ordner packen. Im Zweifelsfall einen Rechner nutzen, der nur für Online-Übertragungen vorgesehen ist – und keine sensitiven Daten beinhaltet.
- Schlechte Struktur: Passen Sie auf, dass Sie Ihre Präsentation nicht einfach nur »durchklicken« und »abspulen«, sondern dass Sie Ihr Gegenüber auch einbinden. Beispielsweise durch ein Whiteboard.
- Rauschen und Störgeräusche: Nutzen Sie ein Headset oder professionelles Mikrofon statt dem Standard-Mikrofon, welches in Ihrem Computer eingebaut ist, denn dieses überträgt Ihre Stimme oft nicht klar und rauschfrei.
- Schlechte Erkennbarkeit der Teilnehmer: Prüfen Sie und optimieren Sie ggf. die Ausleuchtung der einzelnen Teilnehmer, die am Meeting teilnehmen.
- Gute Kameraeinstellung: Achten Sie darauf, dass Sie als »Verhandlungspartner auf Augenhöhe« rüberkommen. Dies gelingt Ihnen, indem Sie Ihre Kamera richtig einstellen.
- Falsche Adressaten: Passen Sie auf, wem Sie private Nachrichten über das Videokonferenztool schicken. Im Eifer des Gefechts kann es schnell passieren, den falschen Adressaten auszuwählen – im schlimmsten Fall sogar Ihren Kunden. Nutzen Sie im Zweifelsfall eine separate Software zum Versenden von Nachrichten.
- Zu kleiner Bildschirm: Damit Sie nicht unnötig Energie aufwenden, um Ihr Gegenüber zu sehen, sollten Sie Verhandlungen nur über große Bildschirme führen. So erkennen Sie auch gleich leichter, wie Ihr Verhalten bei Ihrem Gegenüber ankommt.
- Zu wenig Kameras: Nehmen aus Ihrem Hause mehrere Personen an der Verhandlung teil, dann kommen Sie bitte nicht auf den Gedanken, alle Teilnehmer mit einer Kamera gleichzeitig zu übertragen – jeder Teilnehmer braucht seine eigene Kamera. Das ist deutlich professioneller.

Im Homeoffice kommen noch einige weitere »No-Gos« dazu. Damit Sie auch von Ihrem heimischen Schreibtisch aus einen guten Eindruck machen,
- sperren Sie lieber Ihre Haustiere aus dem Büro,
- sorgen Sie für einen vernünftigen Hintergrund,
- kleiden Sie sich wenigstens »obenrum« vernünftig,
- stellen Sie Ihr Telefon bei einem Online-Meeting leise und
- legen Sie sich Ihre wichtigsten Unterlagen griffbereit.

Damit Sie daran erinnert werden, Ihr Telefon nach dem Online-Gespräch wieder laut zu stellen, legen Sie am besten einen Stift oder einen anderen Gegenstand auf Ihr Telefon.

Gerade beim Hintergrund geht es bei vielen »durch«. Vielleicht finden Sie es witzig oder okay, wenn Ihr Gesprächspartner ein Bild einblendet, sodass es aussieht, als säße er in der Natur oder in einem leeren Großraumbüro. Doch vergessen Sie nicht, dass häufig die Software damit überfordert ist, den Gesprächsteilnehmer vom Hintergrundbild sauber (!) zu trennen, sodass jede Bewegung nervige und unästhetische Verläufe und Bildverfälschungen nach sich ziehen. Da ist eine neutrale Wand oder ein aufgeräumtes Regal oft besser.

**TIPP**

Achten Sie darauf, dass Sie zwischen den einzelnen Meetings Zeitfenster einplanen, um das gerade beendete Meeting nachzubearbeiten, sich selbst kurz zu reflektieren und zu erholen und auch den nächsten Termin kurz, wenn auch nur mental, vorzubereiten. Mehrere Meetings mit nur wenigen Minuten zwischendurch darf es nicht geben, andernfalls besteht die Gefahr, dass Sie Potenziale verschenken.

### Wenn das Problem vor dem Computer sitzt

Wenn Sie mit Online-Tools ein Problem haben, dann stellen Sie sich diesem. Denn in der heutigen Zeit haben immer weniger Teilnehmer dafür Verständnis, dass Sie beispielsweise nicht zu verstehen sind oder Ihr Bild nicht dazuschalten können. Zwar sagt man dann als Kollege oder Kunde schnell: »Ist ja nicht so schlimm, kann ja jedem Mal passieren«, aber oft genug denkt man dennoch: »Was für ein Idiot ...« Darum üben Sie den Umgang mit den Tools, die Ihr Arbeitgeber einsetzt:

- Recherchieren Sie nach Tipps und Anleitungen im Internet. Oft gibt es dort nicht nur aussagekräftige Texte, sondern auch gute Videos.
- Bitten Sie einen erfahrenen Kollegen um Hilfe. Damit Sie Ihrem Kollegen nicht zur Last fallen, weil Sie immer wieder nachfragen, schreiben Sie sich vorher Ihre Fragen auf – und schreiben Sie bei seiner Schulung mit. Trauen Sie sich, ganz klar zu sagen: »Prima, bitte lass mich das jetzt mal ausprobieren, um zu sehen, ob ich alles verstanden habe« bzw. »Sorry,

ich habe es tatsächlich immer noch nicht verstanden. Worauf soll ich warum klicken?«.
- Gucken Sie nach guter Literatur.
- Schauen Sie, ob es einen Bildungsträger in Ihrer Region gibt, der zu dem Online-Tool Seminare anbietet.
- Nehmen Sie sich Zeit. Suchen Sie sich im Zweifelsfall ein bis zwei Kollegen oder Freunde, mit denen Sie dann Ihre erste Online-Konferenz proben können.

Schalten Sie Ihren Computer nicht erst kurz vor dem Online-Meeting an. Im schlimmsten Fall fordert nämlich plötzlich Ihr Computer ein Update ein, sodass Sie dann plötzlich nicht rechtzeitig beginnen können.

An manchen Tagen ist das WLAN schwächer als sonst. Darum ist es gut, wenn Sie die Möglichkeit haben, ein Kabel zwischen Ihrem Laptop und dem Router zur Herstellung einer in der Regel besseren LAN-Internetverbindung herzustellen.

Seien Sie als Veranstalter des Online-Meetings zehn Minuten früher im Meeting, um sicherzustellen, dass Ihre Kamera richtig ausgerichtet und Ihr Mikrofon angeschlossen ist.

### Was tun, wenn es nicht läuft?

Wichtig ist, dass Sie souverän bleiben. Thematisieren Sie Störungen sofort. Wenn jemand spricht und Sie plötzlich Hintergrundgeräusche von einem anderen Teilnehmer hören, der offensichtlich sein Mikrofon nicht leise gestellt hat, dann thematisieren Sie das spätestens nach fünf Sekunden – oder schalten Sie diesen einfach stumm, sofern Sie die Administrationsrechte haben.

Nimmt jemand an dem Gespräch teil, den Sie nicht kennen – und auch nicht in der Runde erwartet haben –, dann sprechen Sie das sofort offen an: »Ah, ich sehe, wir haben heute einen Gast in der Runde, wer bitte sind Sie?«

Es ist gut, wenn Sie einen Plan B haben, sollte die Konferenz überhaupt nicht möglich sein. Dazu kann es helfen, wenn Sie die Telefonnummern der Teilnehmer parat haben, E-Mail-Adressen der Teilnehmer und eventuell sogar noch einen Co-Moderator. Letzterer könnte beispielsweise das Gespräch übernehmen, wenn Sie technische Schwierigkeiten haben.

Sollten Sie einen Kollegen oder externen Referenten dazuschalten wollen und davon ausgehen müssen, dass aus irgendwelchen Gründen dessen Übertragung nicht sichergestellt werden kann, spricht auch nichts dagegen, dessen

Beitrag zuvor auf Video aufzuzeichnen – und dieses bei eventuellen Komplikationen abzuspielen.

Übrigens: Hüten Sie sich davor, in Ihren Einladungen zu schreiben: »Bitte seien Sie pünktlich!« Denn warum sollten Sie Selbstverständlichkeiten betonen? Es ist doch eher interessant zu erfahren, wer unpünktlich ist. Dies sagt nämlich viel über die Person aus, die zu spät kommt – und über die Wichtigkeit, die diese Person Ihrer Online-Konferenz beimisst. Wenn Ihr Meeting um 14 Uhr starten soll und Sie vorher keine Anrufe oder E-Mails mit triftigen Gründen für einen späteren Beginn bekommen haben, dann legen Sie auch um spätestens 14.02 Uhr los. Denn warum sollten Sie die Pünktlichen bestrafen – und Unprofessionelle indirekt aufwerten? Sollte Ihnen aber sehr häufig passieren, dass Teilnehmer beispielsweise zu einem von Ihnen geleiteten Online-Meeting zu spät kommen, dann kann das auch ein klares Indiz dafür sein, dass Sie nicht von Beginn an relevant für Ihre Teilnehmer sind. Dann sollten Sie an Ihren Inhalten und Ihrer Dramaturgie arbeiten – oder einfach mal ganz offen in die Runde fragen: »Was fehlt euch, damit zukünftige Veranstaltungen mit mir noch besser werden?«

## 2.3 Social Selling – viel heiße Luft?

Auf Social-Media-Kanälen gibt es oft Kampagnen, die das Ende der Kaltakquise ankündigen. Häufig stecken Werbeagenturen dahinter, die letztlich genau das Gleiche machen wollen wie Sie – nämlich verkaufen, in ihrem Fall Anzeigen.

Bei so manchen Selbstständigen und Vertrieblern rennen die Agenturen mit ihrer Botschaft »Nie wieder Kaltakquise« offene Türen ein. Das ist ja auch kein Wunder, denn der Großteil der Anbieter hat erhebliche Probleme damit, regelmäßig bei Unternehmen kalt anzurufen – oder gar vor deren Tür zu stehen. Warum also nicht ein paar Tausend (oder besser Zigtausend?) Euro in Werbeanzeigen investieren, um sich diese vermeintliche Anbiederei zu ersparen? Als Profi im Vertrieb sehen Sie kostenpflichtige Anzeigen und Postings hoffentlich jedoch nur als Ergänzung – und niemals als vollkommenen Ersatz für die Kaltakquise. Machen Sie doch einfach mal den Selbsttest:

- Wann klicken Sie auf Anzeigen?
- Wann haben Sie daraufhin dort auch wirklich etwas gekauft?
- Wenn Ihre Kunden zu Ihrem Mitbewerber gewechselt sind, sind diese wegen einer Anzeige gewechselt oder wegen des persönlichen Engagements Ihres Mitbewerbers?

- Durch welche Maßnahmen haben Sie die letzten zehn Neukunden gewonnen?
- Wie sehen diese Zahlen bei Ihren Kollegen aus?

Es kommt sicherlich immer auch auf die Branche an, in der Sie tätig sind. Aber gehen Sie besser im Zweifelsfall davon aus, dass lukrative Kunden leichter den Weg zu Ihnen finden, wenn Sie diese von sich aus im ersten Schritt persönlich ansprechen, egal ob telefonisch, im Ladengeschäft oder auf einer Messe.

Natürlich ist es auch denkbar, in Online-Kampagnen etwas Großartiges auszuloben, beispielsweise ein Testpaket oder ein werthaltiges Schriftstück, um dann diejenigen, die sich dafür eingetragen haben, anzusprechen. Hier wären wir dann schon bei der Warmakquise statt bei der Kaltakquise, da der Kunde vor der persönlichen Kontaktaufnahme etwas vom Anbieter bekommen hat – und ihn damit bereits kennt. Manch ein Vertriebler fühlt sich dann wohler, wenn er nun zum Telefon greift. Nichtsdestotrotz zeigen viele Statistiken, dass sich viele nur in irgendwelche Listen eintragen, um etwas kostenlos »abzugreifen«. Wenn es dann aber ernst wird, wenn Geld ausgegeben und/oder beispielsweise ein bisheriger Lieferant tatsächlich gewechselt werden soll, dann kneifen viele. Oder mal deutlich gesagt: Was nützt Ihnen ein Newsletter-Verteiler mit 10.000 Mail-Adressen, wenn sich nur 99,9 Prozent eingetragen haben, weil diese etwas kostenlos abstauben wollen? Wäre es da nicht besser zu überlegen, wie Sie einen Newsletter-Verteiler aufbauen, der für Ihre Branche tonangebend, weil relevant ist?

Fazit: Social Media und Online-Kampagnen können eine wertvolle Ergänzung zur Neukundengewinnung sein. Deswegen aber komplett die Kaltakquise zu vernachlässigen, wäre vermutlich für die meisten Unternehmen der falsche Weg.

## Wie Sie XING, LinkedIn, Facebook usw. mit Leben füllen

Viele haben ein Profil, beispielsweise bei XING, LinkedIn und Facebook. Leider aber oft ein schlecht gepflegtes. Ihre Online-Profile sind Ihre Visitenkarten nach außen. Den Eindruck, den Sie mit Ihrem Online-Profil machen, überträgt der Besucher oft auf Ihren gesamten Arbeitgeber. Darum sollen Sie alle paar Monate Ihre Online-Profile überprüfen:

- Erweckt Ihr Profilbild Vertrauen und Sympathie?
- Sind Ihre Kontaktdaten leicht zugänglich (auch Telefon und Mail)?

- Sieht ein Besucher auf den ersten Blick, wofür Sie stehen? Schreiben Sie bei Ihrer Tätigkeit besser »Anbieter hochwertiger Lüftungssysteme« oder »Verkauf von hochwertiger Haarkosmetik der Marke x« statt »Verkäufer im Außendienst« oder gar nur »Vertrieb«. Nutzen Sie auch die Möglichkeit, Bilder und Prospekte hochzuladen, um Interessenten bessere Informationsmöglichkeiten zu bieten.
- Schauen Sie, wie Sie Ihr Headerbild so optimieren, dass es Besuchern gleich Orientierung bietet.
- Führen Sie Beispiele aus Ihren Projekten an – im Idealfall mit Namen des Kunden.
- Ihre Profilbesucher müssen merken, dass Sie Ihr Profil mit Liebe ausgefüllt haben. Also schreiben Sie Firmierungen und Auszeichnungen komplett aus und verzichten Sie auf platte Auszeichnungen wie »Vater des Jahres«.
- Berücksichtigen Sie eventuelle Richtlinien Ihres Arbeitgebers bei Ihren Profilangaben.
- Stellen Sie sicher, dass Sie, wenn Sie über Ihr Profil eine Nachricht bekommen, diese auch zeitnah lesen – und nicht erst beispielsweise nach vier Wochen.

Der Mix aus privaten und geschäftlichen Inhalten geht meist in die Hose. Auch wenn zur Authentizität ein Bild gehört, das nicht immer zu 100 Prozent perfekt sein muss, gehören private Bilder vom Urlaub oder den Haustieren nur auf diesen Kanal, wenn sie einen geschäftlichen Bezug haben. Stellen Sie sich vor dem Absenden jedes Posts die Frage, wie dieses Posting auf Ihre Kunden wirkt. Wenn Sie davon ausgehen können, dass Ihre Geschäftspartner keinen Mehrwert aus Ihrem Posting entnehmen können, dann lassen Sie den Post lieber bleiben.

Warum sich ein Konto bei XING und LinkedIn für Sie lohnt:

- Es bietet Gelegenheit zur Recherche von Ansprechpartnern.
- Es ist eine gute Möglichkeit, um mit Geschäftspartnern in Kontakt zu bleiben.
- Regelmäßiges Posten guter Beiträge färbt positiv auf Sie und Ihren Arbeitgeber ab.
- Sie können sich über Kundenaktivitäten, Branchennews und Wettbewerbsaktivitäten informieren.
- Wer einen neuen Job sucht, wird hier schnell gefunden.

Beide Anbieter bieten auch kostenfreie Mitgliedschaften an. Sollten Sie weder bei XING noch bei LinkedIn sein, so empfehlen wir Ihnen zumindest die Mitgliedschaft bei LinkedIn, da hier die Community zurzeit aktiver ist.

## So werden Interessenten auf Sie aufmerksam

Ihr größter Gegner ist nicht Ihr Mitbewerber, sondern Ihre Unbekanntheit. Denn Kunden können nur von denen kaufen, die sie kennen. Vielleicht haben Sie es schon mal erlebt, dass Sie vor einigen Jahren mit einem potenziellen Kunden sprachen, diesen dann nach einiger Zeit wieder trafen und erfuhren, dass er nicht mehr bei seinem damaligen Anbieter, sondern nun bei einem Ihrer Mitbewerber ist. Das ist zwar auf den ersten Blick ärgerlich, doch andersherum verständlich: Denn wenn es Ihrem Mitbewerber gelungen ist, sich besser im Kopf Ihres Zielkunden zu verankern, selbst bei einem etwas schlechteren Angebot, so hatte dieser einfach bessere Chancen, eine Anfrage von Ihrem Zielkunden zu bekommen.

Darum müssen Sie sich auch immer wieder fragen, wie Sie überhaupt Aufmerksamkeit auf XING, LinkedIn und den anderen sozialen Medien erreichen. Sie können beispielsweise

- gehaltvolle Beiträge, egal ob Texte oder Videos, auf Ihrer Startseite posten,
- interessante Beiträge in Gruppen schreiben,
- Änderungen in Ihrem Profil vornehmen,
- neue Kontakte bekommen und Ihr Netzwerk darüber automatisch informieren oder
- an (Online-)Veranstaltungen teilnehmen, die über die Plattform organisiert werden.

Viel hängt natürlich auch von Ihren Profileinstellungen ab. Sie können meist einstellen, worüber Ihre unmittelbaren Kontakte informiert werden sollen. Natürlich können Sie auch fleißig kommentieren oder andere Artikel teilen. Aber: Sie werden mit der Vergabe von einem »Gefällt mir« so gut wie niemals auffallen. Doch wäre es nicht super, wenn wenigstens Ihre (Ziel-)Kunden merken, dass Sie deren Beitrag wahrgenommen haben?

Stellen Sie sich vor, Sie posten einen Beitrag. Sie bekommen 47 »Gefällt mir« und fünf Kommentare. Es ist sehr unwahrscheinlich, dass Sie nachgucken, wer Ihnen alles nun ein »Gefällt mir« gegeben hat. Bestenfalls bekommen Sie die Kommentare mit – und gehen darauf sogar ein. Das bedeutet für Sie: Wenn Sie mit interessanten Menschen über Social-Media-Kanäle so in Kontakt bleiben wollen, dass man Sie wirklich wahrnimmt, dann sollten Sie stets etwas Gehaltvolles schreiben. Das muss ja kein Aufsatz sein, aber ein individueller Text wie »Schöne Idee. Danke« oder »Viel Spaß wünsche ich Dir« dringt beim Poster eher durch als ein »Gefällt mir«.

Es ist wichtig, dass Sie nicht zu viel Zeit in Social Media investieren, aber es macht durchaus Sinn, zehn bis 20 wichtige Kunden und Zielkunden zu definieren und sich verstärkt für deren Social-Media-Aktivitäten zu interessieren. Warum ihnen dann durch gute Kommentare nicht auch zeigen, dass Sie mitbekommen, was diese tun? Durch Ihre Reaktionen weiß so auch der jeweilige Algorithmus, dass es richtig ist, Ihnen Inhalte von diesen Kontakten auch weiterhin zu empfehlen. Ob er das dann auch tut, ist aber leider nicht garantiert. Social-Media-Anbieter sind ja keine Wohlfahrtsvereine, die die Welt kostenlos unterhalten und informieren wollen.

## Ideen für gute Postings

Zugegeben, es ist nicht immer leicht, neben der Arbeit auch noch gehaltvolle Beiträge zu finden und diese dann auch noch zu teilen. Darum hier drei Ideen, welcher Art gute Postings sein können:

### Was sind Themen, die Ihre (potenziellen) Kunden interessieren?

Wenn Sie regelmäßig gute Themen posten, die für Ihre Zielgruppe mit höchster Wahrscheinlichkeit relevant sind, dann bauen Sie zunehmend Ihren Expertenstatus aus. Denn im Idealfall heißt es irgendwann in Ihrer Branche bzw. in Ihrem Verkaufsgebiet: »Wenn du mal eine Frage hast, dann wende dich am besten an XY. Der hat da bestimmt eine Idee.« Überlegen Sie auch, was Sie lieber konsumieren: Sind es wirklich lange Texte oder eher kurze Videos? Was spricht dagegen, dass Sie ein einminütiges Video von sich machen, indem Sie Ihre wichtigsten Erkenntnisse aus einem Artikel, Vortrag oder Gespräch vorstellen – und die Quelle natürlich auch in Ihrem Beitrag verlinken?

### Welche Quellen für Informationen können Sie nutzen?

Sicherlich gibt es die eine oder andere Webseite, die speziell für Ihre Branche Informationen aufbereitet. Vielleicht haben Sie aber auch einen Arbeitgeber, der hin und wieder gute Beiträge veröffentlicht, die nicht zu werbelastig sind und die Sie gut teilen können. Schauen Sie aber auch mal bei YouTube. Hier gibt es viele Experten, die gute Tipps geben, die vielleicht auch für Ihre

Geschäftspartner interessant sind. Bei Google können Sie mit der Funktion »Google Alerts« auch ein Konto so einrichten, dass Sie automatisch Hinweise bekommen, sobald einer der von Ihnen hinterlegten Begriffe irgendwo auf der Welt von jemandem aufgegriffen wird.

### Würdigen Sie Ihre Follower

Wenn jemand Ihren Beitrag teilt, dann nehmen Sie das nicht als selbstverständlich hin. Schreiben Sie also durchaus unter dem geteilten Beitrag »Vielen Dank fürs Teilen«. Oder nutzen Sie hin und wieder auch die Aktivitäten Ihrer Follower als Steilvorlage für ein Telefonat: »Ich dachte, ich rufe einfach mal an, um danke zu sagen, weil du immer so fleißig meine Artikel teilst.«

Denken Sie immer daran: Hinter jedem Social-Media-Profil steht ein Mensch, der sich über gute Inhalte und ehrliche Anerkennung freut.

## Was Sie lieber nicht posten sollten

Natürlich sind Sie auch immer Privatperson. Da liegt es nahe, auch mal persönliche Dinge zu posten. Doch die Frage ist: Ist das zielführend? Die Corona-Pandemie hat viele Menschen an den Rand der Verzweiflung getrieben: Vermutlich hatten auch Sie das Gefühl, dass die Politik hoffnungslos überfordert ist. Vielleicht gingen Ihnen die Beschränkungen zu weit oder nicht weit genug. Doch sollte man dazu etwas posten? Angenommen, ein Abgeordneter, egal ob von den Grünen, der AfD oder der CDU, hält eine Rede, die Ihre Zustimmung findet – endlich jemand, der Sie versteht und das sagt, was Sache ist. Sollten Sie das posten, wenn Sie Ihr Profil (auch) geschäftlich nutzen? Im Zweifelsfall besser nicht. Posten Sie lieber nur Dinge, die Ihre Personenmarke als Ideenlieferant in Ihrem Bereich steigern.

Hüten Sie sich auch davor, Geburtstagsgrüße mittels kurzer Textnachricht zu übermitteln. Die wenigsten Geburtstagskinder wissen nach drei Tagen, wer von den zahlreichen Kontakten ihnen gratuliert hat – oder nicht. Rufen Sie lieber an! Oder schicken Sie eine Postkarte! Denn wenn Sie sich Zeit nehmen für das Geburtstagskind, dann fallen Sie deutlich besser auf als mit irgendwelchen kurzen, austauschbaren Textnachrichten.

Ebenso sollten Sie nicht schreiben: »Ich kann das machen«, wenn jemand postet, dass er Bedarf an einer Dienstleistung hat, die Sie haben. Rufen Sie dort besser gleich an mit den Worten: »Ich habe gesehen, dass Sie x suchen, da dachte ich, ich rufe einfach mal an. Denn ich habe so was.« Falls Ihnen das zu aufdringlich erscheint, dann schicken Sie der Person eine persönliche Nachricht. Aber hören Sie auf zu hoffen, dass sich ein Interessent erbarmt, Sie anzurufen, wenn Sie drunterschreiben, dass Sie so was haben. Sollten Sie aber an dieser Idee festhalten, dann schreiben Sie doch zur Erleichterung der Kontaktaufnahme wenigstens Ihre Telefonnummer dazu.

## Achtung, Zeitfresser!

Alle sozialen Netzwerke haben das Ziel, dass Sie sich möglichst lange dort aufhalten. Warum? Na, in dieser Zeit kann man Ihnen bezahlte Werbung unterjubeln oder eigene Produkte verkaufen. Ob nun täglich 20 Minuten oder zwei Stunden Online-Zeit für Ihr Business angebracht ist, müssen Sie entscheiden. Passen Sie aber auf sich auf, denn die Grenzen zwischen Arbeit und Ablenkung sind sehr fließend.

Entwickeln Sie am besten eine Tagesroutine. Stellen Sie sich Ihren Timer auf beispielsweise 30 Minuten. Nutzen Sie diese Zeit, aber wirklich nur diese Zeit, um kurz-, mittel- und langfristig mehr Geschäft über Social Media zu generieren. Beispielsweise, indem Sie

- Kontaktanfragen schicken,
- Ansprechpartner recherchieren,
- Einladungen zu Gesprächen versenden,
- Geburtstage oder Jubiläen herausfinden,
- etwas Gescheites posten.

Sobald Ihr Timer sagt, dass Ihre 30 Minuten verstrichen sind, schließen Sie Ihre Social-Media-Kanäle – und kümmern Sie sich erst am Folgetag wieder um sie. Natürlich auch dann nur 30 Minuten. Andernfalls ist die Gefahr einfach zu groß, dass Sie wertvolle Zeit verplempern. Sollten Sie mehr Zeit in Anspruch nehmen wollen, so sollten Sie dann aber spätestens nach drei Monaten auch in der Lage sein, zu beweisen, dass Ihnen Ihre Social-Media-Zeit wirklich Umsätze bringt und nicht nur ein beliebtes Ablenkungsmanöver von anderen wichtigen Maßnahmen – wie der Kaltakquise – ist.

## Wie Sie aus Kontakten auch Kontrakte machen

Es klingt vielleicht toll, wenn Sie 1.000 Kontakte und mehr haben. Doch die entscheidende Frage ist: Welche Qualität haben diese Kontakte für Sie? Sind es wirklich alles Menschen, die in Ihrer Branche tätig sind, Entscheider und Meinungsbildner, potenzielle Arbeitgeber und Förderer, oder doch eher Kontaktsammler und verwaiste Profile?

Wie filtern Sie Ihre Kontakte, wie sortieren Sie die wichtigen aus und wie nutzen Sie sie am besten? Die folgenden zehn Tipps helfen dabei:

### TIPPS

1. **Machen Sie sich Gedanken über Ihre Zielgruppe**
   Überlegen Sie sich zuerst, wer überhaupt optimal zu Ihnen passt. Also: Was sind potenzielle Kunden für Sie? Zu welchen Branchen oder in welchen Regionen finden Sie leicht Zugang? Wo haben Sie für diese die höchste Glaubwürdigkeit? Wer hat Wünsche, Ziele und Probleme, wo Sie konkret helfen können? Fokussieren Sie sich somit auf die Kontakte, die nicht nur für Sie interessant sind, sondern die Ihre Kontaktanbahnung im Idealfall ebenfalls als wertvoll empfinden.
2. **Fügen Sie interessante Kontakte hinzu**
   Schreiben Sie interessante Kontakte an. Dies können Gemeinsamkeiten jenseits von XING und LinkedIn sein, wie die gleiche Branche, oder auch Gemeinsamkeiten im Netzwerk, beispielsweise die Teilnahme an der gleichen Veranstaltung oder die Mitgliedschaft in der gleichen Gruppe. Auch ein ernst gemeintes Lob kann helfen, wie: »Mir hat Ihr Beitrag/Kommentar in der Gruppe x zum Thema y sehr gut gefallen. Wenn Sie mögen, lassen Sie uns doch gerne in Kontakt bleiben.«
3. **Finden Sie Ihren Ansprechpartner heraus**
   Wenn Sie bei einem Unternehmen anrufen und selbst gar nicht genau wissen, wer Ihr Ansprechpartner genau ist, provozieren Sie unnötige Ablehnung durch den Empfang. Denn die Frage »Wer macht denn bei Ihnen …« und »Prima, dann stellen Sie mich bitte durch!« sorgt schnell für Misstrauen, dass da nun »nur« jemand anruft, der etwas verkaufen will und den Kollegen somit von der Arbeit abhält. Nennen Sie aber gleich an der Zentrale Ihren Ansprechpartner namentlich, haben Sie deutlich bessere Chancen, durchgestellt zu werden.

4. **Nutzen Sie das Profil zur Vorbereitung**
   Oft stehen auch interessante Informationen in den jeweiligen Profilen, neben dem Werdegang beispielsweise zu Hobbys oder auch Aus- und Weiterbildungen. Warum nicht eventuelle Informationen für den Smalltalk nutzen, wie beispielsweise: »Ich habe gesehen, dass Sie auch in München BWL studiert haben. Hatten Sie damals auch den Professor X?« oder »Ich habe gesehen, dass Sie gerne Krimis lesen. Ich selbst habe da gar keine Ahnung, aber meine Freundin liest auch gerne Krimis. Haben Sie da einen Tipp für mich, was ich Ihr schenken sollte?«
5. **Schreiben Sie den Ansprechpartner an**
   Fallen Sie bei der Kontaktaufnahme nicht gleich mit der Tür ins Haus – verkaufen Sie also nicht gleich etwas. Betonen Sie aber durchaus in Ihrer Kontaktanfrage Gemeinsamkeiten – wie die gleiche Branche – und bitten Sie um Vernetzung. Lassen Sie aber Phrasen wie »Kontakte schaden nur dem, der sie nicht hat« oder »Synergien« besser sein. Damit disqualifizieren Sie sich schnell als Kontaktesammler.
6. **Bedanken Sie sich bei Ihrem Kontakt**
   Haben Sie mit jemandem zuvor telefoniert oder persönlich gesprochen, dann können Sie sich auch mit Ihrer Kontaktanfrage bedanken: »Schön, Sie hier zu finden. Danke, dass wir uns letzte Woche unterhalten haben. Lassen Sie uns gerne in Kontakt bleiben.«
7. **Schreiben Sie Besucher Ihres Profils an**
   Nicht jeder Besucher, der sich Ihr Profil ansieht, will auch mit Ihnen in den Dialog treten. Manche aber durchaus. Senden Sie doch einfach Personen, die Ihr Profil besucht haben, eine Kontaktanfrage. Der Verkaufstrainer Oliver Schumacher schreibt beispielsweise seinen Profilbesuchern: »Wenn Sie mal eine vertriebliche Fragestellung haben, dann lassen Sie uns gerne telefonieren. Kommt auch nicht gleich eine Rechnung ;-).« Fast jeder stimmt mit einer freundlichen Antwort seiner Kontaktanfrage zu.
8. **Führen Sie doch mal eine (Online-)Veranstaltung mit Ihren Kontakten durch**
   Warum sollten Sie nicht mal alle Ihre Kontakte zu einer Veranstaltung einladen, auf welcher Sie und/oder Ihre Kollegen etwas Interessantes erzählen oder vorstellen? Eventuell ist hier ein bisschen Marketingbudget notwendig, um das Ganze angemessen bewerben zu können. Aber solche Treffen – kurz und knackig – können zu interessanten Gesprächen führen, damit aus Ihren Online-Kontakten auch zunehmend Kontrakte werden. Alternativ können Sie natürlich auch den einen oder anderen Kontakt

fragen, ob dieser Lust hat, mit Ihnen einen virtuellen Kaffee zu trinken. Im Idealfall verschicken Sie dann gleich einen Link zu Ihrem Online-Kalender mit, damit dieser sich bei Ihnen für vielleicht 30 Minuten einträgt.

9. **Greifen Sie zum Telefon**
   Ein Verkaufsgespräch über das Versenden von Nachrichten zu schreiben, ist sehr mühsam. Warum also nicht mal den einen oder anderen Kontakt anrufen, beispielsweise mit: »Hallo, hier ist Christian Sahle. Wir sind schon seit ein paar Monaten über XING vernetzt. Nun dachte ich, ich greife mal direkt zum Telefon, denn ich habe da eine Idee. Darf ich kurz?«
   Denken Sie immer daran: Textnachrichten werden nicht immer gelesen, manchmal auch extrem zeitverzögert. Besser ist es daher, auch das Telefon zu nutzen. So bekommen Sie auch gleich Feedback und wissen, woran Sie sind.
10. **Halten Sie Kontakt**
    Gratulieren Sie Ihren Kontakten zur Beförderung oder zur neuen Aufgabe. Helfen Sie ggf. auch Kontakten, wenn diese nach einer Lösung suchen, indem Sie weitere Kontakte für sie herstellen. Da nicht alles gut ankommt, was man gut meint, könnten Sie ja vorher dort anrufen, um zu fragen: »Ist es in Ordnung für Sie, wenn ich mal in meinem Netzwerk horche, wer Sie da unterstützen kann?«

## 2.4 Es muss nicht alles im Vertrieb gemessen werden

Das Charmante am Vertrieb ist, dass es in dieser Abteilung sehr viel zu messen und vergleichen gibt. Wichtig aber ist, dass Sie nicht den Überblick verlieren – und den Fokus auf die richtigen Zahlen legen und daraus Maßnahmen und Konsequenzen ableiten.

### Wie Ihr CRM-System für Sie arbeitet

Jedes CRM-System ist nur so gut wie die eingegebenen Kundendaten und die Verknüpfungen der Informationen. Leider tun sich viele im Vertrieb damit schwer, es anständig zu pflegen. Die Gründe (oder auch Ausreden?) sind vielfältig:

- Wenn ich da alles angebe, dann bin ich austauschbar! Ich säge doch nicht an dem Ast, auf dem ich sitze!
- Ich weiß doch, was dem Kunden wichtig ist – schließlich habe ich ein Gedächtnis!
- Für erfolgreiches Verkaufen werde ich bezahlt, nicht für die Pflege von Stammdaten!
- Dafür habe ich nicht auch noch Zeit!
- Wozu soll ich Daten erfassen, die ich selbst gar nicht im Vertrieb brauche!

Doch gut gepflegte CRM-Systeme haben auch viele Vorteile:
- Sie können Ihre Verkaufsgespräche besser vorbereiten, weil Sie sehen, was der Kunde in welchen Mengen bisher gekauft hat – bzw. was er nicht (mehr) kauft –, um dies zu thematisieren und passende Zusatzverkäufe anzubieten. Auch spiegelt ein CRM-System die letzten Gespräche wider, um konkrete Anknüpfungspunkte zu haben.
- Aus dem CRM-System ist zu erkennen, mit welchen Mitbewerbern Ihr Kunde wie intensiv zusammenarbeitet. Dies bietet Ihnen die Chance, gezielt Kunden anzugehen, wenn Mitbewerber beispielsweise Qualitäts- oder Lieferprobleme haben.
- Für Ihr gesamtes Unternehmen sind alle wesentlichen Kundendaten an einem Ort gespeichert, sodass auf diese nicht nur einheitlich leicht zugegriffen werden kann, sondern auch Aktionen und Kampagnen gezielt durchgeführt werden können.
- Ihre Kollegen aus dem Marketing können aufgrund der Daten Kampagnen planen und durchführen, beispielsweise Follow-up-Mails mit gezielten Angeboten.
- Andere Kollegen, sowohl Ihre Urlaubsvertretung als auch Ihr Nachfolger, falls Sie beispielsweise auf- oder aussteigen, haben eine gute Basis, um sich in den jeweiligen Kunden hineinzuversetzen.

Häufig fällt die Schere zwischen fleißigen CRM-Nutzern und CRM-Blockierern sehr weit aus. Darum ein paar Hinweise:
- Alle Beteiligten sollten mal offen darüber reden, welche Daten warum zwingend erforderlich sind – und welche nicht. Denn nur weil ein Programmierer mal dachte, das sei ein sinnvolles Feld, muss dies noch lange nicht für Sie oder Ihren Arbeitgeber so sein. Wenn es klare Kann-Angaben und Muss-Angaben gibt, fällt allen Beteiligten die Arbeit leichter.

- Hauruck-Aktionen im Sinne von »Ihr habt nun 30 Tage Zeit, bis dahin müssen alle Daten eingegeben sein« führen oft zu Frustration und selten zum Erfolg.
- Im Idealfall ist das CRM-System selbst einfach und logisch aufgebaut.
- Hilfestellungen wie Seminare, Videos, Hotlines oder FAQ-Texte sollten leicht zugänglich sein.
- Alle müssen das CRM nutzen, keine Ausnahme. Auch die Führungskräfte.

### Anforderungen an ein gutes CRM-System

Ein CRM-System ist kein Allheilmittel für den Vertrieb. Dennoch kommt heutzutage niemand um eine solche Software herum. Vielleicht werden Sie ja mal beauftragt, bei der Einführung oder dem Wechsel einer solchen Software mitzuentscheiden. Aus unserer Erfahrung können wir Ihnen dafür die folgenden Punkte ans Herz legen, die Sie dann beachten sollten:

- Oft wird die Entscheidung für oder gegen eine bestimmte Software nicht von den Kollegen getroffen, die damit später arbeiten. Ihre Geschäftsleitung oder die IT haben andere Faktoren im Sinn, wenn es um die Neuanschaffung geht. Hier geht es um Kosten, EDV-Mann-Tage, Lizenzen und Kapazitäten. Ob Sie dann später Ihre Kundentermine perfekt vor- und nachbearbeiten können, wird oft weniger intensiv geprüft.
- Gut ist es, wenn Sie im Unternehmen bereits mit einem CRM-System arbeiten können. Es kommt aber vor, dass Sie die Kennzahlen aus einem System bekommen, mit dem Ihr CRM nicht verknüpft ist. Ohne die Nutzung der relevanten Kennzahlen wird das CRM dann zur geduldigen Ablage von Vertriebsinfos.
- Es sollte eine leichte und übersichtliche Anwendung auf allen Endgeräten möglich sein. Sie brauchen die Infos aus dem CRM schnell und übersichtlich, um ggf. vor Ort beim Kunden Entscheidungen treffen zu können.
- Sie sollten die Oberflächen des CRM-Systems persönlich oder abteilungsbezogen ändern können. Insbesondere dann, wenn Sie eine konzerneinheitliche Software nutzen, sollte der Einstieg in »Ihre« Daten nicht erst nach zahlreichen Klicks möglich sein.
- Wenn Sie das CRM richtig nutzen, brauchen Sie Schnittstellen zum Marketing, um z. B. Vertriebskampagnen per E-Mail zu generieren.
- Achten Sie auf Offline-Verfügbarkeit. Nicht immer ist ein gutes Netz vorhanden, Ihr System sollte ein tägliches Update fahren, sodass Sie immer relativ frische Daten dabeihaben.

- Bauen Sie kein Co-System auf. Wenn Ihr CRM-System (noch) nicht alles kann, was Sie benötigen, sprechen Sie das bei Ihrer IT oder beim Controlling an. So kann sich das System weiterentwickeln und Ihren täglichen Anforderungen näher kommen. Eigene Excel-Listen sollten nur für den Übergang funktionieren und nicht als »Parallel-System« weiter existieren.
- Machen Sie das CRM auch zum Tagesordnungspunkt in Ihren Vertriebsmeetings. Oft hilft der Austausch, ein Tipp oder eine Hilfestellung des Kollegen, damit die eigene Arbeit leichter von der Hand geht oder das Ergebnis einfach besser wird.
- Sie brauchen einen Ansprechpartner in Ihrem Unternehmen, der das System verwaltet und ggf. auch für Sie anpassen kann. Sonst wird der tägliche gewinnbringende Einsatz schwer. Lediglich die Anschaffung eines derartigen Systems im Unternehmen bringt Ihnen im Vertrieb erst mal gar nichts.

## Welche Kennziffern Sie stets im Blick haben müssen

Es gibt eine Unmenge an Vertriebskennzahlen. Je nachdem, in welchem Unternehmen Sie arbeiten, werden Sie keine bis sehr viele Vorgaben seitens Ihrer Vertriebsleitung bekommen. Folgende Vertriebskennzahlen und Fakten sollten Sie aber stehts auf dem Schirm haben:

### Prozentuale Zielerfüllung

Hier schaut Ihre Führungskraft zuerst hin. Haben Sie Ihr Ergebnis mit einem einzigen großen Geschäft erreicht oder bauen Sie in Ihrem Vertriebsgebiet zunehmend neue Kunden zu Key-Kunden auf?

### Anzahl Neukunden

Nicht nur die Anzahl an Neukunden, sondern auch der Umsatz, der mit diesen gemacht wird, wird meist genau beobachtet.

### Kundenabwanderungsrate

Was bringen Ihrem Arbeitgeber zehn Neukunden, wenn Ihnen 50 abgewandert sind? Wenn Kunden abwandern, stellt sich natürlich auch die Frage, welche. Verlieren Sie drei Kleinstkunden, haben aber zwei Großkunden gewonnen, dann wird vermutlich kaum jemand etwas sagen. Andersherum aber bestimmt.

### Durchschnittlicher Deckungsbeitrag

An diesem Wert kann Ihre Führungskraft erkennen, wie »gut« Sie verkaufen. Denn um zu höheren Preisen verkaufen zu können, gehört sicherlich mehr, als zu niedrigen zu verkaufen. Sollten Sie plötzlich einen Umsatzsprung gemacht haben, ohne dass Ihr durchschnittlicher Deckungsbeitrag deutlich sinkt, haben Sie vermutlich vieles richtig gemacht.

### Ihre wichtigsten Kunden

Die Kundschaft ist ein Spiegel des Verkäufers. Mit etwas Abstand erkennt man in der Kundenstruktur auch die Vorlieben des Verkäufers. Clever ist es, wenn man sich das zunutze macht und die Verkäufer dahin schicken kann, wo sie sich auch wohlfühlen und sicher verkaufen. Das geht nicht immer so, insbesondere dann nicht, wenn die Gebiete regional verteilt sind.

### Ihre interessantesten Zielkunden

Sie können sich nicht um alle Kunden gleich intensiv kümmern. Darum definieren Sie Zielkunden, auf die Sie über eine bestimmte Zeit Ihre Energie fokussieren wollen. Das können sowohl bestehende als auch potenzielle Kunden sein. Entscheidend ist hier nicht nur das Einkaufsvolumen des jeweiligen Kunden, sondern auch sein Potenzial.

### Quote zwischen Anfrage und Auftrag, den Sie erhalten

Die CRM-Systeme tracken heute genau, wie sich Ihre Verkaufschancen entwickeln. Aus wie vielen Anfragen werden Aufträge? Aus wie vielen Leads werden Stammkunden? Wie viele Projekte werden verloren? Wie lange dauert es, einen Auftrag zu bekommen?

### Quote zwischen Anfrage und Auftrag, den Sie initiieren

Es ist ein Unterschied, ob Sie »nur« Anfragen bearbeiten, die Ihnen Interessenten senden, oder ob Sie selbst aktiv sind und für Anfragen sorgen. Sollten Sie nur Anfragen abarbeiten, aber selbst keine initiieren, dann laufen Sie Gefahr, unter Ihren Möglichkeiten zu arbeiten. Denn vermutlich gibt es in Ihrem Verantwortungsbereich noch potenzielle Kunden, die optimal zu Ihnen passen, aber gar nicht wissen, dass es Sie gibt. Wie sollten diese Ihnen eine Anfrage schicken, wenn Sie nicht von sich aus aktiv werden?

### Aktive Verkaufszeit

Wie viel Zeit verbringen Sie bei oder mit Ihren Kunden? Wie viel Zeit verbringen Sie zum Beispiel auf der Autobahn? Der eine Verkäufer organisiert sich eine Tour mit fünf Kunden und einer Hotelübernachtung, ein anderer fährt die fünf Kunden einzeln an und braucht dafür eine ganze Woche. Wer hat produktiver gearbeitet? Zugegeben, pauschal zu sagen, dass es der erste ist, wäre zu einfach, schließlich wissen wir nicht, wie erfolgreich die einzelnen Gespräche verlaufen sind. Im schlimmsten Fall hat er die Besuche nur oberflächlich durchgeführt. Nichtsdestotrotz macht das Beispiel deutlich, dass jede Aufgabe unendlich dehnbar ist.

### Durchschnittliche Dauer zwischen Erstkontakt und Auftrag

Es ist von der Branche abhängig, wie schnell aus einer Anfrage ein Auftrag wird: Verkaufen Sie Werbekugelschreiber oder Spezialmaschinen? Ist der Bedarf kurzfristig, wie z. B. Werbematerial für eine Messe, oder planen Sie langfristig mit Ihren Kunden den Maschinenpark an einem neuen Standort? Ihre Aufgabe ist es, Ihren Kunden durch den Prozess zu führen und immer leichten Druck im Kessel zu halten. Denn wenn Sie hier zu höflich und zurückhaltend sind und den Kunden während des Entscheidungsprozesses nicht begleiten, machen Sie im schlimmsten Fall die Tür für den Wettbewerb auf.

### Schlagzahl: Anzahl der Leads, Kundentermine und Abschlüsse

Woran kann ein Vertriebsleiter feststellen, ob sein Mitarbeiter fleißig ist? Ein beliebter Wert ist die Anzahl an Leads, Kundenterminen oder auch Abschlüssen. In vielen Unternehmen werden gewisse Zahlen und Rankings veröffentlicht. Suchen Sie das Gespräch mit Kollegen, die bessere Werte haben – und fragen diese ganz offen, wie diese solche Werte hinbekommen. Nicht jeder wird Ihnen konkrete Tipps geben können, manche können auch gar nicht erklären, wieso sie solche guten Werte haben. Aber hin und wieder sind da auch viele Ideen dabei, die Sie dann einfach mal ausprobieren sollten. Wenn Sie das Gefühl haben, Ihre Vertriebsgebiete haben unterschiedliches Potenzial – allein durch äußere Merkmale wie Größe oder Kaufkraft –, dann sprechen Sie das offen an. Es führt zu Frust im Vertrieb, wenn man immer unter »ferner liefen« rangiert und gar nicht an die Verkaufszahlen der anderen Kollegen herankommen kann. Ob es dann an Ihrem Gebiet und/oder an Ihrer Art der Kundenbetreuung liegt, sollten Sie im Einzelgespräch mit Ihrem Vorgesetzten besprechen. In beiden Fällen gibt es Möglichkeiten, mindestens zwei: Entweder werden Sie gefördert, oder Ihr Gebiet wird optimiert.

# 3. So gewinnen Sie Kollegen für sich

Vielen Menschen ist gar nicht bewusst, wie unterschiedlich Vertriebsarbeit an sich ausfallen kann. Darum erhalten Sie im dritten Kapitel einen Einblick in die unterschiedlichen Positionen im Vertrieb. Es wird auch die Frage erörtert, ob Sie tatsächlich unterbezahlt sind oder nicht.

Sie erfahren auch, wie Sie sich auf eine Gehaltsverhandlung besser vorbereiten und sich nicht nur in dieser, sondern auch beim Zielvereinbarungsgespräch besser verkaufen.

Da Sie in einer besseren Verhandlungsposition sind, wenn Sie Ihr Gegenüber verstehen, bekommen Sie Antworten auf die Frage, wieso Ihre Führungskraft so ist, wie sie ist, und auch Tipps, wie Sie Ihren Chef für sich gewinnen.

## 3.1 Sie bekommen genau das, was Sie verhandeln

Im Vertrieb erwartet man von Ihnen, dass Sie immer 100 Prozent Leistung bringen und aktiv sind, am besten sogar proaktiv. Laut Duden ist proaktives Handeln:

**pro|ak|tiv »durch differenzierte Vorausplanung und zielgerichtetes Handeln die Entwicklung eines Geschehens selbst bestimmend und eine Situation herbeiführend«.**[8]

Passivität, reaktives Verhalten oder Abwarten steht nicht auf Ihrer Visitenkarte, oder wie würde es Ihnen gefallen, wenn wir Ihnen als Autorenteam unsere Visitenkarten überreichen, auf denen dann steht: *»Christian Sahle – 1 a passiver Vertrieb« oder »Oliver Schumacher – wir warten mal, was kommt!«?*

Beim Thema Gehaltsverhandlung ist das in gleichem Maße zutreffend. Für Ihre Gehaltsverbesserung verhandelt niemand besser als Sie selbst. Ab einer bestimmten Position in Ihrem Unternehmen wird über das Gehalt recht frei verhandelt. Das ist gut so – heißt aber auch im Umkehrschluss: Es kommt nicht mehr automatisch zu einer jährlichen Gehaltserhöhung aufgrund gewerkschaftlicher Erfolge in den Tarifverhandlungen, wenn Sie schon jetzt mehr verdienen, als der Tarifvertrag vorschreibt. Sie werden dann ein ATler (Mitarbeiter außerhalb des Tarifbereichs). Wenn Sie ein AT-Gehalt verhandelt haben, haben Sie keinen Anspruch mehr auf Urlaubs- und Weihnachtsgeld, außer Sie verhandeln es so. Auch kann es sein, dass in Ihrem Vertrag steht: »Überstunden sind mit dem Gehalt abgegolten.«

In Deutschland ist es immer noch ein Tabu, über das Gehalt im Freundes- und Kollegenkreis zu sprechen. Es steht sogar in vielen Arbeitsverträgen, dass Mitarbeiter nicht darüber sprechen dürfen, was sie verdienen. Ob diese sogenannten Verschwiegenheitsklauseln im Einzelfall Gültigkeit haben, kann ein Anwalt für Sie prüfen. Es soll aber schon öfters vorgekommen sein, dass Kollegen, die sich sehr schätzen und vertrauen, mal unter sich über ihre Einkünfte gesprochen haben.

Aber warum wird das Gehalt zum Tabuthema gemacht? Die Unternehmen haben Angst davor, dass ein offener Vergleich der Gehälter entweder zu überhöhten Forderungen der Mitarbeiter führen kann oder aber zu großem Frust, weil ein Vergleich der Gehälter nie gerecht ausfallen kann.

Wie finden Sie denn nun den richtigen Wert für Ihre Arbeit, der auch zur Branche, zur Region und zum Unternehmen passt, wenn es nirgendwo im Unternehmen öffentlich geschrieben steht? Denn manchmal fragt man sich ja schon: »Könnte ich mehr verdienen, wenn ich danach frage?«

Im Vertrieb ist die Spannweite der gezahlten Gehälter und Zusatzleistungen oft weiter gefasst als in vielen anderen Berufsgruppen. Sie können nämlich vom ersten Job in der Ausbildung bis zur Rente im Vertrieb – erfolgreich – tätig sein. Außerdem haben sich im Vertrieb im Verhältnis zu anderen Abteilungen oft Leistungslohnanteile durchgesetzt. Vielleicht, weil gerade die Vertriebsleistung relativ einfach zu messen ist, möglicherweise aber auch, weil der Vertrieb mit seinem Handeln maßgeblich die unternehmerische Zukunft bestimmt. Im Kern sind Sie »nur« Vertriebler, Ihre Umsätze können sich aber durchaus schnell im sechs- bis siebenstelligen Bereich und höher bewegen. Und von diesen Umsätzen hängt bei Ihrem Arbeitgeber vieles ab: die Kostenstruktur, Arbeitsplätze und vieles mehr.

Vertriebler können darüber hinaus auch oft über weitere Extras verhandeln, die Kollegen aus den anderen Abteilungen meist verschlossen bleiben: neben Aufgabe und damit einhergehendem Titel auch Handlungsvollmacht, Büroausstattung, Firmenwagen, Bonus …

Jobtitel, mit denen sich Vertriebsmitarbeiter schmücken, lauten auf der Karriereleiter beispielsweise vom »Junior Account Manager« bis hin zum »Geschäftsführer für Vertrieb und Marketing« oder sogar »CEO (Chief Executive Officer)«. Im Vertrieb gibt es verschiedene Stufen und Wege durch die Karriere: Werden Sie ein Produktspezialist oder Allrounder, bauen Sie den Vertrieb selbst auf oder übernehmen Sie schon gleich Führungsverantwortung? Gehen Sie in den Export oder bleiben Sie vertrieblich im Inland?

Als Vertriebler bzw. Vertrieblerin sollten Sie sich darüber im Klaren sein: Sobald Sie den Junior-Titel im Verkauf abgelegt haben, bekommen Sie genau das Gehalt, das Sie persönlich aushandeln. Denken Sie aber auch daran, dass es nicht immer sinnvoll ist, ausschließlich über das Gehalt zu verhandeln. Sie könnten ja auch mal über neue Aufgaben, einen anderen Bezirk oder Ähnliches sprechen. Möglicherweise bekommen Sie dann kurzfristig nicht mehr Gehalt, aber vielleicht mittelfristig. Oder haben zumindest mehr Spaß an der Arbeit, da Ihnen die neu zugeschnittene Aufgabe besser gefällt.

## Vertrieb ist nicht gleich Vertrieb

Ein Unternehmen hat ein Produkt und/oder eine Dienstleistung. Die Aufgabe eines Vertrieblers ist es nun, diese an den Mann oder die Frau zu bringen. Da sind sich, wenn man das so pauschal formulieren mag, alle Unternehmen sehr ähnlich. Es gibt aber dennoch einige grundsätzlich unterschiedliche Vertriebssysteme und Vertriebsstrategien. Es ist wichtig, dass Sie auch persönlich zum jeweiligen Vertriebssystem und zur Vertriebsstrategie passen. Darum sollten Sie diese unterschiedlichen Systeme und Strategien kennen.

## Verschiedene Vertriebssysteme

### Produktvertrieb

Der Produktvertrieb liefert das klassische Bild einer Vertriebsorganisation. Dahinter stehen meist eine Massenproduktion und möglichst viele kaufende Kunden: Der Hersteller verkauft an den Großhandel, dieser wiederum an den Einzelhandel, der an den Verbraucher.

Die Vertriebsprozesse sind klar strukturiert. Im Produktvertrieb müssen Sie verkaufen, was das Produktmanagement für Ihren Markt entwickelt hat. Es gibt klare Vertriebskanäle und gute Verkaufsstrategien, aber meist wenig persönlichen Einfluss.

Sie brauchen sich keine Gedanken darüber zu machen, welche Produkte entwickelt oder welche Kampagnen erdacht werden und zu welchen Kunden Sie damit marschieren. Das ist in Ihrem Unternehmen geregelt, das übernehmen Ihre Kollegen. Ihre Aufgabe ist es, die Kunden von Ihren Produkten zu überzeugen und diese zu animieren, möglichst viel davon zu kaufen oder zu verkaufen. Hier stehen die Produktfeatures im Vordergrund. Wenn Sie eine klare, eindeutige Vertriebsarbeit wünschen und mit Markenprodukten arbeiten möchten, dann ist das Ihr System.

### Projektvertrieb

Im Projektvertrieb überzeugen Sie Ihren Kunden von der Leistungsfähigkeit Ihres Arbeitgebers. Sie sind eine Art Botschafter Ihrer Firma. Sie haben zwar Referenzen und Konzepte, aber kein konkret fertiges Produkt. Das entsteht erst durch die gemeinsame Planung mit Ihren Kunden. Dieses Vertriebssystem ist nicht ganz einfach, aber dafür spannend, denn Sie verkaufen Lösungen, die mit Kunden entwickelt werden, beispielsweise in den Bereichen Bauprojekte, Ladenbau, Beratungsleistungen und IT-Vertrieb.

### Systemvertrieb

Im Systemvertrieb verkaufen Sie nur mittelbar Produkte. Sie sind zum Beispiel bei einem Mobilfunkanbieter tätig und verkaufen Verträge über Datenvolumen, Telefonzeit und ein neues Handy. Sie verkaufen ein System, das der Kunde nutzt. Während der Nutzungszeit haben Sie mit Ihrem Kunden wenig zu tun. Es wird erst wieder spannend, wenn ein Neuvertrag ansteht.

Anbieter aus diesem Bereich haben oft ein engmaschiges Vertriebsnetz und bieten Versicherungen, Autos zur Vermietung oder Telekommunikationsleistungen an.

### Integrationsvertrieb

Hier liefern Sie nur einen Teil eines Produkts an Ihren Kunden, zum Beispiel sind Sie Zulieferer in der Automobilindustrie. Das Produkt wird meist von Ihrem Kunden entwickelt, Sie produzieren und liefern möglichst just in time. Der Fokus liegt auf Qualität, Zuverlässigkeit und Preis. Dieses Geschäftsmodell ist für das B2B-Geschäft ausgelegt. Man spricht hier vom »Tier« (englisch für Ebene oder Rang). Tier-1, Tier-2 und Tier-3 beschreiben den Abstand des Lieferanten zum Markenhersteller in der Lieferkette. Ein Tier-1-Lieferant beliefert direkt den Markenhersteller, z. B. BMW. Ein Tier-2 Lieferant bedient den Tier-1-Lieferanten, der Tier-3-Lieferant bedient den Tier-2-Lieferanten. Erwartet wird von Ihnen hier tiefes Produkt- und Fertigungs-Know-how und eine sehr gute Kontaktpflege zum Kunden.

## Verschiedene Vertriebsstrategien

Unternehmen strukturieren ihren Vertrieb nicht nur angepasst an ihre Kundschaft. Sie verfolgen auch in ihrem eigenen Markt jeweils eine eigene Vertriebsstrategie:

### Nischenstrategie

Mittelständische Unternehmen verfolgen meist eine Nischenstrategie, da ihr Fokus kapazitätsbedingt nur auf einer Kundengruppe liegen kann. In der Nische können sie aber durch Kompetenz und Know-how punkten und hier ihre Marke auf- und ausbauen. Die Produkte sind Problemlöser für ein Marktsegment. Der Vertrieb muss durch Fachwissen und gute Kundenkontakte die Produkte geschickt und wirtschaftlich platzieren.

### Preisführerstrategie

Wer die Preisführerschaft innehat, also der günstigste Anbieter ist, kann dies meist nur dann sein, wenn es sich um Massenprodukte handelt, die mit möglichst wenig Service abzusetzen sind. Die Qualität entspricht dem Standard, mehr nicht. Oft wird sogar auf das Markenimage ganz verzichtet, oder kennen Sie die Marken von Mehl und Zucker, die in Ihrem Schrank stehen? Eine straffe Kostenanalyse und konsequente Nutzung von hohen Ausbringungsmengen sind die vertrieblichen Aufgabenstellungen. Häufig werden diese Produkte auch nicht mehr in Deutschland hergestellt.

**Differenzierungsstrategie (auch Service- oder Premiumstrategie)**
Ganz anders wird mit der Differenzierungsstrategie gearbeitet. Diese Unternehmen wollen sich durch eine Besonderheit (Alleinstellungsmerkmal, USP) vom Wettbewerb abheben, beispielsweise durch eine herausragende Qualität, einen besonderen Service oder eine besondere Innovation. Ein häufiges Ziel ist es, Kunden zu Fans und Markenbotschaftern zu machen und sie so an die Marke zu binden. Das Produkt wird durch emotionale Komponenten (Image) aufgewertet und so teurer, exklusiver verkauft.

## Es gibt viele Positionen im Vertrieb

Im Vertrieb gibt es viele Jobbezeichnungen auf den Online-Profilen und Visitenkarten. Es ist nicht einheitlich geregelt, welche Titel die Unternehmen ihren Vertriebsmitarbeitern mit auf den Weg geben. Manchmal ist es auch nicht immer leicht nachzuvollziehen, welche Aufgabe und welchen Verantwortungsbereich einzelne Vertriebler haben, wenn man nur deren Titel sieht.

Welche Karrierestufe streben Sie an?

Nachfolgend erhalten Sie einen Überblick über die gängigsten Positionen. Je nach Unternehmensgröße und Branche können sowohl die konkreten Titel als auch die Aufgabenbereiche abweichen. Dennoch sollten Sie wissen, welche Positionen es grundsätzlich im Vertrieb gibt. Denn vielleicht haben Sie ja Bock auf eine neue Aufgabe im Vertrieb – und bisher noch gar nicht an gewisse Tätigkeiten gedacht.

Es werden auch Gehaltsspannbreiten aufgezeigt, die das Jahresbruttoeinkommen benennen. Diese können aber je nach Unternehmen, Branche und Bundesland variieren. Deswegen verstehen Sie die Angaben bitte nur als Richtwert. Letztlich sollte aber das Gehalt niemals der Hauptmotivator für eine Veränderung sein, sondern die Lust an der Aufgabe.

## Stufe 1

### Sales Assistant (Vertriebsassistent)

Ein Sales Assistant ist die rechte Hand eines Sales Directors, Head of Sales oder Vertriebsleiters (diese Positionen werden später erklärt). Es ist nicht die englische Bezeichnung für einen Juniorverkäufer. Der Sales Assistant hat zwar mit dem Vertrieb bzw. dem Verkauf zu tun, verkauft aber nicht direkt. Als Assistent bereitet er Meetings vor, organisiert Events und Reports und hilft dem Vertriebsteam bei der Organisation von Veranstaltungen und Messen.

Eine schöne Aufgabe für Einsteiger, denn hier bekommt man viel mit von dem, was in den Vertriebsbereichen passiert.

Vertriebsassistenten brauchen einen betriebswirtschaftlichen Hintergrund und Kommunikationstalent, da sie in allen Aspekten des Vertriebs organisatorisch dabei sind.

Ein Sales Assistant ist zum großen Teil seiner Arbeitszeit im eigenen Unternehmen, weniger beim Kunden. Das Reisen mit dem Vertriebsleiter oder verschiedenen Außendienstkollegen gehört aber auch mal dazu.

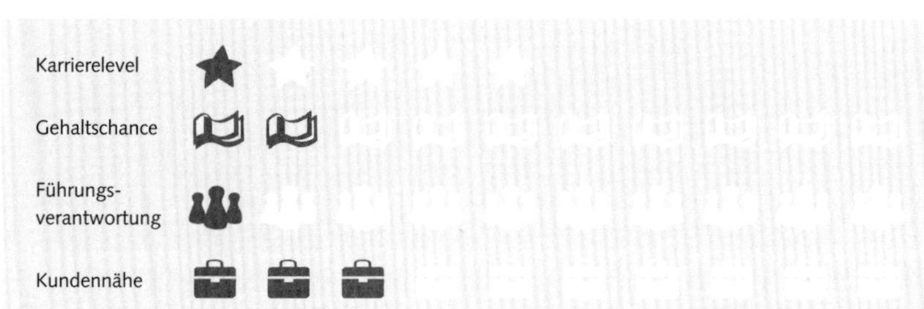

## Junior Account Manager (Junior- oder Nachwuchsverkäufer)

In Autohäusern oder großen Vertriebsorganisationen wird die Stufe des Juniorverkäufers genutzt, um eine klare Abgrenzung zu den erfahreneren Kollegen aus dem Vertrieb zu bekommen. Juniorverkäufer sind meist junge Menschen, die direkt nach ihrer Ausbildung im Vertrieb Fuß fassen wollen. Da sie noch sehr unerfahren sind, werden sie meist noch nicht mit großen und komplexen Aufgaben betraut.

Oft begleiten sie erfahrene Verkäufer bei ihrer Arbeit: Der erfahrene Außendienstler führt das Gespräch, der Nachwuchs darf zuhören. Tandem-Termine werden auch mit vertauschten Rollen geführt, wenn der neue Vertriebsmann oder die neue Vertriebsfrau bereits etwas Erfahrungen gesammelt haben. Dann spricht der »Junior« mit dem Kunden, der »Senior« hält sich zurück und gibt im Nachhinein sein Feedback zum Gesprächsverlauf.

Der »Junior« im Titel schützt auch den neuen Mitarbeiter davor, vertrieblich unter Druck zu geraten. Ein gestandener Vertriebler wird mit harten Forderungen vom Kunden konfrontiert und muss Lösungen erarbeiten. Der »Junior« kann sich hierbei gut aus der Affäre manövrieren und sich auf seine noch beschränkte Handlungsvollmacht berufen.

Diese Position ist für junge Menschen oder auch Quereinsteiger ideal.

## Sales Trainee

Auch eine sehr gute Einstiegsposition in den Vertrieb ist die Position des Sales Trainee. Ein Sales Trainee ist, wie im Titel zu erkennen, noch in der Ausbildung. Oft gibt man jungen Mitarbeitern die Gelegenheit, an internen vertriebsorientierten Weiterbildungsprogrammen teilzunehmen, um so die Vertriebspraxis und Vertriebsstrategie des eigenen Unternehmens zu erlernen. Auch Absolventen eines betriebswirtschaftlichen oder technischen Studiums wird hier die Möglichkeit gegeben, sich so in der Vertriebsabteilung des Unternehmens einzufinden und dabei noch weiterzubilden, um so eine wertvolle

Fachkraft im Vertrieb zu werden. In großen Konzernen findet man häufig diese interessante Einstiegsposition.

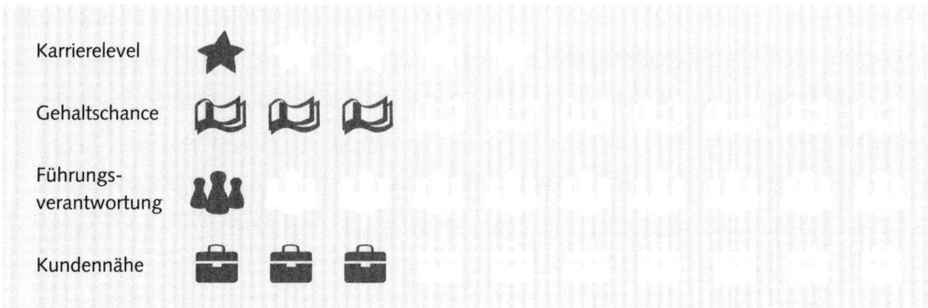


## Stufe 2

### Account Manager

Account Manager sind Vertriebsmitarbeiter, die für einen bestimmten Vertriebsbereich, eine Produktgruppe oder ein Marktsegment verantwortlich sind.

Der Sitz des Account Managers ist meist direkt im Unternehmen, er kann aber auch gut vom Homeoffice aus tätig werden. Er oder sie ist viel bei den Kunden, übernimmt aber die vorbereitenden und administrativen Aufgaben aus dem Büro heraus. Er betreut seine Kunden telefonisch, online und persönlich – je nach Produkt und Unternehmen.

Ein Account Manager ist überwiegend in Beratung und Verkauf tätig. Er stellt der Vertriebsleitung Informationen zu Marktstrategien und Vertriebskonzepten zur Verfügung.

Auch hier ist das Ziel, den Mitarbeiter bestmöglich intern in der Praxis weiterzubilden, um ihn dann an verantwortungsvollere Aufgaben heranzuführen, wenn er das Potenzial dafür mitbringt.

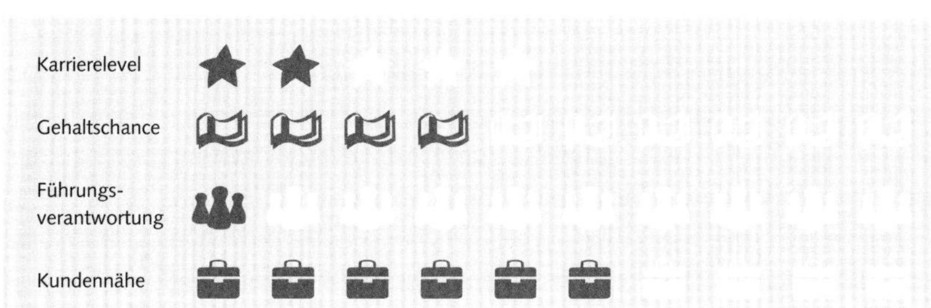

### Außendienst(mitarbeiter)

Mitarbeiter im Außendienst haben die gleiche Aufgabe wie der Account Manager. Der Begriff ist vergleichbar. Hier wird noch einmal betont, dass der Mitarbeiter nicht im Unternehmen, sondern in der Regel aus seinem Büro (Homeoffice) heraus im Verkaufsgebiet arbeitet. In kleineren Vertriebsstrukturen ist das Verkaufsgebiet nicht klar begrenzt, daher wird keine zusätzliche Beschreibung im Titel notwendig. Der Begriff »Außendienst« ist aber auslaufend, da heute die meisten Berufsbezeichnungen einen »modernen« englischen Titel bekommen.

### Gebietsverkaufsleiter (GVL, regional)

Der Gebietsverkaufsleiter (GVL) ist in seinem Vertriebsgebiet – das oft nach Postleitzahlen, Landkreisen oder Bundesländern klar abgegrenzt ist – als Außendienstmitarbeiter tätig. Im Idealfall wohnt er in »seinem« Vertriebsgebiet, da er so seinen Bezirk wirtschaftlicher bearbeiten kann.

Er betreut den Kundenstamm, übernimmt die Neukundenakquise, verantwortet aber auch die Umsatz- und Ertragsentwicklung in seinem Gebiet. Der GVL schult die Mitarbeiter seiner Kunden über die Produkte und Dienstleistungen seines Unternehmens.

Der regionale GVL berichtet i.d.R. an den Verkaufsleiter oder Vertriebsleiter. Seine Reports über Kundenentwicklungen und Markttrends sind wichtige Barometer für die Geschäftsführung, Vertriebsleitung, Marketingabteilung und das Produktmanagement.

Er ist viel unterwegs. 60.000 Kilometer im Jahr sind keine Seltenheit. Meist hat er einen Dienstwagen der Mittelklasse. Ein Notebook, Handy und Tablet gehören auch zum Standardequipment.

Die Termine bekommt er entweder vom Unternehmen vorgegeben oder es wird eine tägliche, wöchentliche oder monatliche Besuchsfrequenz vereinbart. Der Besuchsrhythmus ist abhängig vom zu verkaufenden Produkt, den eigenen Zielen und den einzelnen Kunden selbst.

Im Unternehmen ist ein GVL nur dann zu finden, wenn Schulungen anstehen, Vertriebsmeetings angesetzt sind oder er organisatorische Dinge im Unternehmen zu erledigen hat. Hier bekommt er oft die Möglichkeit, einen temporären Arbeitsplatz zu nutzen. Sonst trifft man ihn nur auf der Weihnachtsfeier.

Oft hat sich der Gebietsverkaufsleiter zu Hause einen Home-Arbeitsplatz eingerichtet und bereitet von dort aus seine Kundentermine vor. Hierfür setzt man Homeoffice-Tage an. Die Anzahl variiert zwischen einem Tag pro Monat und einem Tag pro Woche.

Je nach Branche und Unternehmen hat er auch immer Testmuster seiner Produkte und Verkaufsunterlagen dabei. Darum ist oft nicht nur ein größerer Wagen von Vorteil, sondern auch eine Lagermöglichkeit zu Hause.

### Inside Sales Manager

Dieser Beruf ist relativ neu und hat sich mit der wachsenden Digitalisierung stark entwickelt. Hier wird nämlich der Fokus auf die digitalen Vertriebswege gelegt, die auch dann funktionieren, wenn ein persönlicher Besuch des Vertriebs nicht möglich ist, zum Beispiel während einer Pandemie. Er ist nicht zu verwechseln mit dem Vertriebsinnendienst, der mit dem Außendienst die Aufträge kollegial bearbeitet, damit der Kunde seine Ware oder Leistung pünktlich bekommt. Im Gegensatz zum Innendienst verkauft der Inside Sales Manager per Telefon, E-Mail oder Social Media aktiv.

Ein Inside Sales Manager sitzt in der Regel im Unternehmen und ist der Vertriebsleitung unterstellt. Er ist auch an der Entwicklung und Gestaltung von Kampagnen per Telefon oder E-Mail beteiligt. Ein Inside Sales Manager sollte auch der Spezialist und Ansprechpartner für die anderen Vertriebsmitarbeiter sein, wenn es um Online-Vertriebsaktivitäten und Kommunikationsmaßnahmen geht. Ein interessanter Job für alle, die sich mit der Kommunikation und Digitalisierung der Vertriebsabteilung beschäftigen wollen.

## Stufe 3

### Key Account Manager

Key Account Manager sind die High Performer im Vertrieb und haben oft viele Freiheiten. Sie betreuen die wichtigen Schlüssel-Kunden des Unternehmens und haben die Aufgabe, die Umsätze mit Bestandskunden auszubauen und weitere Großkunden zu gewinnen. Sie übernehmen die Kommunikation mit dem Kunden und die umfassende Betreuung in fast allen Bereichen, so die:

- Vorstellung von neuen Produkten und Konzepten
- Koordination von Lieferungen und Zahlungen
- Einladung zu Messen und Events
- Überwachung von Umsatz und Absatzdaten der Key-Kunden
- Optimierung des Produktportfolios
- Optimierung von Geschäftsprozessen
- Unterstützung auf Messen und Events des Kunden
- Durchsetzung von Preiserhöhungen, Konditionsänderungen
- Organisation von Jahresgesprächen
- Teilnahme an Strategie- und Zukunftsplanungen

Die Kommunikation sollte auf Augenhöhe mit dem Einkauf, dem Vertrieb und der Geschäftsführung des Kunden erfolgen. Im eigenen Unternehmen ist der Key Account Manager der »Anwalt des Kunden« in Bezug auf Produktentwicklungen, Qualität, Service, Logistik und Finanzen. Die Erfassung von Aufträgen und deren Abwicklung gehört aber nicht zu seinen oder ihren Aufgaben.

Intern erwarten insbesondere die Geschäfts- und Vertriebsleitung eines Key Account Managers bei Rückfragen fundierte Informationen und Reports. Kein Wunder, schließlich betreut dieser die wichtigsten Kunden des Unternehmens.

Der Schwerpunkt der Arbeit liegt beim Kunden. Für die administrativen Tätigkeiten hat der Key Account Manager einen Arbeitsplatz zu Hause und/

oder im Unternehmen. Auch ein temporärer Arbeitsplatz in einem Coworking Space in der räumlichen Nähe des Kunden oder Projekts ist möglich.

Die Gestaltung des Arbeitsorts und der Arbeitszeit liegt oft in seiner Hand. Er oder sie hat dann sogenannte Vertrauensarbeitszeit. Das bedeutet, der Arbeitsgeber gibt nur den Rahmen vor (z. B. eine 40-Stunden-Woche) und verzichtet auf die detaillierte Kontrolle durch eine interne Zeiterfassung.

### Area Sales Manager

Area Sales Manager bearbeiten ein bestimmtes Vertriebsgebiet im Ausland. Das können einzelne Länder sein, aber auch Regionen, wie beispielsweise Skandinavien, die Beneluxländer, das Baltikum oder die USA.

Sie kennen ihre Ländermärkte ganz genau und betreuen entweder die Kunden direkt oder eine Vertretung ihres Unternehmens vor Ort. Area Sales Manager sprechen idealerweise die Sprache, die in ihrem Vertriebsgebiet gesprochen wird, oder verständigen sich alternativ verhandlungssicher in Englisch oder Französisch.

Ein Area Sales Manager verantwortet den Umsatz in einer Vertriebsregion und berichtet direkt an den Vertriebs- oder Exportleiter. Die Kollegen bringen auch die landestypischen Anforderungen mit ins eigene Unternehmen und versuchen, diese dort umzusetzen. Denn gerade im Bereich Marketing sind die Kundenanforderungen oft andere als in der deutschen Kultur.

Area Sales Manager unterstützen vor Ort auf Messen und Produktschulungen oder geben Hilfestellung bei der Projektarbeit vor Ort. Sie haben oft einen Arbeitsplatz im Unternehmen und/oder im Homeoffice, sind aber, je nach Region, viel unterwegs – auch oft für längere Zeit.

Da ein Area Sales Manager gerade in Übersee-Bereichen (Afrika, Asien, USA, Australien) oft mit dem Flugzeug unterwegs ist, ist nicht immer ein Dienstwagen vorgesehen. Das sollte im Einstellungsgespräch unbedingt berücksichtigt werden, falls dieser Punkt wichtig für Sie ist.

Wenn Sie zu dieser Aufgabe Lust haben, aber noch recht jung und/oder unerfahren sind, sollten Sie über die Stelle des »Junior Area Sales Managers« verhandeln.

**Business Development Manager (BDM)**

Ein Business Development Manager oder BDM ist ein Spezialist im Vertrieb. Er hat die Aufgabe, die Geschäfte oder den Geschäftsbereich, in dem er unterwegs ist, auszuweiten. Dies ist keine leichte Aufgabe und eher nichts für Anfänger im Vertrieb.

Primäre Aufgabe ist nicht unbedingt der Verkauf oder die Organisation des direkten Verkaufs. Der Business Development Manager ist ein Scout für das Unternehmen, seine Augen und Ohren sind nach außen gerichtet. Er soll neue Möglichkeiten für das Unternehmen auftun, den Vertrieb zu erweitern. Zum Beispiel sucht er neue Absatzmärkte für das angestammte Sortiment oder er findet neue Kunden in den benachbarten Branchen.

Ein Business Development Manager muss sich in seiner Produktrange sehr gut auskennen und auch wissen, wie leistungsfähig sein Unternehmen ist. Er braucht ein gutes Netzwerk an guten geschäftlichen Kontakten, um an die relevanten Marktinformationen zu kommen.

Der BDM gehört zwar zum Team des Vertriebs und unterstützt die Kollegen fachlich, ist aber doch eher ein Einzelkämpfer mit großer Flexibilität. Mit dem Aufzeigen von neuen Möglichkeiten, Absatzmärkten oder einer Verbesserung des Vertriebs macht er sich nicht immer nur Freunde im eigenen Haus, wenn es dabei beispielsweise um organisatorische Veränderungen geht. »Das haben wir immer so gemacht« ist genau der Ansatz, den ein BDM im eigenen Unternehmen aktiv infrage stellen soll.

Das Reporting ist wichtig für die Vertriebs- und Geschäftsführung, um die Ausrichtung des Unternehmens zu steuern. Der BDM hilft hier mit einem Blick von außen auf das eigene Unternehmen.

Ein BDM ist viel unterwegs, nicht nur bei Kunden oder anderen Handelspartnern, sondern auch bei branchenfremden Unternehmen und auf Veranstaltungen.

### Channel Manager

Channel Manager gibt es aufgrund der Digitalisierung erst seit Kurzem. Channels sind zum Beispiel der Online-Kanal, der Großhandels-Kanal, der LEH-Kanal oder der Direktvermarktungs-Kanal. Für die unterschiedlichen Vertriebskanäle werden Spezialisten benötigt, die sich nicht nur in der Struktur (z. B. IT) ihrer Kunden auskennen, sondern auch die anderen Player kennen und wissen, wie beispielsweise das Geschäftsmodell von Amazon und Alibaba funktioniert. Da der regional strukturierte Außendienst diese Kenntnisse nur bedingt mitbringen kann, hat man das Vertriebsgebiet nicht nur regional aufgeteilt, sondern nach Vertriebskanälen, sogenannten Channels, neu strukturiert.

Channel Manager sind bundesweit oder sogar europaweit unterwegs und kennen ihren Absatzkanal ganz genau. Die Reisetätigkeit ist hoch. Der Job kann mit Bürotagen im Unternehmen oder mit Homeoffice-Zeit ausgefüllt sein. Berichtet wird an den Vertriebsleiter des Unternehmens. Auch das Reporting wird sehr geschätzt, da sich nicht nur Warenströme zur Analyse eignen, sondern auch die Veränderungen im Markt transparenter werden.

### Bezirksleiter

Der Job des Bezirksleiters unterscheidet sich vom Gebietsverkaufsleiter darin, dass in der Regel das Vertriebsgebiet, der Bezirk, kleiner ist, dafür aber eine große Anzahl von Kunden in diesem Gebiet zu finden sind. Im Gegensatz zum Gebietsverkaufsleiter übernimmt der Bezirksleiter auch Personalverantwortung für ein kleines Team an Außendienstmitarbeitern. Dies gilt zum Beispiel im LEH (Lebensmitteleinzelhandel) oder im Versicherungsgeschäft.

Ein Bezirksleiter ist dann mit seinem Team für alle vertrieblichen Aufgaben zuständig. Gerade Bezirksleiter, die große Fachhändler oder Handelsketten betreuen, übernehmen auch oft die Funktion der Regalpflege beim Kunden. Es wird vor Ort Ware nachgeordert oder geschaut, ob alles an seinem Platz ist, und er koordiniert ein Team von Mitarbeitern, die die Regale mit Ware nachräumen. Außerdem gleicht er die Ist-Situation im Geschäft mit Warenplatzierungsvorschlägen seines Unternehmens ab und verhandelt z. B. im Lebensmittelmarkt über die Regalfläche beim Kunden.

## Stufe 4

### Verkaufs- und Vertriebsleiter

Der englische Begriff »Sales Manager« umfasst eigentlich beide Positionen, Verkaufsleiter und Vertriebsleiter. In Deutschland wird aber oft zwischen Verkaufs- und Vertriebsleiter unterschieden.

Der Verkaufsleiter hat seinen Schwerpunkt im direkten Verkauf. Der Vertriebsleiter hingegen hat eher einen strategischen Schwerpunkt in der Organisation. Er entwickelt also beispielsweise Ideen für Neukundengewinnung, Franchising, Social Media usw. Personalführung gehört aber zu beiden Positionen dazu, meist ein Team zwischen drei und 100 Mitarbeitern aus dem Innen- und Außendienst.

Oft wird der beste Verkäufer der Organisation zum Verkaufsleiter befördert. Das ist nicht immer optimal, da sich die Aufgaben doch erheblich unterscheiden. Schwerpunkt ist die Leitung der Vertriebsorganisation und die Personalführung. Der direkte Verkauf gerät in den Hintergrund. Dafür steigt das Pensum an internen Meetings und Abstimmungsrunden. Das muss man mögen.

In der Regel haben Verkaufs- und Vertriebsleiter ein Einzelbüro im Unternehmen, da hier auch Vertrauliches besprochen wird.

Da ein Verkaufs- bzw. Vertriebsleiter viele Aufgaben im Unternehmen hat und dort mit den angrenzenden Fachabteilungen wie Marketing und Produktmanagement und der Geschäftsführung täglich zusammenarbeitet, ist eine reine Homeoffice-Tätigkeit eher schwierig. Präsenz in der Zentrale wird meist erwartet.

Die Ausstattung wird im Vergleich zum Außendienst noch einmal aufgewertet, um seine Funktion auch nach außen gut darzustellen. In der Regel fährt der Verkaufs-/Vertriebsleiter einen größeren/besseren Dienstwagen als seine Vertriebsmitarbeiter. Die technische Ausstattung wie Notebook, Handy, Tablet ist aber gleich.

### Head of Sales oder Sales Director

Eigentlich entsprechen beide Berufsbezeichnungen dem des deutschen Vertriebsleiters in Verantwortung und auch in der Ausstattung und dem Gehalt.

Hier sind es nur noch Nuancen, die sich von der Rolle des klassischen Vertriebsleiters unterscheiden. Dies wird auch von Unternehmen zu Unternehmen teilweise unterschiedlich gesehen und die Jobs entsprechend betitelt. Hat das Unternehmen zum Beispiel einen internationalen Charakter, wird man eher die Bezeichnung »Sales Director« wählen als Vertriebsleiter.

Legt man den Wert darauf zu kommunizieren, dass die eigentliche Verkaufsstrategie z. B. vom Headoffice im Ausland entwickelt wird und der »nationale« Vertriebsleiter sich »nur« um den Verkauf kümmern soll, spricht man dann vom »Head of Sales«.

Oft wird aber auch gemischt und auf den Visitenkarten stehen zwei Titel, z. B. »Sales Director/Vertriebsleiter«, um es noch mal zu erklären.

Alle drei Positionen, Vertriebsleiter, Head of Sales und Sales Director, sind das Sprungbrett für eine Geschäftsführerposition mit vertrieblichen Aufgabenbereichen.

## Stufe 5

### Geschäftsführer Marketing & Vertrieb oder Chief Sales Officer (CSO)

Wenn es Ihr Ziel ist, im Vertrieb Karriere zu machen, ist hier die Spitze der Pyramide. Der Geschäftsführer einer GmbH ist kein klassischer Angestellter mehr. Er hat besondere Befugnisse und Verantwortung, auch die Haftung unterscheidet seine Position von anderen Angestellten. Daher kommt dem Geschäftsführervertrag eine große Bedeutung bei, da er wesentliche Rechte und Pflichten zwischen Geschäftsführer und Gesellschaft regelt.

Der Geschäftsführer Vertrieb & Marketing leitet in der Regel die Fachabteilungen Vertrieb, Marketing und Produktmanagement und arbeitet eng mit den Vertriebsleitern und Marketingleitern zusammen. Der direkte Kundenkontakt wird seltener, nur bei den Jahresgesprächen mit den Top-Kunden des Unternehmens oder besonderen Vertragsverhandlungen ist er dabei.

Etwa 80 Prozent seiner Arbeitszeit ist er in internen Meetings unterwegs, verantwortet Budgets und Investitionen und auch die Personalstruktur der Vertriebsabteilungen, Innendienst wie Außendienst.

Voraussetzung für diese Position sind ein abgeschlossenes Studium, gerne mit betriebswirtschaftlichem oder juristischem Hintergrund, sowie einige Jahre Berufserfahrung.

Die Ausstattung fällt entsprechend höher aus: ein großes Büro, ein Fahrzeug der Oberklasse und in der Regel auch eine Assistenz.

Eine wirklich spannende Aufgabe, die aber 100 Prozent an Leistung erfordert und selten einen pünktlichen Feierabend gewährt.

Das Reisen gehört aber dennoch dazu. Der Geschäftsführer besucht seine Vertriebsorganisation, Lieferanten und Kunden und leistet einen Teil in der Verbandsarbeit. Ein gutes Netzwerk ist auch hier wichtig.

Wenn die gesamte Geschäftsführung des Unternehmens aus mehreren Positionen besteht, die nach ihren Aufgaben strukturiert sind, oder das Unternehmen eine Konzernstruktur hat, kann die Position auch amerikanisch als »Chief Sales Officer« betitelt werden. Hier gibt es dann nicht nur zwei Geschäftsführer, einen für die Produktion und einen weiteren für Vertrieb und Marketing. In größeren Strukturen gibt es für jede Abteilung (z. B. Einkauf, IT, Personal usw.) je einen Geschäftsführer.

## Handelsvertreter

Der Handelsvertreter ist eine Sonderform im Vertrieb. Er ist nicht angestellt, sondern arbeitet selbstständig. Er, oder besser seine Handelsvertretung, vertritt eine oder mehrere Marken bei den Kunden und übernimmt den Außendienst und alle dazugehörigen Aufgaben.

Dafür bekommt er einen Anteil an dem Umsatz, den er vermittelt. Mit dieser Umsatzprovision bezahlt er seine eigene Organisation, Mitarbeiter, Büro, Fahrzeuge und Spesen.

Der Paragraf 84 ff. des Handelsgesetzbuches (HGB) regelt die Aufgaben und Pflichten des selbstständigen Handelsvertreters. Die Steuerung einer Handelsvertretung durch den Hersteller ist oft nicht nur rechtlich begrenzt, weil der Hersteller kein direktes Weisungsrecht ihm gegenüber hat, sondern auch, weil ein Handelsvertreter als Selbstständiger meist mehrere Hersteller vertritt – und somit eigene Prioritäten und Interessen verfolgt.

## Sind Sie wirklich unterbezahlt?

Im Vertrieb gibt es keine feste Tabelle, auf der steht, was ein guter Vertriebler genau zu verdienen hat. Sie sind hier selbst gefordert, um Ihr eigenes Gehalt zu verhandeln. Es gibt in Ihrem Unternehmen ganz sicher unsichtbare Gehaltsgrenzen, in denen sich die Gehälter von Ihnen und Ihren Vertriebskollegen bewegen. Diese wird Ihnen Ihr Chef auch nicht so ohne Weiteres verraten.

Manchmal fühlt sich jeder unterbezahlt. Vielleicht stehen Sie unter E-Mail-Dauerfeuer, reisen viele Kilometer auf der Autobahn, sind kaum zu Hause und holen für Ihren Arbeitgeber wichtige Aufträge – trotz hausinterner Probleme, preisaggressiver Mitbewerber und verwöhnter Kunden. Sie sorgen dafür, dass es im Unternehmen läuft. Eigentlich sind Sie mit Geld gar nicht zu bezahlen, man müsste Vertriebler vergolden, oder? Aber heben Sie bitte nicht ab. Oft stecken hinter erfolgreichen Vertrieblern Kollegen, die ebenfalls sehr gute Arbeit verrichten. Beispielsweise sind das:

- Produktmanager, die Produkte erfinden, die im Markt hervorragend ankommen,
- Marketingkollegen, die Verkaufsunterlagen optimal gestalten und mit guter Werbung den Markt für Ihre Verkaufsbemühungen öffnen, und auch
- Lagerarbeiter und Auslieferungsfahrer, die nicht nur ordentlich arbeiten, sondern auch im Kundenkontakt überzeugen.

Wenn es aber ein (innerbetriebliches) Geheimnis ist, was die Kollegen verdienen, wie kriegen Sie dann heraus, was man maximal verdienen kann?

Früher war es fast unmöglich, einen genauen Überblick über die Gehälter zu bekommen, da solche Daten schwer zugänglich waren, außer man hatte den direkten Kontakt zur Personalabteilung. Heute ist es relativ leicht herauszufinden, wo man in etwa mit den eigenen Gehaltsvorstellungen richtigliegt und wie es finanziell bei der Planung der eigenen beruflichen Weiterentwicklung aussehen kann. Schauen Sie sich einfach in den Online-Gehaltsreports um.

Es gibt regelmäßig aktuelle Gehaltreports von den großen Stellenbörsen (z. B. StepStone, Monster u. a.) oder den Wirtschaftszeitschriften (z. B. »Focus«). Sie finden aber auch Informationen auf den Online-Arbeitgeber-Bewertungstools wie www.kununu.com oder www.glassdoor.de. Auch mancher Personalberater wirbt mit einem Gehaltsvergleich auf seiner Webseite, um sich für Bewerber interessant zu machen.

So ziemlich für jede Branche und jede Position ist eine Übersicht für Minimal-, Maximal und Durchschnittsgehälter vorhanden. Es gibt aber oft große Schwankungen von zum Teil mehreren Zehntausend Euro, weil es regionale und branchenbezogene Unterschiede gibt. In Ballungsräumen wird tendenziell mehr bezahlt als in der Provinz, in Hamburg mehr als in Mecklenburg-Vorpommern, in Köln mehr als in der Eifel. Das hängt auch mit den höheren Kosten für z. B. das Wohnen und Leben in den Metropolen zusammen. Um gute Leute hierhinzubekommen, muss man auch mehr zahlen. Dadurch steigt das Gehaltsniveau. Das heißt aber nicht, dass Sie nur deswegen zu großen Unternehmen bzw. in große Städte gehen sollten. Oft haben Hamburger mit einem Jahreseinkommen von 120.000 Euro keinen besseren Lebensstandard als beispielsweise Emsländer (westliche Region in Niedersachsen) mit 80.000 Euro, da sie trotz weniger Geld eine bessere Kaufkraft haben, weil beispielsweise die Mieten niedriger sind – oder zumindest die Wohnungen fürs gleiche Geld größer bzw. besser. Auch sollte man ja nicht vergessen, dass oft eine große Spreizung zwischen Bruttolohn und Nettolohn klafft, die mit jedem Tausender mehr zunimmt. Strategisch sollten Sie mal den Gedanken durchspielen, bei einem Arbeitgeber anzufangen, der relativ viel bezahlt, Sie aber in einem Verkaufsbezirk wohnen und arbeiten lässt, in dem die Lebenshaltungskosten relativ niedrig sind.

Produzierende Unternehmen, die einen hohen Anteil an der Wertschöpfung eines Produkts haben, haben in der Regel auch höhere Deckungsbeiträge und können tendenziell mehr zahlen. In den Tarifgebieten Chemie und Metall liegen die Gehälter zum Beispiel höher als im Dienstleistungssektor oder im Handel.

Recherchieren Sie gerne mal im Internet und tauschen Sie sich mit Kollegen aus. Vergessen Sie aber nicht, dass die Argumentation »Hier in der Tabelle steht, ich müsste 80.000 Euro verdienen, ich bekomme aber nur 65.000 Euro!« bei der Gehaltsverhandlung nicht zieht. Denn weiche Faktoren wie Verantwortung, Berufserfahrung, Betriebszugehörigkeit oder auch Vertriebserfolge sind schwer in Tabellen abzubilden.

## 3.2 Wie Sie endlich weiterkommen

Für Ihre Karriere brauchen Sie, frei nach dem amerikanischen Autor Steven Covey, ein Ziel, einen Plan, einen Kompass und ein bisschen Glück.[9]

Denken Sie sich einmal an das zeitliche Ende Ihrer Karriere: Wo wollen Sie stehen? Möchten Sie ein Verkaufsleiter, ein Vertriebsleiter oder ein Vertriebsgeschäftsführer sein, wenn Sie vielleicht 40 Jahre alt geworden sind? Otto Scharner empfiehlt die Theorie U[10]: Planen Sie rückwärts einmal die notwendigen Stationen oder Karrierestufen ein, die bis dorthin durchschritten werden müssten.

Wenn Sie jetzt ein Account Manager sind und weiter nach oben wollen, steht die Position des Key Account Managers, Sales Managers, Head of Sales oder Verkaufsleiters noch auf Ihrer Routenplanung. Rechnen Sie für jede Position vielleicht drei bis fünf Jahre ein. Dann haben Sie Ihren groben (Zeit-)Plan zur Erreichung des Ziels.

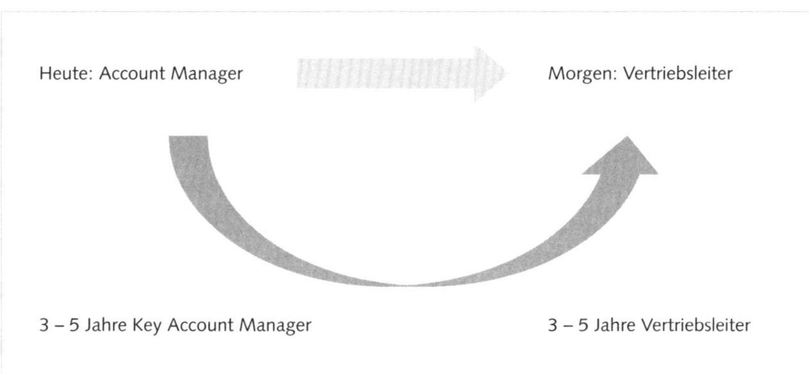


U-Turn-Planung der Vertriebskarriere

Wofür hilft der Kompass? Um sich zu orientieren. Im Vertrieb läuft die Karriere selten gradlinig und geplant. Es ergeben sich Chancen. Beispielsweise kündigt plötzlich ein Kollege – und eine attraktive Position wird frei. Oder Ihr Arbeitgeber hat wirtschaftliche Schwierigkeiten – und Sie verlassen von sich aus das sinkende Schiff oder werden im schlimmsten Falle entlassen. Der Kompass hilft Ihnen, gedanklich das Ziel im Auge zu behalten. Es spricht nichts dagegen, eine

Abkürzung zu nehmen, wenn sich in einer anderen Abteilung oder in einem anderen Unternehmen eine gute Chance ergibt. Greifen Sie zu, aber behalten Sie Ihr Ziel im Auge. Ein Wechsel aus dem Vertrieb zum Beispiel ins Marketing oder Produktmanagement kann unter Umständen für den Moment einen finanziellen Vorteil bieten, bringt Sie aber langfristig von Ihrem eigentlichen Ziel weiter weg. Da sich mit zunehmendem Alter auch oft die eigenen Prioritäten verändern, kann es auch durchaus sinnvoll sein, sich hin und wieder zu fragen, ob man das Ziel, das man vor zehn Jahren als erstrebenswert empfand, immer noch hochgradig attraktiv findet.

**TIPP**

Wer seine Kompetenzen schneller aufbaut, wird folgerichtig schneller Chancen für seinen Aufstieg ergreifen können. Berufliche Praxiserfahrungen zählen aber in der Regel mehr als Zertifikate. Schließlich ist ja hinlänglich bekannt, dass viele nur für die Prüfung lernen – und dann schnell ein Großteil wieder vergessen. Wer aber in der Praxis Erfolge vorweisen kann (also zeigt, dass er sein Wissen auch umsetzen kann und damit sein Unternehmen voranbringt), ist attraktiv.

Sprechen Sie doch auch mal mit Personen, die es geschafft haben. Nicht nur in Ihrem Hause, sondern auch mal in anderen Unternehmen. Welche Tipps haben diese für Sie?

## Wie Ihr Chef zu einer Gehaltserhöhung nicht Nein sagen kann

Es gibt für Vorgesetzte viele Gründe, Ihre Gehaltsforderungen abzulehnen oder zumindest zu reduzieren:

- Die Gehaltsspreizung im Vertriebsteam soll möglichst gering sein.
- Häufig müssen Vorgesetzte auch ihren Führungskräften gegenüber erklären können, weshalb nun plötzlich einer oder eine mehr Geld will. Das heißt, mit Gehaltsforderungen könnten Sie Ihrer Führungskraft Arbeit machen, die sie nicht gerne machen möchte.
- Das Risiko besteht, dass Sie sich nicht mit einer Gehaltserhöhung zufriedengeben, sondern womöglich meinen, nun jährlich neue Verhandlungen beginnen zu können.

- So, wie viele Schüler und Studenten gezielt für Prüfungen lernen, um dann gut abzuschneiden, aber danach leider vieles wieder vergessen, kann es auch sein, dass Sie, nachdem Sie die Gehaltserhöhung bekommen haben, an Motivation und Engagement nachlassen. Denn warum sollten Sie weiter Gas geben, wenn Sie jetzt womöglich aufgrund der Gehaltserhöhung »satt« sind?
- Manche Führungskräfte haben aber auch ein Problem damit, wenn ihre »Untergebenen« ähnlich viel oder gar mehr Geld verdienen als sie selbst – und können bzw. wollen deswegen keine weiteren Zugeständnisse machen.

Jammern und murren Sie bei der Gehaltsverhandlung nicht über Ihr eigenes Gehalt, sondern legen Sie sich eine Strategie zurecht. Sie brauchen dafür:

- **Die Initiative als Vertriebler:** Sie machen den ersten Schritt. In der Regel bekommen Sie Ihre Gehaltserhöhung nicht zum Geburtstag geschenkt. Insbesondere dann nicht, wenn Sie sich in Bezug auf das Gehalt außerhalb des gültigen Tarifvertrages für Ihr Unternehmen befinden. Sie müssen daher verhandeln und den ersten Schritt der Verhandlung selbst starten. Planen Sie diesen Schritt bitte konkret ein und warten Sie nicht auf eine günstige Gelegenheit.
- **Den passenden Zeitpunkt:** Fragen Sie nicht jedes Jahr nach einer Gehaltserhöhung. Das Gehalt soll sich ja auch mit Ihrer Leistung und Betriebszugehörigkeit entwickeln. Darum gibt es Stufen, die zwar nirgends festgeschrieben, aber in jedem Unternehmen vorhanden sind. Mit Anfang 30 werden Sie nicht gleich das Top-Gehalt in der Abteilung verdienen. Ihr Chef plant Gehaltssteigerungen entsprechend Ihrem Karriereweg bereits mit ein, damit Sie nach 20 Dienstjahren auch noch die Möglichkeit haben, im Thema Gehalt zu wachsen. Würde man Ihnen jetzt schon die Summe bezahlen, wie hoch sie auch wäre, Sie wären nach ein paar Jahren wieder unzufrieden, weil Sie einkommensmäßig nicht wachsen können. Verhandeln Sie entweder alle zwei bis drei Jahre oder fragen Sie einen guten Kollegen, wie das in Ihrem Unternehmen gehandhabt wird.
- **Messbare Gründe:** Wenn Sie 100 Prozent leisten, deckt Ihr Gehalt bereits jetzt Ihre Arbeitsleistung ab. Sie müssen schon mehr aufzeigen können. Was haben Sie Besonderes erreicht? Wenn sich Ihr Vertriebsgebiet z. B. überdurchschnittlich erfolgreich entwickelt hat, wäre das ein Grund, den Sie aufzeigen können. Wenn Sie eine neue, zusätzliche Aufgabe

bekommen, ein Projekt erfolgreich fertiggestellt oder einen neuen Markt aufgetan haben, ist das auch ein gutes Argument.

- **Einen Termin** – das ist wichtig! Fragen Sie niemals zwischen Tür und Angel nach einer Gehaltserhöhung. Das wird nichts werden. Bereiten Sie sich gut vor und organisieren Sie sich einen Termin bei Ihrem Vorgesetzten. Sprechen Sie ruhig im Vorfeld an, worum es gehen soll. Dann kann sich Ihr Vorgesetzter auch vorbereiten und ggf. schon Rücksprache mit der Personalabteilung oder Ihrem Teamleiter halten.

  In den Unternehmen wird es unterschiedlich gehandhabt. In größeren Unternehmen werden Personalkosten für jede Abteilung im Vorfeld budgetiert. Das heißt, die Summe für die Gehälter wurde für dieses aktuelle Jahr geplant und festgelegt. Wenn das so ist, ist ein guter Zeitpunkt für eine Gehaltserhöhung ein Termin vor der nächsten Budgetrunde. Dann kann Ihr Vorgesetzter Ihr neues Gehalt gleich schon mit ins kommende Jahr einplanen.

  Wenn sich Ihr Unternehmen gerade in einer wirtschaftlichen Krise befindet oder sogar Kurzarbeit oder Entlassungen anstehen, ist kein guter Zeitpunkt für eine Gehaltserhöhung. Das versteht sich für einen unternehmerisch mitdenkenden Kollegen eigentlich von selbst. Eine ähnlich formulierte Antwort werden Sie dann auch auf Ihre Anfrage erhalten.
- **Eine Zahl:** Wenn Sie nach einer Gehaltserhöhung fragen, sollten Sie auch die Summe nennen, die Sie mehr verdienen möchten. Ihr Chef kann Ihre Wünsche nicht ahnen und reagiert vielleicht genervt, wenn Sie es selber nicht so genau wissen. Strategisch kann es aber sinnvoll sein, zuerst keinen eigenen fixen Betrag zu nennen, beispielsweise 300 Euro. Der Satz »Ich weiß ehrlich gesagt nicht, wie viel mehr drin ist. Und darum dachte ich, frage ich einfach Sie, was Sie mir aufgrund meiner erbrachten Leistungen zusätzlich geben können« kann dazu führen, dass Sie von Ihrem Vorgesetzten vielleicht 400 Euro vorgeschlagen bekommen.
- **Eine Frist:** Die Änderung Ihres Arbeitsvertrages dauert unter Umständen ein paar Tage. Die Personalabteilung muss informiert werden oder Ihr Vorgesetzter braucht selbst noch eine Rücksprache mit der Geschäftsführung, um Ihren Wunsch durchzubringen. Schlagen Sie eine Frist von vier bis sechs Wochen vor, dann läuft das Ganze etwas entspannter.
- **Einen Plan B:** Mit großer Wahrscheinlichkeit werden Sie keine Begeisterungsstürme erwarten können. Ihr Chef wird Ihnen aufzeigen, dass das Unternehmen gerade in schweren Zeiten ist, dass die Marktlage sich verändert und die Personalkosten schon jetzt zu hoch sind. Das macht

aber nichts. Genauso wie Sie geht er in die Verhandlung und spielt dabei garantiert eine dieser Karten.
Verhandeln Sie gleich die nächste Gehaltserhöhung in diesem Gespräch mit: Wenn Sie z. B. 600 Euro mehr pro Monat fordern, Ihr Unternehmen das aber nicht sofort leisten kann, können Sie dies ja in zwei Schritten vereinbaren, 300 Euro gibt es gleich, 300 € Euro in x Monaten. Oder besser noch: Machen Sie einen Entwicklungsplan über die nächsten drei bis fünf Jahre.

- **Alternativen:** Es gibt nicht nur das Jahresgehalt, sondern auch Alternativen. Sie können auch mit Ihrem Jahresbonus spielen. Wenn es nicht geht, Ihr monatliches Gehalt aufzustocken, könnte ja der Bonus entsprechend erhöht werden, damit Sie wieder auf Ihr anvisiertes Jahresbrutto kommen.

  Sie können aber auch über Ihren Firmenwagen verhandeln, über die Übernahme von Sonderausstattung oder auch die (teilweise) Übernahme von Seminaren, die Sie zusätzlich auf Eigeninitiative besuchen möchten. Sollten Sie vielleicht sogar berufsbegleitend studieren wollen, können Sie ja vorschlagen, dass Ihr Arbeitgeber die Hälfte der Studiengebühren sofort übernimmt, die zweite Hälfte beim Bestehen der Prüfung.

Feilschen Sie bitte nicht. Erpressungen wie »Wenn ich das nicht bekomme, dann muss ich Konsequenzen ziehen« oder »Das ist mein letztes Angebot« sind nicht zielführend. Sie sind nicht auf dem Basar. Wenn Sie zu engstirnig verhandeln, kann die Situation auch kippen. Ihr Vorgesetzter sollte aber auf Ihrer Seite stehen und mit gutem Gewissen Ihre Gehaltserhöhung für Sie im Unternehmen durchbringen. Außerdem stehen Sie ziemlich dämlich da, wenn Sie mit einer Kündigung drohen, dann aber doch nicht genügend Mut haben, das dann auch wirklich zu tun. Sollten Sie also bei dem Gespräch nicht zu einem Ergebnis kommen, spricht auch nichts dagegen, sich in zwei Wochen erneut zu treffen, damit beide Seiten sich noch mal Gedanken machen können.

Etwas Glück gehört natürlich auch dazu. Wenn Sie an der richtigen Stelle stehen und auch gesehen werden, kann beispielsweise die Expansion Ihres Unternehmens oder der Aufstieg oder Ausstieg eines Vorgesetzten für Sie ein Glücksfall sein und Ihre eigene Karriere beschleunigen.

### Beispielrechnung Gehaltserhöhung

Wie wichtig Gehaltserhöhungen für Sie sind, sehen Sie in einer kleinen Beispielrechnung deutlich:

Sie sind 30 Jahre alt, Account Manager und haben eine Gehaltserhöhung von 600 Euro im Monat ausgehandelt. Da Sie nach heutigem Renteneintritt von 67 noch 37 Jahre arbeiten werden, summieren sich die 600 Euro in den Jahren auf insgesamt 266.400 Euro brutto (37 Jahre × 12 Monate × 600 Euro = 266.400 Euro).

Da Sie ja nicht nur einmal nach einer Gehaltserhöhung während Ihres Berufslebens fragen werden, sondern sicher öfter im Laufe Ihrer Karriere, können Sie selbst ausrechnen, was bei Ihnen herumkommen kann.

Laut einer Studie der Stellenbörse StepStone[11] erreicht man im Durchschnitt mit 52 Jahren den Punkt in der Karriere mit dem höchsten Gehalt. Danach geht es bei einigen Managern schon wieder abwärts. Das ist kein Automatismus. Aber ab 50 kommen Vertriebler oft noch mal auf die Idee, sich zu verändern. Man baut ein eigenes Geschäft auf, wechselt die Branche oder geht auch einen Schritt zurück, um z. B. den Fokus auf private Dinge zu lenken. All das bedeutet erst mal einen Schritt wieder zurück vom Top-Gehalt.

### TIPP

So wie Sie regelmäßig Verkaufsgespräche üben sollten, können Sie auch Gehaltsverhandlungsgespräche üben. Zu dieser Thematik gibt es vertiefende Literatur, gute Videos auf YouTube und natürlich auch Coaches und Trainer, die Sie fit machen. Und was sind schon 1.000 Euro eigenes Geld für ein gutes Training, wenn Sie durch die erfolgreiche Umsetzung ab dann jeden Monat vielleicht 200 Euro mehr verdienen?

## Falls Sie mit Ihrer Verhandlung nicht zufrieden sind

Sie waren gut vorbereitet, konnten Ihre Argumente schlüssig vorbringen und Ihr Arbeitgeber ist aktuell nicht im Krisenmodus. Dennoch haben Sie eine Absage bekommen. Sollte Ihnen die Erklärung Ihres Vorgesetzten nicht genügen (z. B. »Das Budget für Personal ist überschritten, mehr können wir nicht zahlen«), gibt es vielleicht andere Gründe, warum man Ihnen nicht mehr zahlen möchte.

Man kann eine Gehaltsverhandlung auch als ein Stimmungsbarometer für die Stimmung im Unternehmen über Ihre Person sehen. Will man Sie fördern, traut man Ihnen z. B. mehr Verantwortung zu und will Sie im Unternehmen halten, ist die Gehaltsverhandlung fast ein Selbstläufer. Sie bekommen leicht das, was Sie sich vorgestellt haben. Ist die Stimmung nicht so positiv, fällt auch das Ergebnis der Verhandlung entsprechend aus.

Sie können offen fragen, ob es an Ihrer Arbeitsweise liegt, dass die Verhandlung gescheitert ist, denn oft fallen Selbst- und Fremdbild auseinander. Wenn Sie sich für einen ganz guten Verkäufer halten, Ihr Vorgesetzter aber nicht, dann sollten Sie beide unbedingt konstruktiv die Wahrnehmungen abgleichen. Fragen Sie auch ganz offen, wo Sie sich aus Sicht Ihrer Führungskraft verbessern sollten bzw. müssten, um später eine Gehaltserhöhung wert zu sein.

Im ersten Kapitel haben wir beschrieben, was einen guten Vertriebler ausmacht. Gehen Sie doch mal in die Selbstanalyse und schauen Sie, ob Sie für sich hinter all die dort aufgeführten Punkte einen Haken setzen können. Bewerten Sie sich am besten immer auf einer Skala von 0 bis 10 Punkten, so können Sie leichter erkennen, wo noch »Luft nach oben« ist. Tauschen Sie sich aber auch mit Vertrauten aus. Wie schätzen diese Sie ein?

Es gibt für die meisten Vertriebsthemen gute Seminare, Schulungen und Coachings. Fragen Sie danach, vielleicht gibt es bereits Angebote in Ihrem Unternehmen, intern oder extern, zu Themen wie Kommunikation, Konfliktmanagement oder Verkaufsgesprächsführung. Sieht Ihr Arbeitgeber Potenzial in Ihrer Person, wird man Sie hier fördern und die Möglichkeiten mit Ihnen suchen, Ihre Persönlichkeit und Ihre Stärken zu entwickeln. Schließlich haben die wenigsten Arbeitgeber Lust, neue Mitarbeiter zu suchen – oft entwickeln und fördern sie lieber ihre »alten« Mitarbeiter.

Ist auch dieser Weg versperrt, können Sie sich privat weiterbilden. Auch wenn es Ihr eigenes Geld ist, ist das eine gute Investition, besonders dann, wenn Sie Leistungslohnkomponenten haben. Schließlich wirkt sich besonders dann erfolgreich angewandtes Wissen finanziell für Sie aus.

## 3.3 Wie Sie Zielvereinbarungsgespräche für sich nutzen

Einmal im Jahr steht das Zielvereinbarungsgespräch auf der Agenda, in der Regel gleich am Anfang des neuen Jahres, sobald das Betriebsergebnis von der vorhergehenden Periode feststeht und die Umsatzplanung für das neue Jahr von der Geschäftsleitung abgesegnet worden ist. Kommen Sie aber nicht auf die Idee, aus dem Zielvereinbarungsgespräch plötzlich ein Gehaltsverhandlungsgespräch zu machen. Ihr Vorgesetzter ist nämlich auf die Zielzahlen fokussiert und will diese mit seinem Vertriebsteam abstimmen – und ist somit einfach gedanklich woanders.

Gehen Sie auch in dieses Gespräch entspannt und gut vorbereitet. Es wird von Ihnen erwartet, dass Sie »Ihre« Markt- und Kundenzahlen kennen und Informationen zur kommenden Marktlage und den Aktivitäten des Wettbewerbs wissen. So überzeugen Sie Ihre Führungskraft von Ihrer Kompetenz.

Machen Sie sich also realistische Gedanken für die nächste Periode:

- Welche Kunden wollen Sie gewinnen?
- Welche bestehenden Kunden wollen Sie entwickeln?
- Welche Kunden drohen wegzubrechen?
- Wo brauchen Sie konkret Hilfe, um Ihre Ziele zu erfüllen?

Zielaufschläge wirken manchmal sehr hart und ungerecht. Gedanken wie »Wie soll ich das nur schaffen?« sind keine Seltenheit. Doch würden Vertriebler nicht jedes Jahr einen Zielaufschlag bekommen, würden viele Unternehmen unter ihren Möglichkeiten arbeiten, weil sich zu viele auf den erreichten Lorbeeren ausruhen.

Gehen Sie die Umsetzung systematisch an. 60.000 Euro Zielaufschlag im Jahr bedeuten beispielsweise 5.000 Euro mehr im Monat. Fragen Sie sich, wie Sie diese zusätzlich einfahren können, und fangen Sie sofort mit der Umsetzung an. Die größte Frustration erleben Vertriebler oft, weil sie ihren Zielzahlen hinterherlaufen. Oft liegt dies aber auch darin begründet, dass sie das neue Geschäftsjahr zu ruhig angehen, statt gleich in der ersten Woche beherzt und engagiert anzufangen.

Als guter Vertriebler sind Sie in der Lage, aus dem Stehgreif Ihre wesentlichen Zahlen zu nennen. Beispielsweise, dass Sie noch 30.000 Euro bis zum Monatsende an Umsatz benötigen, um Ihr Monatsziel zu schaffen. Oder dass Ihr Umsatz noch um 8.000 Euro geschmälert wird, weil noch eine Gutschrift zu buchen ist. Oder dass Sie noch zwei Kunden bis zum Jahresende benötigen, um Ihr Neukundenziel von zehn Kunden zu schaffen.

Können Sie das nicht, dann identifizieren Sie sich nicht genügend mit Ihren Zielen – und verschenken Chancen. Denn wenn Sie Ihre Zahlen einfach »laufen lassen«, dann laufen Sie Gefahr, gewisse Ziele nicht zu erreichen, die Sie mit mehr Organisation und Engagement durchaus hätten erreichen können. Und erst recht, wenn eine Prämie für Sie von Ihrer Zielerfüllung abhängig ist, dann wäre es doch schade, wenn Ihnen kurz vorm Ziel die Puste ausginge, Sie also Ihr Ziel knapp verfehlten.

## Die Ziele durchdacht planen

Die Planung für die kommende Periode ist für Ihren Arbeitgeber wichtig, da davon die Budgets für die einzelnen Abteilungen abgeleitet werden. Aber auch für Gespräche mit Investoren und Banken ist die Planung elementar. Umsatz ist bei diesen Planungen natürlich nicht alles, entscheidend sind auch die Deckungsbeiträge und das Betriebsergebnis. Weil es also um viel geht, sollten Sie diesen Termin ernst nehmen und sich gut darauf vorbereiten.

### Ihre vertriebliche Planung

Es gibt zwei Möglichkeiten, mit jeweils verschiedenen Wirkrichtungen eine verlässliche Planung hinzubekommen.

»**Bottom up**« heißt von unten nach oben und besagt, dass Sie jeden einzelnen Kunden, jedes einzelne Geschäft analysieren und prognostizieren, wie sich das Ergebnis im nächsten Jahr zusammensetzt:

**Beispiel:**

| Kunde | Umsatz letztes Jahr | Umsatz neues Jahr | Wachstum % |
|---|---|---|---|
| Kunde A | 200.000 € | 210.000 € | 5 % |
| Kunde B | 80.000 € | 100.000 € | 25 % |
| Kunde C | 100.000 € | 130.000 € | 30 % |
| Kunde D | 20.000 € | 10.000 € | -50 % |
| **Gesamt** | **400.000 €** | **440.000 €** | **10 %** |

Bottom-up-Planung

Sie haben Ihre Kunden einzeln analysiert, den Umsatz 1 (aktueller Zeitraum) mit dem Umsatz 2 (kommender Zeitraum) in Bezug gesetzt und einen Prozentwert ermittelt. Das ist das Ergebnis Ihrer Prognose.

Alternativ dazu können Sie »**Top down**« planen, d. h. Sie schauen sich die allgemeine wirtschaftliche Lage an und sprechen mit ausgewählten Key-Kunden und Branchenexperten über deren eigene Prognose. Mit diesen möglichst vielen verschiedenen und qualifizierten Marktinformationen wagen Sie sich dann an eine eigene Prognose heran. Sie können z. B. einen Trend für eine kommende Umsatzentwicklung voraussagen und Ihre Idee auf Verbandsinformationen und nationale oder internationale Quellen stützen.

Eine vertriebliche Planung beinhaltet auch immer persönliche und psychologische Effekte:

**Sie planen zu optimistisch.**
Es ist schmeichelhaft, wenn man als Vertriebler gebeten wird, eine qualifizierte Planung für das nächste Jahr abzuliefern. Jeder Mensch möchte Bedeutendes leisten, und hier ist die Plattform dafür zu zeigen, was man leisten möchte. Tun Sie sich aber selbst den Gefallen und kommen Sie dabei nicht ins Prahlen. Es ist verlockend, jetzt ein hohes Wachstum zu prognostizieren und dafür schon einmal Vorschusslorbeeren zu kassieren. Dieses Verhalten holt Sie aber bei der ersten Flaute schon wieder ein und Sie rennen Ihrer überaus positiven Erwartung hinterher. Das kann die Stimmung ins Negative kippen und Sie haben den Rest des Jahres unnötigen Druck oder sogar Frust.

**Sie planen zu vorsichtig.**
»Mit dem Hintern an der Wand geplant« ist ein Wort aus dem Vertriebsalltag, wenn Sie nur geringfügiges Wachstum geplant haben. Soll heißen, Sie haben keinen Mut, keine großen Ambitionen in Ihre Planung gelegt, verbunden mit dem Ziel, Ihre Ergebnisse möglichst sicher einzufahren und Ihren Bonus zu 100 Prozent zu erhalten. Das ist zwar in der Einzelbetrachtung verständlich, hilft aber Ihnen und Ihrem Unternehmen nur bedingt. Wie oben schon geschrieben, werden auf die aktuelle Vertriebsprognose die Investitionsplanung und diverse andere Budgets für die Zukunft festgelegt.

Wenn Sie jetzt ein deutlich besseres Umsatzergebnis einfahren als geplant, ist das zwar schön, aber auch kontraproduktiv, da Ihr Unternehmen wichtige Investitionen früher hätte tätigen können. Denn Ihr Arbeitgeber plant ja auch mit Ihren Zahlen seine zukünftigen Investitionen.

»Wie man's macht, macht man es verkehrt, oder?« Nein, so ist es nicht. Die Jahresplanung und das Festlegen von Zielzahlen sind ein wichtiger Bestandteil der persönlichen Vertriebsarbeit. Nehmen Sie das bitte ernst und berücksichtigen Sie beide Aspekte, die einer zu positiven oder einer zu vorsichtigen Planung Ihres Umsatzes folgen könnten. Dann wird das schon hinhauen. Gute Vertriebler entwickeln in den Jahren auch ein verlässliches Bauchgefühl für eine gute Umsatzplanung.

Es gibt aber auch viele Unternehmen, die ihre Mitarbeiter nicht so intensiv in die Zielvereinbarung einbinden – und einfach Zielvorgaben kommunizieren. Plant ein Unternehmen beispielsweise ein Wachstum von 10 Prozent, kann es durchaus passieren, dass jedem Bezirksleiter ein fixer Eurobetrag auf seine letzten Umsatzzahlen aufgeschlagen wird. Alternativ sind auch prozentuale Aufschläge auf das letzte Jahresziel oder auf den tatsächlichen Jahresumsatz denkbar.

Gerechte Zielzahlen kann es nicht geben, da vieles in den einzelnen Verantwortungsbereichen von Faktoren abhängig ist, die weder Sie noch Ihr Arbeitgeber beeinflussen können. Dazu ein paar Beispiele:

- Ein Kunde expandiert stark – und kauft nahezu von alleine mehr.
- Ein Großkunde geht pleite – und reißt ein großes Umsatzloch beim Vertriebler.
- Die Kaufkraft schwindet, weil ein großer Arbeitgeber im Absatzbezirk schließt und somit andere Unternehmen runterzieht.
- Ein Mitbewerber geht vom Markt oder ein neuer (preisaggressiver) kommt.
- Der Vertreter vom Wettbewerber geht in Rente. Es gibt keinen Nachfolger für ihn und einige »seiner« Kunden sind nun offen für Veränderungen.

»Einzelschicksale« kann Ihre Vertriebsleitung nicht immer berücksichtigen, da es auch gegenüber Ihren anderen Kollegen oft ungerecht wäre, da auch diese, wenn vielleicht andere, Probleme und Aufgabenstellungen haben.

## Wenn es mit der Zielerfüllung nicht klappen sollte

Selbst die am besten durchdachte und vorausschauende Jahresplanung kann nicht immer erfüllt werden. Sie können nicht alle Aspekte unserer Märkte berücksichtigen. Das Beispiel der Corona-Pandemie zeigt das deutlich. Jede noch so gute Planung kann auch grundlegend danebenliegen, sowohl im Positiven als auch im Negativen. Nicht jeder Trend und jedes Problem lässt sich erahnen. Vielleicht gibt es eine Gesetzesänderung, die Ihr Geschäft beeinflusst, vielleicht einen wirtschaftlichen Skandal oder einen disruptiven Trend, der Ihre Branche erschüttert. Alles ist möglich – und somit ist nichts mit Garantie planbar.

Wenn sich Märkte verändern, was sie permanent tun, und damit erwartete Umsätze ausbleiben, ist das nicht unbedingt die Schuld eines einzelnen Vertrieblers. Zumindest sollten Sie und Ihr Unternehmen das bitte erkennen.

Es hilft niemandem, wenn Sie im Herbst oder bereits ab dem dritten Quartal anfangen zu jammern und zu klagen, dass Sie Ihre Prämienziele nicht erreichen. Schauen Sie auch öfter auf Ihre Vertriebskollegen. Wo stehen diese? Was können Sie von denen lernen? Sind Sie der Einzige, der hinterherhinkt, oder sind Sie der Beste mit dem geringsten Umsatzeinbruch?

Wenn die Zahlen plötzlich nicht mehr passen, ist die erste Erwartung an Sie, Gas zu geben. Sind aber alle Möglichkeiten ausgeschöpft und es ist »kein Land in Sicht«, dann suchen Sie das offene Gespräch. Sprechen Sie die Lage bei Ihrem Vertriebsleiter oder Geschäftsführer an. Vielleicht gibt es noch Möglichkeiten für Geschäfte, an die Sie bisher nicht gedacht haben, oder Ihr Vorgesetzter bringt für Sie einen Kompromiss bei der Geschäftsführung durch. Fordern Sie aber nicht nur Hilfe und Unterstützung, sondern haben Sie auch realistische Lösungsansätze in der Hinterhand. Denn die Frage seitens Ihrer Führungskraft: »Was brauchen Sie, damit Sie Ihre Ziele schaffen?«, ist naheliegend. Wenn Sie dann nichts Gescheites zu sagen haben, wirkt das blöd.

Nicht immer ist der Bonus zu erreichen. Das gehört auch oft zum Spiel. Aber im nächsten Jahr gibt es wieder neue Chancen.

## 3.4 Führungskräfte – die unbekannten Wesen?

»Führen in der Sandwichposition«, so oder so ähnlich lauten die Titel einiger Führungsseminare. Vertriebler sind natürlich immer das Beste in dem Sandwich, der edle Käse oder der gute Serrano-Schinken. »Sandwich« soll aber heißen, dass Führungskräfte in der mittleren oder oberen Ebene von beiden Seiten Erwartungsdruck bekommen, von ihren zu führenden Mitarbeitern und von ihren eigenen Vorgesetzten.

Die Vorgesetzten der Vorgesetzten wünschen sich eine »Hands-on-Mentalität«, um Probleme möglich elegant aus dem Weg zu räumen, die Ziele zu erfüllen und möglichst keine ungeplanten Kosten zu verursachen. Die Mitarbeiter wünschen sich Unterstützung und Führung ihres Vorgesetzten als Freund, Mentor oder Trainer – mit Empathie und Wertschätzung. Beide Seiten erwarten darüber hinaus eine perfekte Organisation des vertrieblichen Alltags.

## Warum Ihr Vorgesetzter so tickt, wie er tickt

Eine Führungskraft, und das sind in diesem Kontext die Verkaufsleiter oder Vertriebsleiter mit Personalverantwortung, steht immer unter einem gewissen Druck. Es gibt Vorgaben, die zu erfüllen sind, und einen gewissen Rahmen, in dem sie sich bewegen können.

Führungskräfte sollen zum Beispiel:

- organisieren, d.h. sich kümmern, ohne den Mitarbeiter zu schwächen,
- umfassend und klar informieren,
- delegieren und dabei Vertrauen geben,
- motivieren und nicht demotivieren,
- loben, ohne dabei zu bevorteilen,
- offen für Kritik sein,
- Inspiration geben,
- ein Vorbild sein,
- Ziele geben und Ziele nachverfolgen,
- Konflikte erkennen und lösen,
- neue Ideen haben und umsetzen,
- aus der Gruppe ein Team entwickeln.

Wenn Sie noch länger darüber nachdenken, fallen Ihnen bestimmt noch weitere Punkte ein, die Ihr Vorgesetzter am besten schon mitbringt. Aus Sicht der Unternehmensleitung kommen noch ein paar Eigenschaften dazu:

- Unternehmensziele erreichen,
- Vertriebsziele erreichen,
- Umsatz steigern,
- neue Märkte erkennen und bearbeiten,
- Marktkenntnis mitbringen,
- den Wettbewerb kennen,
- Budgets verantworten,
- Trends erkennen.

Sie können davon ausgehen, dass Ihre Führungskraft kein reines festes Gehalt hat, sondern eine oder mehrere Leistungslohnkomponenten erhält bzw. erhalten kann. Basis für Prämien oder Provisionen können unter anderem sein:

- Anzahl der Zielerfüller im Team,
- Entwicklung des Umsatzes/des Deckungsbeitrags,
- Gesamtumsatz,
- Krankheitsquote im Team,
- neue Kunden.

Da also auch für Ihre Führungskraft oft vieles von der Leistung ihrer einzelnen Vertriebsmitarbeiter abhängt, können Sie vielleicht nun leichter nachvollziehen, warum diese manche Entscheidungen so trifft, wie sie sie getroffen hat.

Daneben muss Ihr unmittelbarer Chef noch darauf achten, gesund zu bleiben, sowohl physisch als auch mental. Da jeder Mensch unterschiedlich ist, haben nicht nur Sie, sondern alle Ihre Kollegen und damit auch Ihre Führungskraft unterschiedliche Stärken und Schwächen.

Ihre Führungskraft wird Ihnen gegenüber gewisse Erwartungen haben. Oft werden diese aber nicht klar ausgesprochen. Ist es Ihrem Vorgesetzten wichtig, dass Ihre Präsentation frühzeitig fertig ist oder dass ein neuer und guter Ansatz noch mit einfließt? Welche Informationen werden von Ihnen erwartet? Sollen diese detailliert sein oder reichen die groben Daten? Ab wann erwartet Ihre Führungskraft von Ihnen, dass Sie sie bei Problemen mit einbinden? Und ab wann werden Sie eventuell als stilles Mauerblümchen oder als Nervensäge angesehen?

Wenn das in den ersten Wochen Ihrer Zusammenarbeit nicht ganz klar ist, und insbesondere dann, wenn Sie sich unsicher fühlen, fragen Sie einfach nach – am besten bevor Sie mit der Umsetzung Ihrer eigenen vertrieblichen Aufgaben anfangen. So »schwingt« man sich mit zunehmender Zusammenarbeit aufeinander ein. Jeder, Mitarbeiter wie Vorgesetzter, merkt rasch, wie der andere tickt, und lernt, sich darauf einzustellen. Und so formt sich zunehmend die Gruppe zu einem Team.

Um sich auf eine Rolle als Führungskraft vorzubereiten beziehungsweise relevante Themen so zu vertiefen, dass sie auch in der Praxis angewendet werden können, besuchen Führungskräfte im Idealfall Seminare. Das gilt natürlich auch für diejenigen, die noch Führungskraft werden wollen.

## Was macht eigentlich ein Vertriebsleiter den ganzen Tag konkret?

Manch ein Verkäufer möchte gerne aufsteigen und Vertriebsleiter werden. Doch Vertriebsleiter haben oft ganz andere Aufgaben, als sich ein Verkäufer manchmal vorstellt. Nachfolgend finden Sie exemplarisch typische Aufgaben eines Vertriebsleiters eines mittelständischen Unternehmens:

- aktive Teilnahme an wöchentlichen und monatlichen Leitungsrunden
- Erstellung von Umsatz- und Ertragsstatistiken
- Abstimmung mit Marketing
- Abstimmung mit Budgetplanung
- Abstimmung mit Produktmanagement und Technik
- Abstimmung mit Agenturen
- Vor- und Nachbereitung der Vertriebsmeetings
- Jahresgespräche mit Key-Kunden
- Vor- und Nachbereitung von Messen
- Personalentwicklung im Team sowie Neueinstellung und Onboarding
- Mitarbeitergespräche
- Weiterentwicklung und Pflege des CRM-Systems
- Freigabe von IT, Firmenwagen und Spesen für Mitarbeiter

Dazu kommt das Tagesgeschäft:

- Preisverhandlungen bei Großaufträgen
- Projektgespräche und Kundenberatungen
- Tandem-Termine bei wichtigen (oder schwierigen) Kunden
- Erarbeitung digitaler Kompetenz und Pflege der Online-Plattformen (z. B. XING, LinkedIn)

Der Anteil der tatsächlichen Arbeit mit Kunden ist hier nur noch ca. 25 bis 30 Prozent, der administrative Teil überwiegt also.

Wenn Sie auf solche Aufgaben richtig Lust haben, dann ist die Position Führungskraft etwas für Sie. Sollten Sie aber lieber mehr mit Kunden zu tun haben wollen, dann denken Sie noch mal darüber nach. Denn Sie sehen: Mit dem Basisthema des Vertriebs, dem Verkaufen, hat die Tätigkeit eines Vertriebsleiters nicht mehr viel zu tun. Natürlich dreht sich bei einem Vertriebsleiter auch vieles um den Kunden. Aber sehen werden Sie Ihre Kundschaft dann nicht mehr sehr oft.

## Was lernen Führungskräfte über Führung in Seminaren?

Sollten Sie demnächst eine Führungsposition übernehmen, macht es Sinn, sich auf diese Rolle vorzubereiten und bei Bedarf einzelne Themen zu vertiefen. Die Anforderungen an eine Führungskraft sind hoch und vielfältig. Eine Führungskraft hat heute viele Anforderungen zu erfüllen. Die folgenden Punkte sollte sie beherrschen bzw. bereit sein, sich dort weiterzubilden.

### Richtige Führung

Die richtige Vertriebsführung ist ein wichtiger Faktor des Unternehmenserfolgs und Grundlage für die Mitarbeiter- und Kundenzufriedenheit, die nicht nur auf den Umsatz Auswirkungen hat, sondern auch auf die Fluktuation. Heute setzt man auf Kooperation, Transparenz und Sinnstiftung. Oder sollte das zumindest tun. Fluktuation im Vertrieb ist ein leidiges Thema. Getreu dem Motto »Gute Mitarbeiter verlassen nicht ihr Unternehmen, wenn sie kündigen. Sie verlassen ihren Chef!« kann gute Führung unnötige Mitarbeiterwechsel vermeiden. Der Führungsstil sollte immer zur jeweiligen Persönlichkeit passen und muss von den Mitarbeitern akzeptiert werden können. Schauspielerei dient nur einem Zweck, der Unterhaltung.

### Business Coaching

Business Coaching ist ein relativ neues Thema im Vertrieb. Es wird gerne auch Führungskräften mit Personalverantwortung angeboten, um diese insbesondere im Bereich der sozialen Kompetenz zu entwickeln. Ein gutes Thema, sowohl in der Arbeit mit Kunden als auch mit Mitarbeitern und Kollegen.

### Zeitmanagement und Selbstorganisation

Es gibt gute Methoden, sein Leben und seinen Schreibtisch bzw. Computer in Ordnung zu bringen.

### Vertriebsstrategie

Vision, Mission, Ziele, Value Propositions (Werteversprechen), Strategien, Maßnahmen, Ressourcen – das sind Inhalte von Seminaren zum Thema Vertriebsstrategie, die einen Überblick und Einblick in Tools und Analysen geben.

### Vertriebscontrolling

Wie bauen Sie Ihr kennzahlenbasiertes Berichtswesen auf? Wie steuert man den Vertrieb so, dass die Ergebnisse für das Unternehmen passen? Umsatz ist nicht gleich Profit. Je nachdem, wie groß das Unternehmen ist, steuert der Vertriebsleiter auch einen Teil der betrieblichen Kennzahlen und versucht daraus Handlungsweisen abzuleiten, um möglichst gewinnbringend tätig zu sein.

#### Kommunikation

In der Kommunikation geht vieles schief. Oft ohne Absicht, egal ob gesprochen oder geschrieben. Hier ist viel Sensibilität notwendig, da sich manche Menschen noch nach Jahren an Aussagen erinnern, die eigentlich vom Sender der Nachricht nicht so gemeint waren.

#### Preisverhandlung

Vertriebler sind schlechte Verhandler, aber nur dann, wenn sie nicht ausgebildet sind und intuitiv entscheiden. Nicht nur Verkäufer, sondern auch Führungskräfte im Vertrieb müssen Einkaufstaktiken durchschauen und richtig damit umgehen, um nicht vorschnell unnötige Rabatte zu geben.

### So klappt es besser mit Ihren Vorgesetzten

Vertriebsleiter sind Dienstleister oder sollten ihren Job zumindest ansatzweise so verstehen. Sie kümmern sich darum, dass Sie als Vertriebsmitarbeiter draußen Erfolg haben können, und kontrollieren die Ergebnisse. »Kümmern« und »Kontrollieren« sind Begriffe, die aus den Wirtschaftsratgebern der 80er-Jahre stammen. Es gibt aber heute noch eine Reihe von Vertriebsmitarbeitern, die erwarten, dass man sich um sie kümmert. So geben viele Vertriebsmitarbeiter komplexe Aufgaben lieber an ihre Führungskraft ab, beispielsweise dann, wenn ein Kunde Sonderwünsche hat, bessere Preise möchte oder reklamiert. Solche Kollegen sind problemorientiert und überlassen das Problemlösen lieber jemandem anderen.

Die Vertriebler, die so geführt werden möchten, werden auch so von ihren Vertriebsleitern gesehen: »Man muss sich immer kümmern, man muss ständig kontrollieren und Druck machen, sonst läuft da nichts.«

Besser läuft es dann, wenn der Vertriebler selbst stark engagiert ist, für den Vertriebsleiter einen verlässlichen Partner im Team darstellt und gemeinsam mit ihm am Erfolg des Unternehmens arbeitet.

Probleme wird es immer geben, wenn man mit Menschen und Unternehmen zusammenarbeitet. Es ist Ihr Job, diese in Ihrem Verantwortungsbereich zu lösen. Bringen Sie die Lösung gleich mit, wenn Sie an die Grenzen Ihrer

Möglichkeiten kommen und mit Ihrem Vertriebsleiter sprechen. Steuern Sie so Ihre Kundenbeziehung selbst, indem Sie sich an der Lösung beteiligen und mit Ihrem Vorgesetzten ein Ergebnis erarbeiten. Das stärkt Sie und Ihre Beziehung zum Vorgesetzten und zum Unternehmen. Denn dauerhaft können Sie nur durch Engagement und Leistung punkten.

Machen Sie sich interessant! Niemand ist so uninteressant wie ein Mensch ohne Interessen. Wenn Sie Neues zu berichten haben und offen für neue Dinge im Vertrieb sind, wenn Sie innovative Ideen vorbringen und auch keine Angst davor haben, die Verantwortung für die Umsetzung zu übernehmen, machen Sie sich zum Gesprächspartner mit VIP-Bonus. Also: Nur Mut!

Schwer wird es, wenn Sie schon innerlich abgeschlossen haben, beispielsweise mit Reaktionen wie »Das ist nichts mehr für mich«, »Das tue ich mir nicht mehr an« oder »Das Produkt sollen andere verkaufen«. Mit dieser Einstellung schrauben Sie das gute Verhältnis zwischen Ihnen und Ihrem Vorgesetzten auf ein Minimum herunter. Wie soll er mit Ihnen zukunftsorientiert arbeiten, wenn Sie seine Arbeit ablehnen? Versuchen Sie immer am Ball zu bleiben, im Leben wie im Job. Denn das Interesse an lebenslangem Lernen ist eine der wichtigsten Qualifikationen für ein Bestehen in der Zukunft, privat oder beruflich.

## Wie Ihr Chef sich erfolgreicher für Sie einsetzt

Vertriebler haben Grenzen, wenn es um Zusagen, Rabatte oder Termine gegenüber Kunden geht. Genauso haben auch Vertriebsleiter Grenzen in ihrer Handlungsvollmacht sowie bestimmte Zielvorgaben, die sie selbst erreichen sollen. Oft gibt es auch Zielkonflikte zwischen den Abteilungen: Sie möchten vielleicht einen hohen Lagerbestand, um stets lieferfähig zu sein, doch Ihre Kollegen aus der Materialwirtschaft möchten aus Kostengründen einen möglichst niedrigen.

Ähnlich verhält es sich beispielsweise auch, wenn Sie Sonderrabatte für einen Großauftrag haben möchten – gibt es überhaupt die Produktionskapazität dafür und ist der gesamte Auftrag dann noch kostendeckend? Ihr Wunsch nach einer Gehaltserhöhung wird ebenfalls im Unternehmen mit der Personalleitung oder Geschäftsführung besprochen, bevor Sie eine Antwort bekommen.

All das wird Ihr Chef klären wollen, bevor er Ihnen und damit auch Ihrem Kunden eine Zusage geben kann. Eine überdachte Entscheidung ist hier besser als die schnelle, unüberlegte Antwort, die vielleicht sogar wieder zurückgenommen werden muss. Man kann nämlich immer Nein sagen, aber nur einmal Ja.

Wie können Sie das beeinflussen? Geben Sie Ihrem Vorgesetzten einen Plan mit auf den Weg in seine nächsten Gremien. Rechnen Sie Umsatz- und Ertragssituation für Ihr Projekt schon mal durch: Was kostet Ihr Unternehmen der zusätzliche Rabatt und was bringt der Auftrag dem Unternehmen? Bringen Sie ihn in die Lage, mit Ihnen zusammen die Perspektive des Kunden, oder auch des Wettbewerbers, einzunehmen. Und arbeiten Sie so gemeinsam an der besten Lösung.

Und bei Ihrer nächsten Gehaltsforderung? Machen Sie eine Statistik oder eine Grafik über die Entwicklung Ihres Umsatzes, Ihrer Neukunden oder Projekterfolge, so wie es möglichst objektiv und positiv aussieht.

Damit zeigen Sie sich wieder als kompetenter Vertriebler und machen es Ihrem Vorgesetzten leichter, ein »Ja« für Sie einzuholen.

Die Autoren Matthew Dixon und Brent Adamson stellen in ihrem Werk »The Challenger Sale – Kunden herausfordern und erfolgreich überzeugen« den von ihnen favorisierten Verkaufstyp, den Challenger, vor, der eine Challenger-Mentalität nicht nur gegenüber seinen Kunden aufbringt. »Sie neigen dazu, auch ihre eigenen Vorgesetzten und die Führungskräfte innerhalb ihrer Firma voranzutreiben. Nicht auf unangenehme oder aggressive Weise, wohlgemerkt – sonst müsse man dieses Profil einfach ›Die Nervensäge‹ nennen –, sondern auf eine Art, die andere dazu zwingt, aus einer veränderten Perspektive über komplexe Fragestellungen nachzudenken.«[12] Da ist was dran!

# 4. Wie Sie den perfekten Job bekommen

Wenn Sie auf der Suche nach einem neuen Job sind, sollten Sie sich erst einmal darüber im Klaren sein, welche Position Sie eigentlich wirklich wollen. Damit Sie den Arbeitgeber finden, der zu Ihnen passt, werden Sie zahlreiche Anregungen bekommen, wie Sie sich origineller bewerben und auch im Vorstellungsgespräch überzeugen.

Es kann auch sein, dass Sie auf der Suche nach einem (neuen) Job mit einem Headhunter zusammenarbeiten werden. Wie diese vorgehen und wie Sie sie für sich nutzen sollten, bevor diese Sie für sich selbst nutzen, erfahren Sie ebenfalls in diesem Kapitel.

Am Ende des Kapitels geben wir Ihnen ein paar Tipps, wie Sie sich von Ihren bisherigen Kollegen verabschieden sollten und bei Ihrem neuen Arbeitgeber bzw. in Ihrer neuen Abteilung gleich für einen guten Start sorgen.

## 4.1 Weiterkommen, wenn es nicht mehr weitergeht

Es wäre ein Wunder, wenn gerade bei Ihnen im Vertrieb immer alles zu Ihrer Zufriedenheit laufen würde. Probleme, Schwierigkeiten und lästige Gedanken plagen irgendwann alle Menschen. Warum sollten Sie also im Vertrieb bei Ihrem jetzigen Arbeitgeber permanent ein sorgenfreies Leben führen? Ist überhaupt ein Leben ohne Tiefen möglich? Und wenn, wäre es wirklich erstrebenswert oder vielleicht sogar irgendwann langweilig? Sie arbeiten mit Menschen (Kunden, Kollegen und Vorgesetzten) zusammen. Deren Handlungen sind nicht immer vorherseh- und planbar, schließlich haben alle Menschen teils sehr unterschiedliche Ziele, Hoffnungen und Prioritäten. Dazu kommen noch die äußeren Einflüsse, die auf Ihr Unternehmen und damit auf Ihr Arbeitsumfeld treffen, beispielsweise die Aktivitäten Ihrer Mitbewerber oder auch plötzliche Sinneswandel Ihrer (potenziellen) Abnehmer. Es kann also nicht immer die Sonne scheinen.

## Wenn das Maß voll ist

Manchmal möchte man nur noch weg. Je länger es nicht passt, desto stärker entwickelt sich Unmut und daraus auch irgendwann ein Fluchtreflex. Am liebsten möchte man dann alles hinwerfen und sofort in ein anderes Unternehmen wechseln.

Oft sind die Probleme, die Ihnen persönlich im Job begegnen, aber tief in Ihnen begründet. Es kann an der Art liegen, wie Sie mit den Kollegen kommunizieren, wie Sie sich für den Kunden einsetzen oder mit Ihren Vorgesetzten zusammenarbeiten. Vielleicht macht gerade die Art, wie Sie wirken, anderen Menschen Schwierigkeiten, sodass diese mit Ihnen anders umgehen, als Sie eigentlich möchten.

Schreiben Sie sich doch mal die Punkte auf, die Ihnen negativ begegnen. Im Idealfall entdecken Sie ein Schema: Haben Sie plötzlich mehr Reklamationen? Läuft es zwischen Ihnen und Ihren Kollegen nicht mehr rund? Baut Ihr Vorgesetzter plötzlich Ihnen gegenüber mehr Druck auf? Versuchen Sie das Ganze auf einer Zeitachse zu betrachten – woran kann es liegen, dass sich plötzlich vieles zum Schlechten geändert hat? Oder ist eigentlich alles beim Alten geblieben, aber Sie haben jetzt andere Ansprüche und Erwartungen? Vielleicht ist es aber auch nur eine einzige Sache, die aber mit zunehmender Zeit einen immer größeren Schatten auf Ihre gesamte Arbeit wirft.

Auch in Ihrem nächsten Unternehmen wird es wieder vier Parteien gegen: die Kollegen, die Kunden, die Vorgesetzten und Sie. Wenn Sie nichts an Ihrer Art zu wirken verändern, die vielleicht ursächlich für Ihr aktuelles emotionales Tief ist, werden Ihnen die gleichen Probleme im nächsten Unternehmen wieder begegnen. Da hätten Sie also mit einem Wechsel nicht viel geändert …

Ein Jobwechsel, der sich positiv für Ihre Karriere auswirken soll, sollte nicht auf einem Fluchtreflex begründet sein. Denn im schlimmsten Falle haben Sie dann dort nicht nur wieder die gleichen Probleme, sondern sogar neue. Schließlich müssen Sie sich komplett neu einarbeiten und Kontakte knüpfen, beispielsweise zu den dann neuen Kollegen und den für Sie neuen Kunden.

**CHECKLISTE:** Ist es Zeit für einen Jobwechsel?

1. Gibt es für Sie seit Wochen nur noch ein Thema: den sch... Job?
2. Regen Sie sich schon am Freitag darüber auf, dass Sie am Montag wieder arbeiten müssen?
3. Haben Sie das Gefühl, dass es für Sie auf Sicht nicht mehr weitergeht, obwohl Sie gerne weiter vorankommen wollen?
4. Kommt Ihnen Ihre Arbeit sinnlos vor? Oder entspricht sie nicht Ihren moralischen Vorstellungen?
5. Fühlen Sie sich unterfordert?
6. Machen Sie nur Dienst nach Vorschrift?
7. Merken Sie, dass Sie zunehmend über Ihren Arbeitgeber lästern?
8. Bekommen Sie von Ihren Freunden und Ihrer Familie keinen Rückhalt für Ihre Arbeit?
9. Glauben Sie, dass Sie trotz Ihres vollen Einsatzes niemals dorthin kommen werden, wohin Sie wollen?
10. Ist es Ihnen peinlich, von Ihrer Arbeit und Ihrem Arbeitgeber zu sprechen?

Je mehr Punkte Sie mit einem beherzten »Ja!« beantworten können, desto sinnvoller erscheint es, dass Sie etwas verändern.

**TIPPS**

1. **Protokoll führen**
   Führen Sie ein Protokoll über die Dinge, die negativ bei Ihnen ankommen. Was ist schiefgelaufen? Was war für Sie schwierig? Was hätte besser laufen können? Nach einiger Zeit können Punkte auffallen, die regelmäßig vorkommen.
   Zum Beispiel:
   - Sie haben das Gefühl, dass die Beziehungen zu Ihren Kollegen immer frostiger werden.
   - Man nimmt Sie und Ihre Vorschläge nicht ernst.
   - Man spricht nicht mit Ihnen, sondern über Sie.
   - Sie machen zunehmend mehr Fehler, beispielsweise beim Schreiben von E-Mails oder der Erfassung von Aufträgen.

- Ein Kollege hat Ihnen eine Idee geklaut, mit der dieser sich nun rühmt.
- Kunden beschweren sich über Sie.
- Ihr Vorgesetzter macht Druck, weil Ihre Zahlen für ihn nicht gut genug sind.
- Sie fühlen sich mit Ihren Aufgaben allein gelassen.
- Sie haben das Gefühl, dass Sie zu wenig Unterstützung bei Ihrer Vertriebsarbeit bekommen.
- Es werden Erwartungen an Sie gestellt, die Sie von der Logik her machen können und müssen (beispielsweise Kaltakquise), aber dann in der Praxis nicht umsetzen können.

Schauen Sie also genau hin: Was bereitet Ihnen Unmut? Ist es nur ein Kollege, oder nerven wirklich alle? Ist es Ihr Vorgesetzter oder die gesamte Geschäftsführung? Wer 100 Kunden hat, hat meist rund zehn Kunden dabei, die etwas schwieriger oder anders sind. Aber: Hey, 90 Kunden sind glücklich und kaufen gerne! Also: Oft belasten nur wenige Menschen unsere Lebensqualität. Und dies tun sie oft auch nicht immer, sondern nur in bestimmten Situationen. Finden Sie heraus, in welchen konkreten (!) Situationen es bei Ihnen zum Stress kommt. Seien Sie sich sicher: Die meisten Menschen, die nun auf Ihre Liste kommen, würden überrascht sein, wenn sie nun wüssten, dass Sie sie aufschreiben. Denn oft merken andere Personen gar nicht, wenn sie uns Bauchschmerzen bereiten, weil sie es oft nicht mit Absicht machen.

2. **Feedback einholen**
   Holen Sie ehrliches Feedback von Menschen ein, die es gut mit Ihnen meinen. Die weitere Perspektive hilft Ihnen, die Situation zu analysieren und Ihr Verhalten zu verändern, wenn es notwendig geworden ist. Dieses negative Feedback kann Ihnen helfen, besser zu werden. Wenn Sie merken, Sie kommen nicht weiter, kann eventuell ein externer Coach unterstützen oder ein vertrauter Kollege.
3. **In sich selbst investieren**
   Es gibt Methoden und Kompetenzen, die man sich durch Seminare und Bücher erarbeiten kann. Schwache Mitarbeiter aber denken: »Wenn ich Probleme habe, muss mein Chef sich auch kümmern – und gegebenenfalls auch die Kosten für das Buch oder das Training übernehmen. Wenn er die nicht übernimmt, dann werden die Probleme eben bleiben.« Sollten Sie so denken, können Sie sich sicher sein, dass Sie das Problem sind – und nicht andere. Warum? Weil Sie nicht wirklich bereit sind, eigene Zeit und im Zweifelsfalle auch (etwas) eigenes Geld zu investieren. Wenn Sie selbst nicht mal glauben, dass es sich lohnt, Geld in sich zu investieren – warum

sollte es dann ein anderer tun? Menschen, die Veränderung von anderen fordern, aber selbst nicht Veränderung vorleben, sind nun mal in der heutigen Zeit nicht gefragt.

4. **Mit dem Chef sprechen**
   Ergreifen Sie die Flucht nach vorne – schildern Sie Ihre Wahrnehmungen Ihrem Vorgesetzten. Möglicherweise können Sie hier gemeinsam Lösungsansätze erarbeiten. Darüber hinaus tut es oft gut zu wissen, wenn man weiß, dass man »von oben« Rückhalt hat, oder zumindest, dass »die da oben« Bescheid wissen.
5. **Das Umfeld prüfen**
   Haben Sie eigentlich in Ihrem Umfeld den richtigen Rückhalt? Letztlich müssen Sie nämlich Ihre Tätigkeit vielen Mitmenschen »verkaufen«:
   - sich selbst, damit Sie mit Leidenschaft Ihrer Arbeit nachgehen und auch Motivationslöcher leichter überstehen,
   - Ihren Kollegen, damit diese Sie unterstützen – und umgekehrt,
   - Ihrem Vorgesetzten, damit Sie von ihm unterstützt und anerkannt werden,
   - Ihren (potenziellen) Kunden, damit diese gerne mit Ihnen zusammenarbeiten, sowie
   - Ihrem Freundeskreis, weil Sie beispielsweise auch mal weniger Freizeit haben, und
   - Ihrer Familie, welche schließlich öfter auf Sie verzichten muss als bei vielen anderen Angestellten, da Sie unregelmäßige Arbeitszeiten haben und auch oft Arbeit mit nach Hause bringen.

In der Reflexion merken Sie, ob es an Ihnen liegt oder ob der Grund für den Frust an anderen Stellen im Unternehmen vergraben ist. Typische Probleme, die zur Frustration führen, sind:

- Die Unternehmenskultur passt nicht mehr zu Ihnen, oder passte noch nie so richtig zu Ihnen.
- Das Betriebsklima hat sich durch einen Inhaberwechsel dramatisch verändert.
- Eine mangelhafte Kommunikation treibt so manche in den Wahnsinn. Manchmal fühlen sich Mitarbeiter, die im Außendienst sind, kommunikativ ausgegrenzt, weil sie so gut wie nie in der Firmenzentrale sind – und deswegen manche für sie wichtigen Informationen nicht erhalten.
- Vielleicht ist aber auch Ihre direkte Führungskraft ein Narzisst oder einfach nur überfordert? Fehlendes Selbstbewusstsein, mangelndes Wissen

oder auch ein falsches Menschenbild können schnell zu Führungsstilen führen, die andere belasten.

- Manche Unternehmen bleiben in der Zeit stecken, da sie beispielsweise nicht mehr in neue Produkte und Dienstleistungen investieren wollen oder können. Da schmerzt es sehr, wenn Zielkunden sagen: »Wozu soll ich zu Ihnen kommen, Sie haben doch gar keine Antworten auf meine Probleme!«
- Steht Ihr Arbeitgeber wirtschaftlich schlecht da, sollten Sie für sich entscheiden, ob Sie ihm wirklich noch treu bleiben oder sich nach einem anderen Unternehmen umschauen.
- Führungskräfte müssen fordern, sollten aber auch fördern. Also: Wie unterstützt Sie Ihr Arbeitgeber mit Verkaufstrainings und Verkaufsbegleitungen? Verlangt Ihr Arbeitgeber immer nur, investiert aber in Sie und Ihre Kollegen kein Geld, müssen Sie sich ernsthaft fragen, ob das für Sie so in Ordnung ist.

Ein Jobwechsel ist nichts Negatives. Dieser sollte sich aber für Sie zum Vorteil entwickeln, oder zumindest nicht zu Ihrem Nachteil. Nicht nur finanziell oder nur in der Karrierestufe, sondern am besten in beiden Punkten! Sie sollten sich dann aber auch in der neuen Position wohlfühlen, damit Sie motiviert gute Leistung bringen können.

Was spricht für einen Jobwechsel, was spricht dagegen? Machen Sie sich darüber schriftlich Gedanken, am besten auf einem Blatt Papier: Auf die eine Seite schreiben Sie die Vorteile, wenn Sie bleiben, auf die andere Seite die Nachteile, wenn Sie bleiben. Treffen Sie dann eine Entscheidung. Sollten Sie eh schon innerlich gekündigt haben, steht Ihre Entscheidung ja bereits fest, oder? Dann müssen Sie nur noch den Mut haben, jetzt auch endlich Konsequenzen zu ziehen. Sollten Sie aber sagen: »Ach, was soll ich jetzt kündigen, die letzten acht Jahre schaffe ich bis zur Rente auch noch« oder »Vielleicht habe ich ja Glück und mein Chef entlässt mich mit einer ordentlichen Abfindung, ich mache erst mal nur Dienst nach Vorschrift«, dann laufen Sie Gefahr, viel zu verlieren: nämlich nicht nur den Spaß an der Arbeit, sondern auch die eigene Selbstachtung. Denn wie kann ein Mensch so wenig Eigenverantwortung für sich übernehmen, bei lang anhaltender Unzufriedenheit, die sich auf Sicht nicht ändern wird, immer noch keine Konsequenzen zu ziehen?

Überlegen Sie sich, was Sie persönlich für sich erreichen möchten. Machen Sie noch einen Versuch, sich im jetzigen Unternehmen zu entwickeln, oder starten Sie im nächsten richtig durch?

Suchen Sie auch das Gespräch mit Ihrer Führungskraft: Vielleicht ändert sich ja doch bald etwas wieder zum Guten, möglicherweise können Sie ja auch einer anderen Tätigkeit bei Ihrem jetzigen Arbeitgeber nachgehen. Schließlich kann nur denen geholfen werden, die etwas sagen. Eventuell weiß Ihre Führungskraft ja gar nicht, dass Sie totunglücklich sind. Hoffnung, dass sich bald etwas von alleine ändert, ist zwar schön, führt aber oft rückblickend zur Frustration im Sinne von »Hätte ich doch damals …«. Stoßen Sie bei Ihrer Führungskraft auf Unverständnis und Ablehnung, dann wird es Zeit, sich für Ihre eigene Sache zu engagieren. Dann leiten Sie Ihre Energie in die Jobsuche und den Bewerbungs- und Vorstellungsprozess.

Eine Kündigung sollte niemals eine kurzfristige Reaktion auf einen innerbetrieblichen Vorfall sein, der im Unternehmen für Streit und Ärger gesorgt hat. Ein Jobwechsel hat weitreichendere Auswirkungen, als auf den ersten Blick vielleicht vermutet wird. Ein Fluchtreflex ist kein guter Ratgeber für eine Kündigung. Wenn es persönliche Probleme sind, die Sie mit Kollegen oder Vorgesetzten haben, kann es sein, dass Ihnen diese im neuen Unternehmen schnell wieder begegnen.

Bedenken Sie bitte folgende Punkte:

- Wie wirkt sich der (erneute) Stellenwechsel auf Ihren Lebenslauf aus?
- Müssten Sie den Wohnort wechseln oder in einer Fernbeziehung leben?
- Was würden Ihre Familie und Ihr Freundeskreis dazu sagen?
- Hätten Sie längere Fahrtzeiten in Kauf zu nehmen?
- Welche zusätzlichen Kosten kämen auf Sie zu?
- Werden Sie beim neuen Arbeitgeber wirklich besser performen? Schließlich werden Sie dort mit hoher Wahrscheinlichkeit eine mehrmonatige Probezeit haben, die die Beendigung des Arbeitsverhältnisses beiden Seiten erleichtern soll.

## Warum nicht jede Position für Sie ideal ist

Wenn Sie nach einer für Sie geeigneten Position im Vertrieb Ausschau halten, schauen Sie sich das Unternehmen und auch den Markt, in dem es tätig ist, genau an. Ein Unternehmen, das mit Baustoffen handelt, hat einen anderen Vertriebsstil, als wenn es um IT, Landmaschinen oder Premium-Uhren geht. Das heißt nicht automatisch, dass der Uhrenhersteller seine Mitarbeiter wie Schmuckstücke behandelt und der Landmaschinenhersteller mit diesen wie mit Kartoffeln umgeht. Aber auf einer Webseite werden Sie immer nur strahlende

Gesichter sehen und zahlreiche schöne Umschreibungen wie »familiengerecht«, »fair« und »innovativ« lesen.

Einen Überblick über das Betriebsklima finden Sie zum Beispiel in den Unternehmensbewertungs-Portalen wie Kununu, das zu XING gehört, oder Glassdoor. Auch wenn man hier nicht jedes Wort auf die Goldwaage legen kann, weil die Berichte subjektiv verfasst worden sind, bekommen Sie dennoch einen guten Überblick über die tatsächliche Firmenkultur und das gelebte Betriebsklima.

Es gibt in jedem Karrierelevel unterschiedliche Jobs. So sind hierarchisch die Positionen »Key Account Manager«, »Business Development Manager« und »Area Sales Manager« meist auf einer Ebene. Die Jobs sind zwar ähnlich strukturiert und auch ähnlich bezahlt, können sich aber in der täglichen Arbeit deutlich unterscheiden:

- Sind Sie im Head Office oder im Homeoffice eingeplant?
- Liegt Ihr Vertriebsgebiet in der Nähe oder im Ausland?
- Arbeiten Sie allein oder im Team?
- Wenn Sie ein Team haben, wie ist denn das Team überhaupt »drauf«?
- Sind Geschäftsreisen geplant oder sind Sie im Inside-Sales-Team?

Hier gibt es objektiv kein »Gut« oder »Schlecht«. Jede Position kann für Sie einen Karrieresprung bedeuten. Sie sollten aber für sich klar wissen, in welcher Umgebung Sie sich wohlfühlen und welcher Vertriebsjob auch im Detail am besten zu Ihnen passt.

## Mit zunehmender Ebene verändern sich oft die Aufgaben dramatisch

Je weiter Sie auf der Karrieretreppe hochklettern, desto stärker verändern sich auch Ihre Tätigkeiten. Als Account Manager ist es Ihr Job, den Kontakt zu Kunden aufzubauen, zu pflegen und durch Ihre Persönlichkeit gute Geschäfte für Ihr Unternehmen abzuschließen. Insbesondere wenn Sie im B2B-Bereich tätig sind, gehört es für Sie dazu, nach Möglichkeiten zu suchen, den unternehmerischen Erfolg Ihrer Kundschaft am Markt zu fördern.

Als Verkaufsleiter (GVL/Bezirksleiter) haben Sie immer noch die Aufgabe, Geschäft zu machen. Es kommt aber auch eine neue Kompetenz hinzu: Sie sind nun Führungskraft und fördern Ihre Mitarbeiter fachlich und auch persönlich.

Vielleicht behalten Sie einige wichtige Kunden, die Ihr Unternehmen nicht in andere Hände geben möchte oder von denen Sie denken, die kann niemand übernehmen. Aber Ihre Kernaufgabe ist es nun nicht mehr, mit Kunden zu arbeiten, sondern mit Ihren Ihnen unterstellten Vertrieblern. Sie werden tiefer ins Unternehmen eingebunden. Als Account Manager sind Sie der Satellit im Raum, der auf die Kunden zugeht. Aber als Vertriebsleiter sollten Sie nicht der beste Verkäufer sein und das Ergebnis Ihrer Kollegen toppen. Sie werden zur Basis, zum Cape Canaveral, für Ihre Verkäufer. Sie müssen fördern, dass Ihre Kollegen selbst zu Vertriebs-Raketen werden. Und gerade das ist nicht immer leicht.

Mit Befehl und Gehorsam, wie es beim Militär üblich ist, kommen Sie verständlicherweise nicht weit. Gerade in der heutigen Zeit wünschen sich Ihre Mitarbeiter eine sinnstiftende Aufgabe, Selbstverwirklichung, Mitbestimmung und Kommunikation auf Augenhöhe – so, wie vermutlich auch Sie sich das in Ihrer aktuellen Position vorstellen.

## Ist Karriere überhaupt etwas für Sie?

Es macht durchaus Sinn, einmal darüber nachzudenken, ob Ihre jetzige Position im Unternehmen nicht bereits schon die richtige für Sie ist. Ist es möglich, dass Sie sich in den folgenden Stufen der Karriereleiter vielleicht gar nicht mehr so wohlfühlen werden?

Denken Sie an Ihren Kundenkontakt, die motivierenden Kundengespräche und auch die Freiheiten im Vertriebsaußendienst – würden Sie das auf der nächsten Ebene vermissen?

Klar, Wirtschaftssysteme stehen auf Wachstum, auch beruflich. Eine Beförderung ist schon gut: gut für Ihren Status, für Ihr Image, für Ihre Schwiegermutter. Aber was ist mit Ihnen selbst?

Je höher Sie im Vertrieb steigen, desto anspruchsvoller werden die Aufgaben, die Sie im Unternehmen übernehmen. Das heißt, Sie haben auch mehr Verantwortung und entsprechend auch mehr Druck. Mit jeder Stufe entfernen Sie sich aber auch von Ihren Kunden.

Als Gebietsverkaufsleiter in Ihrem Vertriebsgebiet betreuen Sie alle Kunden in Ihrer Region. Sie haben Ihren Kundenstamm aufgebaut und nach Möglichkeit Ihre Kunden dazu gebracht, mit Ihrem Leistungsprogramm erfolgreich am Markt zu bestehen. Unter Umständen kennen Sie die Kundschaft schon lange und verstehen sich auch persönlich gut. Wenn es mal eng wird, können Sie Ihren Vertriebsleiter bitten, die Verantwortung mitzutragen. Beispielsweise für das große Projekt, die neue Zahlungsvereinbarung oder die Zusage für die Teilnahme an einer Hausmesse.

Wenn Sie sich hier wohlfühlen, ist doch alles in Ordnung, oder? Der beste Verkäufer kann auch in seiner aktuellen Position erfolgreich sein und gutes Geld verdienen. Es kann sogar so sein, dass sich das Gehalt eines erfahrenen und langjährig erfolgreichen Verkäufers gar nicht groß von dem des Verkaufsleiters unterscheidet, der erst einige Jahre in seiner Funktion arbeitet.

## Vier Optionen für Ihre Karriere im Vertrieb

Den richtigen Job zu finden ist gar nicht so einfach. Gerade nach der Ausbildung oder dem Studium ist es schwierig, das Unternehmen bzw. die Position zu finden, die zu einem passt. Auch ein Jobwechsel ist keine Kleinigkeit, darum sehen Sie dies als Ihr wichtigstes Vertriebsprojekt an. Recherchieren Sie aber nicht mit der Brille »Was wird angeboten?«, sondern mit der Brille »Was will ich machen?«.

Halbherzigkeit bringt Sie nicht weiter. Ihr Kunde, das heißt in diesem Fall Ihr neuer Arbeitgeber, ist zu überzeugen. Sehr wahrscheinlich müssen Sie sich auch gegenüber Wettbewerbern, also anderen Bewerbern, behaupten.

Schreiben Sie sich doch mal auf, welche Tätigkeiten Ihnen aktuell Spaß machen, die Sie schon erfolgreich ausüben, und auf welche Tätigkeiten Sie Lust haben, diese (endlich) zu tun. Schreiben Sie aber auch auf, was Sie nicht wollen.

### **CHECKLISTE:** Machen Sie sich einen Plan

- In welcher Branche möchten Sie arbeiten? Warum? Wieso passen Sie gerade besonders gut zu den von Ihnen favorisierten Branchen?
- Viele wechseln zum Mitbewerber. Aber überlegen Sie, ob es nicht auch in anderen Branchen einen vergleichbaren Verkaufsprozess gibt, den Sie beherrschen und mögen. So ist es beispielsweise kein großer Unterschied, ob Sie nun Haarkosmetik an Friseure oder Schmuck an selbstständige Einzelhändler verkaufen. Nehmen Sie also mal die Vogelperspektive ein und schauen Sie genau hin, für welche anderen Branchen Sie bereits mit Ihrem jetzigen Wissen eine Bereicherung wären.
- In welcher Region möchten Sie arbeiten? Kommt für Sie ein Umzug infrage?

- Wollen Sie einen Karrieresprung erzielen oder suchen Sie eine Tätigkeit, die Ihrer jetzigen schon sehr ähnelt?
- Können Sie aus Ihrem persönlichen und beruflichen Umfeld Kontakte nutzen? Kann Sie jemand empfehlen?
- Erstellen Sie eine richtig gute Bewerbung mit professionellem Foto, einem individuellen Anschreiben und einem perfekt gestalteten Lebenslauf. Ein »Geht noch«-Passbild geht nicht!
- Lassen Sie einen Profi auf Ihre Unterlagen schauen.
- Suchen Sie Kontakt zu Headhuntern.
- Viele Positionen, die zu besetzen sind, werden oder wurden noch nicht offiziell ausgeschrieben. Sprechen Sie also mit Vertriebsleitern oder Geschäftsführern. Sie könnten manche über XING oder LinkedIn anschreiben oder einfach direkt mal anrufen.
- Nehmen Sie die Telefon- oder Videokonferenzen mit potenziellen Arbeitgebern genauso ernst wie Kundengespräche: Seien Sie pünktlich, perfekt und gut vorbereitet.
- Fassen Sie nach. Das machen Sie schließlich auch bei Angeboten, die Sie Ihren Kunden geschickt haben. Wenn Sie nicht nachfassen, aber ein anderer Bewerber macht es, dann könnte man daraus schnell schließen, dass Ihr Mitbewerber ein besserer Verkäufer ist.

Um zu punkten, müssen Sie mehr liefern als »normal«. Ihr neuer Arbeitgeber muss merken, dass Sie diesen Job wollen. Halbherzige Bewerbungen mit Flüchtigkeitsfehlern können andere gerne machen. Allein die Tatsache, dass Sie sich nicht hinter E-Mails verstecken, sondern beherzt zum Telefon greifen, kann Sie in der Wahrnehmung eines Vertriebsleiters positiv von anderen Bewerbern abgrenzen. Schließlich sucht ein Vertriebsleiter oder ein Geschäftsführer keine Verwaltungsbeamten, sondern aktive Verkäufer.

Nachfolgend zur Inspiration vier von vielen möglichen Wegen, wie Sie Ihre berufliche Zukunft selbst gestalten können.

### 1. Option: Sie fokussieren sich auf die Karriere bei Ihrem aktuellen Arbeitgeber

Wenn Sie hinter Ihrem aktuellen Arbeitgeber stehen, die Visionen und Ziele teilen und mit Kunden und Kollegen gut klarkommen, dann sind Sie hier absolut richtig. Es macht also Sinn, sich genau hier und jetzt zu engagieren. Chancen auf Karriere ergeben sich auch hier immer mal wieder, beispielsweise durch Verrentung guter Vertriebler wie auch durch Expansion. Und selbst wenn bei Ihrem Arbeitgeber nicht alles immer glattläuft – und das wird es nie bei der Arbeit mit Menschen –, sollten Sie hierbleiben und Gas geben. Es wird sich für Sie auszahlen.

### 2. Option: Sie fokussieren sich auf die Karriere im neuen Unternehmen

Wenn Sie aber merken, dass Ihr altes Unternehmen nicht (mehr) passt, sollten Sie sich nach einem neuen Job umschauen. Denken Sie immer daran, dass Sie in einer deutlich besseren Verhandlungsposition sind, wenn Sie sich aus einem aktiven Beschäftigungsverhältnis heraus bewerben und nicht aus der Arbeitslosigkeit. Sollte es also bei Ihrem aktuellen Arbeitgeber kriseln und die Durchhalteparolen Ihrer Geschäftsleitung erscheinen Ihnen nicht glaubhaft genug, werden Sie sofort aktiv. Auch hier haben Sie wieder mehrere Möglichkeiten, wie Sie vorgehen können:

a) Sie gucken mal, was kommt. Sie schalten bei XING und LinkedIn die Option »offen für Angebote« und tragen sich in E-Mail-Verteiler von Jobbörsen ein. Irgendwann wird sicher mal jemand auf Sie aufmerksam und sich bei Ihnen melden, oder Sie bekommen eine Stelle vorgeschlagen, die Ihnen gefällt.

b) Sie haben einen Plan. Je nach Alter und Karrierestufe ist es nicht immer ganz leicht, einen Job zu finden, den man haben möchte. Eine Tätigkeit als »einfacher« Außendienstmitarbeiter ist nun mal von Natur aus leichter zu finden als eine Tätigkeit als Vertriebsleiter. Es spricht wenig dagegen, sich initiativ bei Unternehmen direkt zu bewerben – oder zumindest dort mal anzurufen, um zu fragen.

### Wie ich, Christian Sahle, mit 54 Jahren eine neue Tätigkeit als Vertriebsleiter gefunden habe

19 Jahre lang bin ich meinem Arbeitgeber, einem mittelständischen Hersteller von Büroeinrichtungen, treu geblieben. Zuerst war ich dort Key Account Manager, dann Vertriebsleiter mit einem kleinen Vertriebsteam. Doch ich wollte mal was Neues. Also probierte ich zuerst Plan A aus – ich guckte, was so kommt. Ich kam aber nach ein paar Monaten zu dem Ergebnis, dass mich die Stellenangebote und Headhunteranfragen nicht richtig weiterbringen. Es gibt durchaus viele Jobs für Vertriebsprofis, aber die konkrete Auswahl ist recht beschränkt. Auch die Vielzahl der Bewerber macht es quasi zum Glücksspiel, dass etwas Passendes dabei ist und man in die nähere Auswahl kommt.

Ich habe diesen Standardprozess etwas geändert und meinen eigenen Plan verfolgt: Ich habe meinen aktuellen Lebenslauf mit einem guten Foto einem Personalberater zur Prüfung gegeben. Im Feedbackgespräch habe ich dann meine Wünsche (Region/Branche/Position) besprochen. Daraus haben sich schnell zwei gute Optionen ergeben, von denen ich dann eine realisiert habe – und nach 19 Jahren zur Überraschung meiner Kollegen kündigte.

## 3. Option: Sie gehen in die Selbstständigkeit

Menschen, die im Vertrieb erfolgreich arbeiten, haben sicherlich auch gute Chancen, ein Unternehmen erfolgreich zu führen. Schließlich sind sie es ja gewohnt, Dinge vom Markt her zu sehen. Natürlich ist eine Selbstständigkeit ein ganz anderes Kaliber als ein sicheres Angestelltenverhältnis. Aber letztlich ist ein sicheres Angestelltenverhältnis auch nur Illusion, schließlich kann jedes Unternehmen nahezu von heute auf morgen verschwinden oder zumindest Mitarbeiter entlassen. Entlassen werden auch nicht immer nur die »Schlechtesten«, sondern manchmal auch einfach nur die, die kurzfristig zu kostspielig erscheinen.

### Wie ich, Oliver Schumacher, mit 35 Jahren in die Selbstständigkeit als Verkaufstrainer ging

Mein Arbeitgeber, für den ich insgesamt zehn Jahre tätig war, wurde von einem amerikanischen Konzern aufgekauft. Mit der Zeit ging dann etwas bei mir verloren, was ich für unverzichtbar im Vertrieb halte: das Leuchten in den Augen, wenn ich von »meiner« Firma sprach. Im Rahmen eines riesigen Kostenoptimierungsprogramms gab es dann die Entscheidung, das gesamte Außendienstteam drastisch zu reduzieren. Um dies möglichst einfach zu machen, wurden allen (!) Außendienstmitarbeitern Aufhebungsverträge mit Abfindungen angeboten. Ich stellte mir dann zwei Fragen: Wird mein Leuchten in den Augen zurückkommen? Werde ich in Zukunft ähnlich viel Geld verdienen, wenn ich bleibe? Ich kam zu dem Ergebnis, dass dies nicht der Fall ist. Also ging ich zu einem Arzt und ließ mich untersuchen. Dieser bestätigte mir, dass ich gesund bin – und so unterschrieb ich, auch wenn mein Arbeitgeber mich gerne behalten hätte, den Aufhebungsvertrag. Diesen hätte ich nicht unterschrieben, hätte der Arzt schlimmere Befunde festgestellt, da ich ja als Angestellter eines Weltkonzerns sehr gut abgesichert gewesen bin. Als Selbstständiger ist das Ganze ja schon etwas anderes.
Und so meldete ich meine freiberufliche Tätigkeit als Verkaufstrainer im Oktober 2009 an.

**Franchise** ist eine Möglichkeit, geplant in die Selbstständigkeit zu kommen. Es gibt viele gut funktionierende Franchisesysteme, in denen es gerade für kommunikationsstarke Vertriebler Möglichkeiten gibt, in die Selbstständigkeit zu starten: Gastronomie, Fitness, Einzelhandel, Beratung/Coaching, Renovierung, Immobilien, Möbel/Küchen, Optik, Sicherheit/Wartung usw.

Laut dem deutschen Franchiseverband (www.franchiseverband.com) gibt es allein in Deutschland über 1.000 Franchisesysteme. Allerdings gibt es keine richtige Struktur und keine klare Übersicht, welche Systeme gut bzw. nicht gut funktionieren.

Wenn Sie sich in einer Branche gut auskennen, z.B. im Vertrieb von Küchen, dann kann es sinnvoll sein, wenn Sie Ihr Know-how in dieses System einbringen und darauf Ihre Selbstständigkeit aufbauen. Haben Sie kein Branchenwissen, wird es schwer für Sie zu beurteilen, ob dieses System für Sie das richtige ist, um damit gewinnbringend arbeiten zu können.

Denn es ist nicht risikolos, Franchiseunternehmer zu werden. Sie steigen zwar in ein erprobtes Konzept ein, aber eine Garantie auf Erfolg gibt es nicht. Nachfolgend ein kurzer Überblick über die Rahmenbedingungen:

- Ein Startkapital wird zwingend benötigt. Das kann von 10.000 Euro bis hin zu einigen Hunderttausend Euro erforderlich sein, je nach Branche und Geschäftsmodell. Dieses Startkapital wird beispielsweise für Ihre Einarbeitung und die Geschäftsausstattung, Webpräsenz usw. verlangt.
- Sie müssen Umsatz erwirtschaften, von dem eine monatliche Franchisegebühr an den Franchisegeber zurückfließt.
- Sie zahlen für Marketingaktivitäten und Vertriebsunterstützung. Von nix kommt nix. Daher werden Sie an den Kundenkatalogen, Werbebroschüren, Aktionen finanziell beteiligt.
- Neben den Franchisegebühren tragen Sie die Kosten für das »normale« Geschäft, also für Mitarbeiter, Mieten, IT, Fahrzeuge usw. Das muss in Ihre Kostenrechnung mit rein. Daher ist zu überlegen, ob der schicke Firmenwagen gleich am Anfang noch ins Budget passt.
- Es kann ein Geschäft auf Zeit sein: Sie haben einen befristeten Vertrag, mit Option auf Verlängerung. Das Geschäft bleibt quasi im Eigentum des Franchisegebers. Sie nutzen das Konzept für eine gewisse Zeit, um damit Geld zu verdienen. Es ist kein Geschäft, das Sie irgendwann Ihren Erben ohne Weiteres so hinterlassen können.
- Mit den Franchisegebühren finanziert sich der Franchisegeber. Das bedeutet aber, diese können auch fällig werden, wenn die Umsätze nicht kommen. Da haften Sie mit Ihrem eigenen Kapital. Alles in allem ist Franchise eine Möglichkeit, schnell ein »eigenes« Geschäft aufzuziehen. Sie partizipieren an den Erfahrungen des Franchisegebers und dessen Netzwerk und nutzen vorgefertigte Shop- oder Vertriebskonzepte. Es ist aber in der Regel nicht billig, setzt Eigenkapital und gerade am Anfang viel eigene Arbeitszeit als selbstständiger Unternehmer voraus.

### 4. Option:
### Sie machen etwas ganz anderes

Haben Sie eigentlich noch Lust auf das Hamsterrad? Denn zugegeben, Vertriebsarbeit und/oder Selbstständigkeit sind tolle Tätigkeiten, erst recht dann, wenn es läuft. Aber manche sehnen sich auch mal nach etwas ganz anderem. Wie ist es bei Ihnen? Vielleicht kann ja auch ein Sabbatical, eine längere Auszeit, für die notwendige Distanz sorgen, um sich über Ihr Leben klar zu werden.

Bevor Sie sich in die Auszeit verabschieden – aber auch, bevor Sie sich auf dem Arbeitsmarkt nach einem neuen Job umsehen –, könnten Sie von Ihrem Arbeitsgeber ein Zwischenzeugnis erbitten, damit Sie etwas »in der Hand« haben, falls Sie sich nach dem Sabbatical umorientieren wollen.

## **TIPPS** zum Zwischenzeugnis

Natürlich können Sie jederzeit von Ihrem Arbeitgeber ein Zwischenzeugnis anfordern. Aber denken Sie bitte daran: Wenn Sie in Ihrem Unternehmen aus heiterem Himmel nach einem Zwischenzeugnis fragen, heißt das für Ihren Arbeitgeber in der Regel: Sie wollen weg! Das können Sie auch noch so nett formulieren, die Aussage ist zu 100 Prozent eindeutig: Sie wollen raus aus dem Laden, sei es zum Sabbatical oder ganz raus, und das möglichst bald.

Für ein Sabbatical ist das kein Problem. Falls Sie aber kündigen wollen, ist die Katze dann aus dem Sack. Wenn Sie lieber noch nicht offen kommunizieren wollen, dass Sie Ihren Arbeitgeber nicht mehr so klasse finden, können Sie sich anders helfen:

- Vielleicht haben Sie bereits ein Zwischenzeugnis, weil es dafür einen Anlass in der letzten Zeit in Ihrem Unternehmen gab. Bei innerbetrieblichen Veränderungen haben Sie nämlich ein »berechtigtes Interesse« an einem Zwischenzeugnis, das Ihr Arbeitgeber nicht ausschlagen kann, beispielsweise wenn Sie die Abteilung wechseln, Sie befördert werden oder auch dann, wenn Ihre Abteilung umstrukturiert wurde. Natürlich guckt auch so manch eine Führungskraft skeptisch, wenn Sie bei solchen Anlässen nach einem Zwischenzeugnis fragen, schließlich macht die Erstellung Arbeit und kostet auch Zeit. Aber dann ist das interne Ereignis schließlich der Grund für Ihre Anfrage und nicht Ihre persönliche Wechselstimmung – zumindest können Sie es so auslegen.
- Wenn Sie diesen Zwischenzeugnis-Wirbel nicht wollen, können Sie auch mit einer persönlichen Referenz über Ihre Person arbeiten. Sie benennen dann einen Menschen aus Ihrem beruflichen Umfeld (z. B. einen ehemaligen Vorgesetzten) in der Hoffnung, dass er um Ihre Stärken weiß und positiv über Sie berichtet. Wichtig ist, dass der Kontakt aus Ihrem beruflichen Netzwerk stammt. Private Kontakte, Freunde oder Familienangehörige sind hier unpassend. Bei der Person sollte es sich um einen Menschen handeln, dessen Stimme auch in Ihrer Branche einen guten Namen hat. Sie können ja mögliche Kontakte, die für Referenzen infrage kommen, im Laufe Ihrer

Karriere sammeln und pflegen. Schreiben Sie sich doch aktuell mal auf, wer dafür infrage kommt, dann haben Sie diese Liste bereit, wenn es darauf ankommt. Bitte klären Sie unbedingt mit Ihren gewünschten Referenzgebern vorher ab, dass sie angerufen werden können und für Sie sprechen sollen. Die Fragen, die dann vom Headhunter oder Personalleiter gestellt werden, gehen sicherlich nicht in die Tiefe zu Ihrer Person. Man wird aber abklären wollen, in welchem Kontext Sie zusammengearbeitet haben und wie diese Zusammenarbeit verlaufen ist.
- Eine weitere Variante ist, dass Sie ein oder mehrere Empfehlungsschreiben organisieren, in denen andere sich positiv für Sie aussprechen und Sie weiterempfehlen.

## 4.2 Headhunter – Freund oder Feind?

Aktuell haben wir Zeiten, in denen gute Vertriebsmitarbeiter gesucht sind. Da kommt es vor, dass man von einem Personalberater oder Headhunter ein interessantes Jobangebot bekommt.

Sie haben noch kein Angebot von einem Personalberater oder Headhunter bekommen? Das kann an zwei Faktoren liegen:
- Sie spielen noch nicht in der richtigen Liga. Headhunter suchen in der Regel Kandidaten für Positionen ab ca. 60.000 Euro Jahresgehalt. Da Headhunter eine Provision für das Vermitteln eines geeigneten Kandidaten erhalten, die sich auf das Jahresgehalt bezieht, gibt es eine Grenze, ab wann sich ihre Arbeit auch finanziell lohnt.
- Sie sind einfach nicht zu finden. Professionelle Headhunter suchen oft online mittels Schlagwörtern nach guten Kandidaten auf XING und LinkedIn. Wenn Sie gefunden werden wollen, erarbeiten Sie sich einen guten Auftritt im Internet.

Headhunter werden in der Regel von Unternehmen beauftragt. Dafür gibt es einige Gründe:
- Die eigene Suche war bislang erfolglos.
  Die Personalberater haben in der Regel eine große Datenbank sowie ein Netzwerk und können gezielt und überregional die Suche nach geeigneten Kandidaten starten. Headhunter sprechen auch von sich aus oft Mitarbeiter an, die gerade selbst nicht aktiv auf Jobsuche sind.

- Die Stelle ist noch besetzt.
  Soll einem Mitarbeiter gekündigt werden, ist es durchaus sinnvoll, vorab schon nach Alternativen suchen zu lassen. Eine anonymisierte Suche von einem externen Dienstleister hilft, Unruhe im eigenen Unternehmen zu vermeiden und die Stelle möglichst diskret zu besetzen.
- Mitarbeiter vom Mitbewerber sollen abgeworben werden.
  Wenn man Mitarbeiter sucht, die große Marktkenntnis und einen eigenen Kundenstamm mitbringen, ist es verlockend, diese anzusprechen. Direkt ist das vielleicht schwerer, als wenn man über einen externen Personalberater geht.
- Einkauf von externem Know-how.
  Headhunter sollten sich in den Branchen, in denen sie tätig sind, gut auskennen. Auch sollten sie einen Überblick haben, welche Gehälter und Konditionen üblich sind. Das ist insbesondere dann wichtig, wenn überregional oder international gute Mitarbeiter gesucht werden. Auch die Erfahrung bei der Suche des richtigen Kandidaten spielt eine Rolle.
- Keine eigenen Kapazitäten.
  Die Suche nach richtigen Mitarbeitern ist kein Job für den Auszubildenden. Wenn die eigene Personalabteilung über knappe Kapazitäten verfügt, ist die Unterstützung über eine Personalberatung sinnvoll.

Es ist ein Unterschied, ob Sie aus eigenem Antrieb agieren oder auf Anfrage von außen reagieren. Ist der Anruf vom Personalberater der Auslöser Ihrer Gedanken, mal über einen Stellenwechsel nachzudenken, ist man natürlich nicht ganz objektiv. Viele sind eher geschmeichelt, in die Auswahl für eine spannende Position bei einem gut klingenden Unternehmen zu rutschen, ohne selbst aktiv geworden zu sein.

Dabei übersieht oder überspielt man aber vielleicht das eine oder andere Detail in der Offerte: Das neue Unternehmen ist vielleicht gar nicht mehr so leicht zu erreichen wie der aktuelle Arbeitgeber. Und die schlechten Bewertungen in den Portalen? Sicherlich nur eine Ausnahme. Und dass man selbst gar nicht zu 100 Prozent auf die Stelle passt bzw. eigentlich etwas anderes vorhatte? Ach, egal, der Headhunter ist ein intelligenter Mensch – der wird sich ja mit seiner Anfrage schon etwas gedacht haben … Oft sorgen spontane Kontaktaufnahmen von Headhuntern dafür, dass der innere Schutzschalter ausgeschaltet wird. Erst recht dann, wenn man gerade eine Phase hat, in der man nicht ganz so glücklich mit seinem Arbeitgeber ist.

Gehen Sie aber davon aus, dass Ihr Gegenüber schnell merkt, ob Sie das Angebot nutzen, um

- Ihren Marktwert zu testen,
- schnell weg von Ihrem Arbeitgeber zu kommen, oder ob
- Sie die Jobsuche wirklich ernst nehmen.

Das neue Unternehmen sucht unbedingt jemanden, der wirklich gerne dort arbeiten möchte und den ausgeschriebenen Job zukünftig perfekt ausfüllen kann. Und der neue Vorgesetzte sucht jemanden, mit dem er wirklich gerne zusammenarbeiten möchte, im Idealfall über viele Jahre.

An folgenden Indizien machen Ihre Gesprächspartner schnell fest, dass Sie es nicht ernst meinen – oder vielleicht nur eine vorübergehende Zwischenstation suchen:

- Sie schimpfen im Vorstellungsgespräch über Ihren Chef, Ihre Kollegen oder Ihr Unternehmen.
- Sie stellen zu wenige gute Fragen, die Ihre Tätigkeit und Ihren Arbeitgeber betreffen.
- Sie sind nicht gut auf den Termin vorbereitet.
- Sie beantworten Fragen nur oberflächlich.
- Ihre Interessen sind nicht auf die Aufgabe gerichtet, sondern auf das Gehalt.

## Sie sind das Produkt, mehr nicht!

Headhunter sind Geschäftsleute, die zielgerichtet und gewinnorientiert arbeiten (müssen). Das sollten Sie im Hinterkopf haben, wenn man Sie anspricht. Sie sind letztlich das Produkt, das vermarktet wird. Deren Geschäft ist es, richtige Kandidaten auszuwählen, anzusprechen und zu motivieren, sich auf die Stelle zu bewerben.

Ein Headhunter ist nicht Ihr persönlicher Freund und nicht darum bemüht, Sie vorrangig in den passenden Job zu begleiten, der ideal für Ihre Karriere ist. Er ist bemüht, die Position zu besetzen, und erhält dafür seine Gage, die meist zwischen 15 und 50 Prozent des verhandelten Jahresgehalts liegt.

## So werden Headhunter auf Sie aufmerksam

Früher gingen Headhunter über Fachmessen, um hier Kontakte zu knüpfen und ihre Netzwerke zu füllen. Auch die Suche über den Anzeigenteil der Tageszeitung ist Geschichte. Headhunter suchen heute online.

Die sozialen Netzwerke, insbesondere die Business-Netzwerke XING und LinkedIn, bieten hier einen riesengroßen Pool an möglichen Kandidaten. Laut eigenen Angaben hatte XING im 3. Quartal 2021 19,9 Millionen Nutzer und LinkedIn (welches zu Microsoft gehört) 19 Millionen Nutzer im D-A-CH-Raum.[13] Auf beiden Portalen können die Nutzer, die ihre Profile ja meist geschäftlich nutzen und darum auch gut pflegen (sollten), selbst einen Haken setzen, wenn sie aktiv auf Jobsuche sind. Das Interessante: Nur legitimierte Headhunter können mit ihrer Software diesen Haken »auslesen«, alle anderen Profilbesucher, wie die Kollegen oder der eigene Chef, bekommen dieses Ansinnen überhaupt nicht mit.

Auf der anderen Seite steht aber auch die Qual der Wahl. Wer heute bei XING Begriffe wie »Account Manager« eingibt, bekommt gleich mehrere Hunderttausend Ergebnisse. Das erklärt auch, weshalb Headhunter keine Zeit für einen »netten Schnack« am Rande haben, schließlich sind sie auf der »Jagd«.

**TIPPS**

1. Suchen Sie mal von einem Kollegen aus, der auch bei XING oder LinkedIn ist, Ihr Profil. Tippen Sie dazu aber nicht nur Ihren Namen ein, sondern probieren Sie mal Funktionen. Wie leicht sind Sie auffindbar? Können Sie Ihr Profil noch weiter optimieren?
2. Was steht über Sie im Netz? Machen Sie nicht nur die Textsuche, sondern auch mal die Bildersuche. Passt das alles für Sie oder sollten Sie mal mit manchen Webseitenbetreibern oder Social-Media-Profil-Inhabern das Gespräch suchen?
3. Lassen Sie auch mal einen Profi über Ihre Online-Auftritte schauen. Wenn Ihre Informationen nicht schlüssig sind, verlieren Headhunter schnell das Interesse an Ihnen. Passen beispielsweise der Lebenslauf und die aktuelle Jobbezeichnung nicht, werden Sie gleich ausgesiebt.

## Wie Sie besser mit Headhuntern zusammenarbeiten

Sie können auf verschiedene Arten mit Personalberatern zusammenarbeiten:

- Sie sprechen das Büro direkt an. Dieses nimmt Sie in seine Datenbank mit auf. Achten Sie aber darauf, wer der Auftraggeber ist – und letztlich die Rechnung zahlt. Schließlich können Sie auch kostenpflichtig Headhunter beauftragen, für Sie einen Job zu suchen.
- Ein anderer Weg ist der Gang über soziale Netzwerke. Ist Ihr Profil gut gepflegt und richtig angelegt, werden Sie Headhuntern schnell auffallen.

Viele Headhunter helfen aber nicht immer viel. Schauen Sie, ob es vielleicht Headhunter gibt, die in Ihrer bevorzugten Branche erfolgreich tätig sind. Begriffe in Suchmaschinen sind »Headhunter« in Kombination mit Ihrer gewünschten Branche und/oder Funktion. Denken Sie aber auch bei Ihrer Internetrecherche an die Verwendung von Synonymen für Headhunter, wie »Personalberatung«, »Personalberater« oder »Personalvermittlung«.

**Die Zusammenarbeit mit einem Headhunter in der Praxis läuft in etwa so ab:**

1. Ihr Profil wurde online gefunden und Sie kommen als möglicher Kandidat für eine spannende Position aus der Sicht des Headhunters infrage.
2. Sie erhalten dann einen Anruf, eine E-Mail oder eine Nachricht über das entsprechende soziale Netzwerk. Häufig ruft Sie der Personalberater direkt an oder ein Assistent, um eine Vorauswahl zu treffen.
3. Wenn Sie gerade nicht sprechen können, wird ein Telefontermin vereinbart, meist auch nach Feierabend.
4. In diesem ersten Interview wird geklärt, ob Sie grundsätzlich in das Profil passen und ob Sie Interesse an einem Wechsel haben. Auch möchte der Headhunter Antworten auf die Fragen »Welche Erfahrungen bringen Sie mit?«, »Wie ist Ihre Gehaltsvorstellung?« und »Zu welchem Termin könnten Sie wechseln?« bekommen.
5. Wenn diese Eckpunkte so weit passen, geht es in die nächste Runde. Dann kommt das eigentliche Interview, per Telefon oder Videocall. Dafür hat der Personalberater Ihre Unterlagen angefordert.

6. Nehmen Sie dieses Telefonat genauso ernst wie ein persönliches Vorstellungsgespräch, denn es ist nichts anderes. Bereiten Sie sich gut vor und nehmen Sie sich Zeit für dieses Gespräch.
7. Aus dem Eindruck, den der Personalberater aus Ihrem Gespräch bekommen hat, und aus Ihren persönlichen Unterlagen erstellt er dann ein eigenes Profil über Sie, mit dem er zu seinem Kunden – Ihrem potenziellen neuen Arbeitgeber – geht und Sie sowie zwei bis drei weitere Kandidaten vorstellt.
8. Wenn Sie nach dieser Runde noch im Rennen sind, findet der nächste Termin meist im Unternehmen, für das Sie arbeiten sollen, (real oder per Video) statt. Hierbei kann es vorkommen, dass der Personalberater Sie begleitet.
9. Sollten Sie sich einigen und einen Vertrag mit Ihrem neuen Arbeitgeber abschließen, bekommt der Personalberater sein Honorar.
10. Oft gibt es Vereinbarungen, dass der Headhunter noch mal innerhalb eines bestimmten Zeitraums erneut für den Arbeitgeber kostenlos tätig werden muss, wenn der von ihm vermittelte Kandidat innerhalb einer bestimmten Frist wieder kündigt bzw. gekündigt wird.

## 4.3 Von der Bewerbung zum neuen Job

Falls Sie bereits viele Bewerbungen geschrieben haben, aber stets eine Absage erhielten, sollten Sie unbedingt mit Ihren Unterlagen zu einem professionellen Bewerbungscoach gehen, denn offensichtlich machen Sie etwas falsch. Ob Sie sich stets um die falschen Stellen bewerben, Ihre Bewerbungsunterlagen unterschwellig die Botschaft »Nehmen Sie mich lieber nicht!« senden oder Sie im persönlichen Vorstellungsgespräch schlecht performen, kann Ihnen am besten ein Profi sagen.

Es spricht überhaupt nichts dagegen, mit Profis zusammenzuarbeiten, auch wenn es Geld kostet. Schließlich fällt Ihnen so der Stellenwechsel leichter, Ihnen widerfährt weniger Ablehnung – und Sie machen nicht unnötig Ihr Selbstwertgefühl kaputt. Denn eines muss auch klar sein: Sollten Sie bei einem Arbeitgeber anfangen, bei dem es dann bei Weitem nicht so schön ist, wie ursprünglich gedacht, dann sollten Sie die Probezeit nutzen, um wieder zu gehen – und sich etwas Besseres suchen. Denn das Leben mit einer Arbeit zu vertrödeln, die überwiegend für Magenschmerzen sorgt, ist falsch.

## Stellenbeschreibungen haben oft wenig mit der Realität zu tun

*»Eine Stellenbeschreibung oder auch Arbeitsplatzbeschreibung ist eine personenneutrale schriftliche Beschreibung einer Arbeitsstelle zu ihren Arbeitszielen, Arbeitsinhalten, Aufgaben, Kompetenzen und Beziehungen zu anderen Stellen.«*[14]

Stellenbeschreibungen werden in der Praxis nur für die Schublade geschrieben. Es ist der grobe Fahrplan, den ein Mitarbeiter in seinem Job als Richtlinie ansehen kann. Meist wird so etwas am Anfang für den neuen Mitarbeiter oder nach einem Positionswechsel erstellt und schlummert dann in der Personalabteilung.

Interessanter wird es, wenn eine neue Position geschaffen wird. Hier wird dann »schwarz auf weiß« festgehalten, welche Aufgaben zu erfüllen sind. Das kann recht weitläufig gehalten werden, z. B. »Aufbau des Vertriebsgebietes und regelmäßiges Gewinnen von Neukunden«, oder auch im Einzelfall konkreter verfasst sein.

Es ist aber nur der Rahmen, der einmal festgehalten wird und bei Bedarf etwas angepasst wird. Berufen Sie sich bitte nicht darauf, wenn Sie weitere vertriebliche Aufgaben übernehmen sollen, beispielsweise die Übernahme eines Key-Kunden von Ihrem Vertriebsleiter oder die Einarbeitung eines neuen Kollegen. Sagen Sie dann: »Das steht aber nicht in meiner Stellenbeschreibung«, qualifizieren Sie sich ab. Wenn es für Sie nicht passt, macht es wenig Sinn, sich auf diese Formalie zu beziehen.

Stellenbeschreibungen werden immer dann eingesetzt, wenn die Personalabteilung eine Stellenausschreibung für einen neuen Mitarbeiter veröffentlicht. Dann nimmt man dieses Dokument in die Hand und übernimmt die Anforderungen des Mitarbeiters für die Beschreibung der zu besetzenden Stelle und zeichnet damit quasi ein Wunschbild von einem Kandidaten. Etwas überspitzt wird hier häufig der perfekte Kandidat oder die perfekte Kandidatin gesucht: Mitte 30, MBA-Abschluss, mehrsprachig, verhandlungssicher und mit 20 Jahren Berufserfahrung.

Mitarbeitende aus dem Personalbüro wissen durchaus, dass die geforderten Eigenschaften ein Wunschbild sind, da es oft 1:1 passende Bewerber nicht gibt, oder wenn, dann nur mit überhöhten Gehaltsvorstellungen für diese Tätigkeit.

## Wann Sie sich bewerben sollten

Bewerben Sie sich, wenn Sie denken, Sie passen zur Position. Wenn Sie durch andere Qualifikationen als durch einen Studienabschluss punkten können und vielleicht auch Praxiserfahrungen aus der Branche mitbringen, stellen Sie sich vor. Aktuell werden gute Vertriebsmitarbeiter gesucht, und da ist vielleicht die persönliche Ausstrahlung oder das Branchen-Know-how wichtiger als die Abiturnote.

Wichtig ist, dass Ihre Bewerbungsunterlagen ansprechend und professionell sind und Sie im Vorstellungsgespräch überzeugen. Fehlende Fähigkeiten wie beispielsweise Fremdsprachen kann man auch noch in der Zeit des Onboarding-Prozesses aufbessern.

Wenig Spielraum hingegen gibt es beim Gehaltsrahmen. Unternehmen haben einen relativ festen Rahmen für das Einstiegsgehalt. Wenn Sie sich auf eine Position bewerben, die beispielsweise mit 50.000 Euro ausgeschrieben ist, Sie aber 80.000 Euro verdienen möchten, passt das nicht zusammen.

Hier hilft auch kein Pokerspiel: »Ich sage erst mal nicht, was ich verdienen möchte, dann halte ich mir alles offen.« Damit werden Sie nicht weit kommen, entweder passen Ihre Vorstellungen ins Budget – oder eben nicht.

Bewerben Sie sich über einen Personalberater oder Headhunter, können Sie an diese Informationen im Vorfeld kommen. Personalberater suchen ja gezielt nach Kandidaten, die beispielsweise für 60.000 Euro tätig werden wollen. Bewerben Sie sich direkt bei einem Unternehmen, kann es Sinn machen, relativ früh nach dem gehaltlichen Rahmen zu fragen, um ggf. Ihnen und dem Unternehmen Zeit und Mühe zu ersparen.

Bitte resignieren Sie nicht gleich, nur weil Sie aufgrund der ausgeschriebenen Stelle denken, dass Sie nicht »gut genug« für die Tätigkeit sind. Bringen Sie den Mut auf, sich dennoch zu bewerben, vielleicht passt es ja trotzdem. Es sind nun mal nicht zu 100 Prozent perfekte Kollegen im Vertrieb, genauso wenig wie in den anderen Abteilungen. Das wäre ja auch langweilig.

## Wie Sie sich mit Ihrer Bewerbung abgrenzen

In digitalen Zeiten verbreitet sich eine neue Stellenausschreibung fast wie von selbst. Sie brauchen nicht mal aktiv auf die Suche danach zu gehen. Wenn Sie ein Häkchen bei den Jobbörsen und auch den Business-Netzwerken (XING, LinkedIn) gesetzt haben, kommen interessante Stellenangebote automatisch zu Ihnen und zu vielen anderen Menschen.

Um hier zu punkten, sollte Ihre Bewerbung möglichst professionell sein. Hierzu gibt es viele Tipps im Internet, gute Bücher und auch Bewerbercoaches. Nachfolgend einige entscheidende Tipps:

## Überzeugen Sie den Personaler!

Unabhängig von der Position, die besetzt werden soll, gibt es einige grundsätzliche Kriterien, die eine Bewerbung mitbringen sollte, um auch als professionell angesehen zu werden.

- Vollständig und fehlerfrei sollte Ihre Bewerbung sein. Das müssen Sie hinbekommen. Der erste Eindruck, den Sie hinterlassen, ist wichtig. Lassen Sie also mindestens von einer Person Ihr Schreiben gegenlesen. Am besten von einer Person, die sich mit Bewerbungen auskennt.
- Schreiben Sie Ihre Bewerbung nicht erst nach dem langen Wochenende, sondern sofort, sobald Sie von der offenen Stelle erfahren.
- Wählen Sie nur ein wirklich gutes Foto aus.
- Legen Sie alles dazu, was für diese Stelle relevant ist, mehr aber nicht. Sie brauchen sicherlich nicht alle Zertifikate, die Sie erworben haben, mit abzuschicken, sondern nur die Auswahl der relevanten Zeugnisse und Zusatzqualifikationen.
- Gehen Sie digital. Schicke Bewerbungsmappen und schönes, schweres Papier (statt also 80 Gramm vielleicht 100 Gramm Papier) sind Geschichte.

Wenn Sie diese Faktoren berücksichtigen, sind Sie schon mal im durchschnittlichen Bereich einer guten Bewerbung. Damit sollten Sie nicht ausgefiltert werden.

Fragen Sie sich beim Erstellen Ihrer Unterlagen, ob Sie dem Leser Ihrer Unterlagen wirklich dabei helfen, Sie schnell zu mögen – und Sie spontan für den idealen Kandidaten zu halten. Denn nur, wenn Sie einen perfekten ersten Eindruck hinterlassen, kommen Sie auch weiter.

Liegt Ihnen etwas an der neuen Stelle, dann brauchen Sie ein individuell gestaltetes Anschreiben. Ein Serienbrief ist zwar effizienter, aber nur, wenn es Ihr Ziel ist, möglichst viele Bewerbungen zu verschicken. Wenn Sie sich gezielt auf eine Position bewerben, sollte auch das Anschreiben individuell und zum Unternehmen passend geschrieben sein.

Das bedingt natürlich, dass Sie sich mit dem Unternehmen und auch der Position auseinandersetzen. Die Firmenwebseite ist sicherlich hilfreich. Sie können aber auch noch weiter recherchieren. Vielleicht haben Sie einen Kontakt in Ihren Netzwerken, den Sie ansprechen könnten? Oder suchen Sie online nach Pressetexten und Referenzen über das Unternehmen.

Wichtig ist nicht, dass Sie alles über das Unternehmen wissen, bei dem Sie sich bewerben. Es wird Sie im Vorstellungsprozess sicher kein Test über die letzten Bilanzzahlen erwarten. Man wird aber merken, ob Sie sich gut vorbereitet haben – oder eben nicht. Und vielleicht können Sie ja auch die eine oder andere Erkenntnis in Ihrem Anschreiben hervorblitzen lassen oder in Ihrem Lebenslauf gezielt betonen.

## Heben Sie sich von anderen ab!

Manchmal sind es nur Nuancen, die über Sieg und Niederlage entscheiden. Hier ein paar Gedanken zur Inspiration:

- Planen Sie den Termin, wann Sie die Bewerbung abschicken. Vermutlich werden die meisten Bewerbungen abends oder am Wochenende geschrieben und abgesendet. Das E-Mail-Postfach des Personalers ist also regelmäßig montagsmorgens zum Bersten voll. Heben Sie sich ab und senden Sie Ihre Bewerbung vielleicht am Dienstagvormittag.
- Besser läuft's mit einer Empfehlung. Überlegen Sie, ob Sie jemanden kennen, der jemanden kennt. Wenn es in Ihrem Umfeld einen Menschen gibt, der dort arbeitet, wo Sie sich bewerben möchten, nutzen Sie dies als Brücke. Fragen Sie freundlich an, ob er Infos zu dieser Stelle hat. Wenn Sie Glück haben, kann er Ihnen weiterhelfen oder sogar ein gutes Wort für Sie einlegen.
- Suchen Sie den Kontakt, beispielsweise über XING und LinkedIn. Es nutzt wenig, wenn Sie das Profil Ihres zukünftigen Vertriebsleiters zehnmal anklicken und nicht in die Aktion gehen. Solche Maßnahmen verwundern und verärgern meist nur. Gehen Sie in die Aktion, melden Sie sich bitte: Schreiben Sie eine Nachricht – oder rufen Sie am besten dort einfach mal an.
- Sie kennen sicherlich das Sprichwort »Ein Bild sagt mehr als tausend Worte«. Was muss denn dann eigentlich erst ein Video über Sie aussagen? Als Verkäufer leben Sie letztlich davon, dass Sie nicht nur reden können, sondern dass Sie gut, strukturiert und im Idealfall auch motivierend reden. Machen Sie doch mal ein kurzes Video über sich – und schicken Sie das mit Ihrer Bewerbung mit. Da es als Anhang zu umfangreich ist, können Sie dieses beispielsweise bei YouTube hochladen. Keine Sorge, wenn Sie die Einstellungen richtig vornehmen, dann können nur die Personen Ihr Bewerbungsvideo sehen, die auch Ihren Link dazu haben.
- Planen Sie das Nachfassen. Tragen Sie sich in den Kalender ein, wann Sie beim Personalbüro nachhaken wollen, um den aktuellen Stand zu erfragen.

### SECHS TIPPS für Ihren idealen Lebenslauf

1. Wählen Sie eine frische Form. Dieser Lebenslauf soll verkaufen – verabschieden Sie sich von »Ach, das geht ja noch« bei der Form und dem Foto. Damit landen Sie maximal im Mittelfeld. Der Lebenslauf soll modern und professionell rüberkommen. Hier gibt es online gute Vorlagen, die ein paar Euro kosten dürfen.
2. Konzentrieren Sie sich auf das Wesentliche. Wenn Sie beispielsweise 50 Jahre alt sind, brauchen Sie den Besuch der Grundschule nicht mehr aufzuführen. Zwei Seiten Lebenslauf müssen reichen.
3. Achten Sie bei der Chronologie darauf, dass Sie beispielsweise mit der letzten Weiterbildung und der aktuellen Position beginnen – und nicht bei der jeweils ersten.
4. Führen Sie nicht nur Jahreszahlen an, sondern auch Monate. Sonst entsteht schnell der Eindruck, dass Lücken im Lebenslauf kaschiert werden sollen.
5. Gibt es Lücken in Ihrem Lebenslauf, dann gehen Sie damit offen um. Sollten Sie nämlich lügen wollen und beispielsweise sechs Monate Arbeitslosigkeit mit einem Sprachkurs kaschieren, laufen Sie Gefahr, dass Ihr potenzieller Arbeitgeber das entsprechende Zertifikat sehen möchte.
6. Überlegen Sie, ob Sie nicht nur Ihren Lebenslauf, sondern Ihre gesamten Unterlagen von einem Profi erstellen lassen sollten. Entscheiden Sie sich dagegen, so lassen Sie bitte wenigstens von einer Person Ihres Vertrauens Ihre Unterlagen gegenlesen. Diese Person sollte im Idealfall mit Ihnen beruflich auf einer Höhe sein, oder sogar qualifizierter. Denn von dieser wird das Feedback anders ausfallen als vom Nachbarskind, das in der Schule gerade lernt, wie Bewerbungen geschrieben werden. Aber anhören können Sie sich das Nachbarskind ja trotzdem mal, nur zu zeigen brauchen Sie diesem ja die Unterlagen nicht.

## Keine Reaktion? Ihr Plan B

Es hat sich noch niemand zurückgemeldet? Es kann durchaus 14 Tage dauern, bis Ihre Bewerbung gesichtet und in der ersten Auswahlrunde platziert worden ist. So viel Zeit sollten Sie dem Personaler geben. Es macht keinen Sinn, unmittelbar nach dem Versand gleich nachzuhaken.

Bedenken Sie aber, dass Sie im Vertrieb unterwegs sind. Da erwartet man von Ihnen auch einen gewissen Sportsgeist und Durchhaltevermögen. Nachfassen ist für Sie Pflicht. Sie können natürlich taktvoll warten, bis Sie im Bewerbungsprozess an der Reihe sind und die Absage kassieren. Aber dafür haben Sie sich die Mühe sicher nicht gemacht, oder?

Vertriebler müssen positiv auffallen – auch in der Bewerbung. Fassen Sie also ruhig nach dem Ablauf von zwei Wochen nach, wie weit der Auswahlprozess im Unternehmen gediehen ist. Suchen Sie den Kontakt zum Vertriebsleiter über die Netzwerke. Damit bringen Sie sich aktuell wieder oben auf den Stapel und können vielleicht auch noch wichtige Informationen bekommen bzw. Ihre eigenen Angaben in die richtige Richtung lenken, wenn Sie im Gespräch sind.

Das können Sie auch machen, wenn Sie bereits einmal Kontakt hatten und danach nichts mehr von der Personalabteilung gehört haben. Geben Sie dem Personaler wieder zwei Wochen Zeit und melden Sie sich dann bei ihm per Telefon. Verwenden Sie Formulierungen wie »Ich möchte nun auch nicht nerven. Was meinen Sie, wann soll ich wieder anrufen?« oder »Wissen Sie, ich möchte schon gerne den Job. Und als Vertriebler weiß ich, dass manchmal im Vertrieb die richtige Balance zwischen Aufdringlichkeit und Gleichgültigkeit sehr schwer ist. Darum ganz offen die Frage: Wann höre ich von Ihnen, damit ich nicht zu früh wieder bei Ihnen anrufe?«.

## So überzeugen Sie im Vorstellungsgespräch

Vorstellungsgespräche sind eine besondere Situation in Ihrem Leben. In der Regel haben Sie davon so wenige, dass Sie nicht in den Routinemodus gehen können. Beide Seiten, Sie und die Gesprächspartner aus dem Hause Ihres potenziellen Arbeitgebers, versuchen aus diesen Gesprächen möglichst viele Informationen zu bekommen:

- Passt der Bewerber zu unserem Unternehmen?
- Sind die Gehaltsvorstellungen angemessen?
- Wird der Bewerber die ihm zugedachten Aufgaben erfüllen können?
- Passen die Kollegen und die Abteilung zum Bewerber?
- Welche Pläne und Ambitionen verfolgt der Bewerber mittel- und langfristig?

Beide Seiten versuchen also möglichst viel von der anderen Seite zu erfahren. Dabei checken sie auch ab, ob die Aussagen, die getätigt werden, schlüssig sind.

Sie wissen im Vorfeld nicht, wie sich die Unternehmensseite auf das Gespräch vorbereitet hat. Sie sollten aber nachfragen, welcher Personenkreis an dem Gespräch teilnimmt. Meist ist es ein Team, dass aus dem möglichen Vorgesetzten, einem Mitarbeiter der Personalabteilung und in Ausnahmefällen auch dem Geschäftsführer bestehen kann.

Ob und wie sich Ihre Gesprächspartner auf das Gespräch vorbereitet haben, kann völlig unterschiedlich sein. Manche Bewerber erleben ein mustergültiges Vorstellungsgespräch, andere hingegen wissen von einem langen Monolog seitens des Geschäftsführers zu berichten, der eigentlich nur von sich, seiner Firma und der zu besetzenden Stelle sprach. Sie können somit auch viel über die Firmenkultur und Professionalität Ihres potenziellen Arbeitgebers erfahren.

### Bereiten Sie sich auf typische Fragen von Personalern vor

Die Folgen einer falsch besetzten Stelle sind für Arbeitgeber fatal. Es wird nicht nur viel Geld für Lohnzahlungen und Weiterbildungen verbrannt, sondern oft auch viel Vertrauen innerhalb des Kunden- und Kollegenkreises. Schließlich müssen diese sich erneut auf einen neuen Kollegen einstellen. Darüber hinaus führt ein Verkäufer, der beispielsweise für die Neukundengewinnung gedacht ist, aber diese nicht erfolgreich beherrscht, ebenfalls zu Image- und Umsatzverlusten, welche nur schwer bezifferbar sind (Opportunitätskosten).

Darum stellen Personaler teilweise auch Fragen, die auf Bewerber etwas merkwürdig wirken, weil das Motiv der Frage nicht immer leicht zu erkennen ist. Trauen Sie sich, sollten Sie eine Frage nicht genau verstanden haben, nachzufragen. Machen Sie ja hoffentlich in der Rolle des Verkäufers gegenüber Ihren Kunden auch, oder?

Nachfolgend ein paar typische Aufforderungen und Fragen, auf die Sie Antworten haben sollten:

- »Erzählen Sie mal was über sich.«
- »Was wissen Sie über uns?«
- »Warum wollen Sie gerade bei uns anfangen?«
- »Sie haben ja bisher x verkauft. Jetzt wollen Sie bei uns y verkaufen. Wieso trauen Sie sich das zu?«
- »Was hat Ihnen bei der Arbeit besonders viel Spaß gemacht?« – »Weshalb?«
- »In Ihrem Lebenslauf steht, dass … Wie ist es dazu gekommen?«
- »Auf einer Skala zwischen 1 bis 10 – wie schätzen Sie Ihre Verkaufsfertigkeiten ein?«

- »Wenn ich Ihren besten Kunden fragen würde, was dieser von Ihnen hält – was würde dieser sagen?«
- »Angenommen, ich würde Kunden anrufen, die Sie verloren haben – was würden diese über Sie sagen?«
- »Wie bereiten Sie sich auf Verkaufsgespräche konkret vor?«
- »Welche Verkaufstrainer und Verkaufsbücher kennen Sie?«
- »Wie haben Sie sich bisher weitergebildet?«
- »Angenommen, ein Kunde sagt zu Ihnen, dass Sie zu teuer sind. Was sagen Sie dann?«
- »Wenn Sie keine Lust zur Kaltakquise haben, wie motivieren Sie sich dann?«
- »Was hätten Sie gerne rückwirkend betrachtet anders gemacht?«
- »Wie sieht Ihre Familie Ihr Ansinnen, den Job zu wechseln?«
- »Wann könnten Sie anfangen?«
- »Ist Ihre Gehaltsvorstellung fix oder können wir darüber sprechen?«
- »Haben Sie die Möglichkeit, im Homeoffice oder Coworking Space zu arbeiten?«
- »Wie perfekt schätzen Sie sich auf einer Skala von 1 bis 10 selbst ein?«
- »Wie gehen Sie mit neuen Tools, wie beispielsweise x, im Vertrieb um?«
- »Erinnern Sie sich an eine Situation, in der Ihnen etwas außerhalb Ihres Aufgabenbereichs aufgetragen wurde? Wie sind Sie damit umgegangen?«
- »Erzählen Sie über die größte Veränderung in Ihrem Leben.«
- »Was ist das Interessanteste, das nicht in Ihrem Lebenslauf steht?«
- »Welche Aspekte sind Ihnen beim Job am wichtigsten?«
- »Beschreiben Sie eine schwierige Situation im Umgang mit einem Kollegen/einer Kollegin.«
- »Was war die schwierigste (berufliche) Entscheidung, die Sie in den letzten Monaten treffen mussten?«
- »Wo sehen Sie sich (beruflich) in fünf Jahren?«
- »Beschreiben Sie eine Situation, in der Sie sich gestresst oder überfordert gefühlt haben, wie haben Sie reagiert?«
- »Wann delegieren Sie Aufgaben an einen Kollegen?«

Sollten Sie die Sorge haben, dass es unangenehme Gesprächspausen geben könnte, können Sie sich ja ein paar gute Fragen zurechtlegen. Beispielsweise:
- »Woran machen Sie fest, ob die Position erfolgreich ausgefüllt wird?«
- »Wie würden Sie das Team beschreiben, für das Sie einen Kandidaten suchen?«
- »Worin sehen Sie die besonderen Ansprüche an diese Aufgabe?«

Damit lenken Sie das Gespräch auf den Kern der Informationen, die Sie brauchen, und signalisieren darüber hinaus Interesse und Selbstbewusstsein.

Reflektieren Sie Gespräche mit Personalern genauso wie Kundengespräche: Was lernen Sie aus dem Gespräch? Im Idealfall werden Sie so mit jedem Gespräch besser.

## So in etwa laufen die Vorstellungsrunden ab

Bei einem Job in gehobenen Positionen sind zwei interne Auswahlrunden die Regel, also zwei einzelne Gespräche innerhalb weniger Wochen.

**Das erste Vorstellungsgespräch:**
Sie wurden zum Vorstellungsgespräch eingeladen, das wie folgt ablaufen kann:

- Ausführliche Begrüßung durch den ranghöchsten Mitarbeiter im Raum.
- Man fängt locker mit dem Smalltalk an.
- Das Unternehmen stellt sich vor.
- Ihre Vorstellung / Abgleich mit dem Lebenslauf / Hard Skills
- Verhaltensbezogene Fragen / Soft Skills (s. Kapitel 1)
- Ihre Fragen zu Märkten, Unternehmen und Position
- Weiterer Ausblick, nächste Schritte

Da Sie ja gut informiert sind, passen hier Fachfragen von Ihrer Seite zu Märkten, Produkten oder dem Wettbewerb. Zeigen Sie, dass Sie sich informiert haben! Ein ungeschriebenes Gesetz sagt, dass man in der ersten Runde nicht über das Gehalt spricht. In der Regel haben Sie ja Ihre Gehaltsvorstellung in der Bewerbung genannt und Sie sind hier eingeladen worden, weil das in den Kontext passt.

Konzentrieren Sie sich in der ersten Runde aufs Zuhören und das Geben von guten Antworten. Beim zweiten Gespräch können Sie (noch) weiter aus sich rauskommen, um gezielt nachzufragen oder auch eigene Ideen vorzustellen.

**Das zweite Vorstellungsgespräch:**
Wenn Sie zur zweiten Runde eingeladen werden, sind Sie in der engeren Auswahl oder bereits der Lieblingskandidat. Es kann sein, dass man noch mehr Details abklaren will oder schon direkt in die Verhandlung einsteigt.

- Kürzere Begrüßung, man kennt sich ja schon
- Was ist in der Zwischenzeit passiert?

- Wie ist Ihre Einstellung zum Job? Haben Sie noch Interesse?
- Ihre Gehaltsvorstellung / ein erstes Angebot des Unternehmens
- Verhandlung und Rahmenbedingungen des Arbeitgebers
- Organigramm des Unternehmens
- Möglicher Einstellungstermin
- Direkte Zusage oder Abstimmung der weiteren Schritte

**Das Ergebnis:**
Nach der zweiten Vorstellungsrunde sollte der Bewerbungsprozess abgeschlossen sein. Es sind ja bestimmt auch schon ein paar Wochen ins Land gegangen. Die Entscheidung für oder gegen Ihre Einstellung sollte dann eigentlich nach Ihrem letzten Gespräch gefallen sein. Manchmal sind aber auch noch interne Formalien notwendig, wie beispielsweise Rücksprache mit dem Betriebsrat oder einer Fachabteilung.

Wenn Sie unsicher sind, rufen Sie an. Im Idealfall bekommen Sie dann schon mündlich die Zusage. Dann: Herzlichen Glückwunsch!

**Assessment-Center (AC):**
In größeren Unternehmen kommt es durchaus vor, dass Sie zu einem Assessment-Center eingeladen werden. Hierbei geht es darum, dass für den Arbeitgeber interessante Kandidaten auf Herz und Nieren geprüft werden. So ist es durchaus denkbar, dass Sie mit weiteren Kandidaten Aufgaben bekommen. Beispielsweise:

- Stellen Sie sich der Gruppe vor.
- Führen Sie eine Verhandlung durch.
- Organisationsaufgabe (Postkorbübung)
- Diskussionsrunde
- Präsentation

Eine Jury, oft bestehend aus Personal- und Verkaufsleitern, beobachtet während der Veranstaltung, die häufig über einen ganzen Tag geht, die einzelnen Teilnehmer und bewertet diese. Ziel eines Assessment-Centers ist es, leichter zu erkennen, wie sich die Kandidaten in gewissen Situationen verhalten, um so auf die Eignung für die ausgeschriebene Stelle zu schließen.

Werden Sie zu einem Assessment-Center eingeladen, so bereiten Sie sich unbedingt mithilfe von Büchern und YouTube darauf vor, damit Sie besser verstehen, warum Sie gewisse Übungen machen – und sich so geschickter in Szene setzen können.

## Man sieht sich manchmal zweimal

Der Tag kommt näher, an dem Sie Ihre Kündigung kommunizieren müssen. In der Regel haben Sie eine vertraglich vereinbarte Kündigungsfrist von drei bis sechs Monaten oder sogar mehr zu einem bestimmten Stichtag. Schauen Sie dazu in Ihren Arbeitsvertrag. Alternativ gelten die gesetzlichen Bestimmungen von vier Wochen zum 1. oder 15. des Folgemonats (§ 622 Abs. 1 BGB).

Wenn Sie im »Guten« gehen möchten und es Ihnen nicht egal ist, wie man über Sie denkt, planen Sie diesen Schritt exakt in mehreren Abschnitten:

1. Kündigung
2. Info an die Mitarbeiter und Kollegen
3. Info an die Kunden
4. Übergabe / Einarbeitung
5. Abschied

### 1. Die Kündigung

Die Kündigung sollte einige Tage vor dem Stichtag ausgesprochen werden und nicht in der letzten Minute. Planen Sie genug Zeit ein, sich mit Ihrem Vorgesetzten und/oder der Geschäftsführung über diesen Schritt zu unterhalten.

Liegt Ihrem Arbeitgeber etwas an Ihnen, kommt sicherlich die Frage, ob man Sie noch umstimmen kann. Auf diese Frage sollten Sie vorbereitet sein und wissen, was Sie dann sagen bzw. verhandeln wollen.

Haben Sie bereits einen neuen Arbeitsvertrag unterschrieben, schließt sich das aus – zumindest moralisch gesehen. Rechtlich gesehen ist eventuell noch etwas machbar: Es kommt immer wieder vor, dass unterzeichnete Arbeitsverträge kurz darauf wieder gekündigt werden oder das Arbeitsverhältnis erst gar nicht angetreten wird, weil sich vielleicht für den Mitarbeiter etwas Besseres ergeben hat. Davon sollten Sie absehen, denn so eine Aktion kann Ihren Ruf arg beschädigen. Für den Fall, dass Sie ein schriftlich fixiertes Arbeitsverhältnis nicht antreten wollen, kann unter Umständen auch Schadensersatz von Ihnen verlangt werden. Im Zweifelsfall sollten Sie Rat von einem Fachanwalt einholen und/oder ein offenes Wort mit der Personalabteilung führen.

Die Kündigung selbst muss immer schriftlich erfolgen – mit einer handschriftlichen Unterschrift (§ 623 BGB). Per E-Mail oder gar per SMS können Sie also nicht wirksam kündigen. Sie müssen also persönlich oder per Briefpost Ihre Kündigung einreichen. Wenn Sie unsicher sind, stimmen Sie sich kurz mit einem Fachanwalt ab.

**TIPPS**

1. Setzen Sie das Schriftstück gleich doppelt auf, wenn Sie persönlich kündigen. Dann können Sie sich gleich den Empfang bestätigen lassen und das Dokument als Bestätigung über den Erhalt direkt wieder mitnehmen.
2. Sprechen Sie auch Ihre Forderungen an Ihren Arbeitgeber gleich mit an. Einen besseren Moment werden Sie dafür vermutlich nicht bekommen:
   - Sie haben einen Anspruch auf ein qualifiziertes Arbeitszeugnis.
   - Sie haben Anspruch auf den restlichen Urlaub.
   - Klären Sie Ihren (anteiligen) Anspruch auf den vertraglich vereinbarten Jahresbonus bzw. auf die Prämien. Rechnen Sie nicht damit, dass dieser Hinweis auf Ihre Ansprüche von Ihrer Personalabteilung kommt. Sollte es hier Unklarheit geben, ist ein Termin beim Betriebsrat oder Fachanwalt sinnvoll.

## Wettbewerbsverbot

Wohin Sie gehen, geht erst einmal niemanden in Ihrem geschäftlichen Umfeld etwas an. Es sei denn, Sie verletzen mit dem neuen Arbeitsvertrag ein nachvertragliches Wettbewerbsverbot bei Ihrem alten Arbeitgeber (Konkurrenzklausel). Wenn es in Ihrer Branche vorkommt, dass sich die Marktbegleiter die besten Vertriebler gegenseitig abwerben, kann es vorkommen, dass ein vertraglich geregeltes Wettbewerbsverbot vorliegt.

Dass Sie Ihrem Unternehmen während der Dienstzeit keine Konkurrenz machen, erklärt sich von selbst. Wenn Sie im Arbeitsvertrag schriftlich festhalten, dass Sie auch nach Beendigung des Arbeitsverhältnisses nicht zur Konkurrenz gehen, dann müssen einige Voraussetzungen vorliegen, damit das Wettbewerbsverbot auch wirksam ist:

- Es muss schriftlich von beiden Parteien im Arbeitsvertrag festgehalten und unterschrieben sein.
- Die Befristung muss begründet sein.
- Es muss eine Karenzentschädigung vom Unternehmen für diese Zeit geleistet werden.

Sollten Sie hier interne Diskussionen haben, ist sicher der Anruf bei einem Fachanwalt für Arbeitsrecht sinnvoll.

Aber auch, wenn kein Wettbewerbsverbot vorliegt, müssen Sie nicht sofort erzählen, wohin Sie wechseln. Insbesondere dann, wenn Sie eine längere Kündigungsfrist haben, kann diese Info für Sie und Ihr neues Unternehmen nicht von Vorteil sein, wenn Sie gleich damit loslaufen:

- Die Stelle ist noch durch einen anderen Mitarbeiter besetzt.
- Es gibt Umstrukturierungen, die noch nicht kommuniziert wurden.
- Man bildet sich schon eine Meinung über Sie, bevor Sie angefangen haben (Social Media). Das kann Ihren guten Start im neuen Unternehmen stören.

### Freistellung und Verkürzung/Aufhebung

Wenn Ihr Arbeitgeber aber Bedenken hat, dass Sie ein wirtschaftliches Risiko für das Unternehmen sind, weil Sie z. B.

- Informationen über das Unternehmen weitertragen,
- Ihre Kunden negativ beeinflussen,
- für den Wettbewerb tätig werden,

dann kann er Sie von der Arbeitspflicht befreien und Sie offiziell **freistellen**. Dabei bleibt der Anspruch auf Ihre Gehaltszahlung aber unberührt. Sie werden in den Urlaub geschickt, um Schaden vom Unternehmen auszuschließen. Man setzt damit einen Vertrauensbruch voraus und schickt Sie nach Hause. Ob dieser »Urlaub« auch Ihre noch offenen Urlaubstage beinhaltet, können Sie mit der Personalabteilung klären.

Wenn Sie allerdings von sich aus um die Freistellung vom Job bitten, können damit Ihre Ansprüche auf Bezahlung erlöschen. Wenn Sie das so wünschen, ist eine anwaltliche Beratung sinnvoll.

Sollten Sie eine sehr lange Kündigungsfrist haben, beispielsweise sechs Monate, dann kann es sinnvoll sein, wenn Sie eine **Verkürzung** ansprechen und damit um eine **Aufhebung des Arbeitsvertrages** bitten. Denn die Zeit zwischen der offiziellen Kündigung und dem Neustart kann lang werden. Behalten Sie dabei unbedingt Ihre Ansprüche (Gehalt, Urlaub, Bonus, Versicherungen) im Auge.

---

Machen Sie sich nichts vor: Auch wenn Sie noch so unersetzliche Arbeit geleistet haben, sobald Sie die Kündigung ausgesprochen haben, sind Sie nicht mehr zu 100 Prozent involviert. Sie sind vielleicht noch im Tagesgeschäft dabei, werden aber in langfristige Projekte nicht mehr mit einbezogen bzw. informiert.

## 2. Die Info an die Mitarbeiter und Kollegen

Wenn Sie nun schriftlich gekündigt haben, sollten Ihre direkten Kollegen und Mitarbeiter auch möglichst bald informiert werden. Der Flurfunk ist schnell. Es ist nicht schön, wenn Ihre Kollegen von anderen über Ihre Pläne informiert werden.

Die Kollegen, mit denen Sie persönlich zusammenarbeiten, verdienen auch eine persönliche Info. Halten Sie es sonst so, wie es in Ihrem Unternehmen üblich ist. Wenn es darüber hinaus andere Wege gibt, können Sie auch das Intranet, E-Mails oder Messenger-Dienste nutzen.

Auch hier kann ein vorher erstellter Plan helfen, wen Sie persönlich, telefonisch oder im Videocall informieren möchten.

Neben allen beruflichen Aspekten hat eine Kündigung auch eine persönliche Seite. Sie verlassen Mitarbeiter und Kollegen, mit denen Sie schon länger zusammengearbeitet haben. Da kennt man sich persönlich. (Den einen gut, den anderen besser.) Wie wirkt dieser Schritt auf die Kollegen und wie äußert man sich Ihnen gegenüber?

- **Freundschaftliche Reaktion:** Man findet das ehrlich schade, dass Sie gehen, und wünscht Ihnen von Herzen alles Gute für die neue Position. Das kommt von Kollegen, mit denen man auch vorher schon freundschaftlich und auf Augenhöhe miteinander gearbeitet hat.
- **Zurückhaltende und eher stille Reaktion:** Man steht der Zukunft der Abteilung nach Ihrer Kündigung unsicher gegenüber und fragt sich, welche Auswirkungen das für den eigenen Job hat. Das kann bei Mitarbeitern vorkommen, denen Sie vorgesetzt waren. Sie wissen nicht, wie der neue Chef ist, was der neue Kollege mitbringt, der Sie ersetzt.
- **Zurückhaltend und (in Ihrer Abwesenheit) negative Reaktion:** »Wie kann denn der oder die wechseln?! Der oder die wird sich noch wundern. Wie sieht das denn im Lebenslauf aus?« Hier schwingt vielleicht etwas Neid mit und auch verletzter Stolz. Vielleicht wäre man selbst gerne in der Position zu wechseln und gönnt es dem Kollegen nicht.

Ganz egal, welche Reaktion Ihnen begegnet: Nehmen Sie es sportlich und behalten Sie Ihre Freundlichkeit und Professionalität bei. Es hilft jetzt niemandem, am allerwenigsten Ihnen, wenn Sie in dieser Phase schlecht über Ihr Unternehmen sprechen. Das verunsichert die Kollegen noch viel mehr und wird Sie in eine negative Position bringen. »Der hat ja nur was zu meckern«, »Gut, dass er/sie das Unternehmen verlässt, das war ja nicht mehr auszuhalten« usw. Es bringt Ihnen nichts, jetzt mal richtig abzuledern. Es hilft weder Ihren Kollegen noch Ihren Kunden, und Sie bringen sich in schlechtes Licht.

Auch ein Prahlen, warum der neue Job jetzt so viel besser ist, interessiert Ihre Kollegen nicht wirklich. Die können ja im Moment nichts daran ändern, dass ihr Gehalt bald weit unter Ihrem liegt (wenn es denn überhaupt so ist), und sind dann nur gefrustet.

Wenn Sie noch Kritik an Ihrem alten Unternehmen abgeben wollen oder vielleicht dazu aufgefordert werden, machen Sie das überdacht und nicht personenorientiert. Es gibt in jedem Unternehmen Engpässe, und in der Regel sind diese auch Ihrer Geschäftsleitung bekannt. Im Gegenteil, bitte bleiben Sie bis zum letzten Tag der Kollege, der Sie immer waren. Damit verschaffen Sie sich einen guten Abgang, bleiben in guter Erinnerung und halten die Tür zum alten Unternehmen noch einen Spalt offen, falls die neue Perspektive doch nicht so positiv ist, wie erhofft.

## 3. Die Info an die Kunden

Die Information über Ihren Wechsel sollte an die Kunden Ihres Unternehmens mit Bedacht verschickt werden, damit Sie keinen Schaden durch Verunsicherung verursachen.

Wenn Sie Schlechtes über Ihren Arbeitgeber verbreiten, beispielsweise

- über Ihre Vorgesetzten,
- die Firmenpolitik oder
- über die wirtschaftliche Situation,

dann bringt Ihnen das persönlich nichts. Sie machen sich unter Umständen mit einem solchen Verhalten sogar wegen »übler Nachrede« oder »Verleumdung« strafbar.

Die Information an die Kunden Ihres Unternehmens sollten Sie mit Ihrem Vertriebsleiter oder der Geschäftsführung abstimmen:

- Wann gehen Sie?
- An wen sollen sich nun die Kunden wenden?
- Wie werden Aufgaben neu verteilt?

Planen Sie auch Zeit ein, sich von Ihren wichtigsten Kunden persönlich zu verabschieden und die Kontaktdaten zu pflegen. Wenn Sie über XING und LinkedIn vernetzt sind, werden diese – bei entsprechenden Einstellungen –

automatisch über Ihren Wechsel benachrichtigt. Mit der Rückgabe Ihrer IT und der sonstigen Unterlagen sind dann auch die E-Mail-Adressen und Handynummern erloschen.

## 4. Übergabe und Einarbeitung

Ihre letzten Arbeitstage sollten auch eine gute Übergabe Ihrer Arbeit an den neuen Kollegen beinhalten. Sorgen Sie ruhig selbst dafür, dass alle Informationen griffbereit vorliegen und verständlich an Ihren Nachfolger übergehen. Sie können nicht verhindern, dass man nach Ihrem Weggang auch über Sie redet. Es sollte aber dabei nicht darum gehen, dass Sie Ihren Job schlecht gemacht haben oder die Übergabe lückenhaft war. Kümmern Sie sich also darum, dass Sie alle Altlasten entfernen, schließlich möchten Sie ja auch, dass, wenn Sie einen neuen Job bekommen, alles gut für Sie vor- und aufbereitet ist, oder?

Planen Sie fixe Übergabetermine für:

- Abschiedsbesuche bei Ihren wichtigsten Kunden
- laufende Projekte, intern und extern
- Verträge, Vertraulichkeitserklärungen (NDA), Absichtserklärungen (LOI)
- interne Aufgaben wie z. B. das Reporting
- mittelfristige Termine, Messen und Kundenveranstaltungen
- Planungen, die über Ihre Betriebszugehörigkeit gehen
- Übergabe von IT, Handy und Fahrzeug

## 5. Abschied

Sicher planen Ihre Kollegen auch eine kleine Abschiedszeremonie ein. Ob das eine Ansprache vom Chef, ein lustiges Video oder einen Imbiss beinhaltet, hängt natürlich davon ab, welche Kultur in Ihrem Unternehmen bisher gepflegt wurde. Wenn das ein Thema ist und Sie das auch wünschen, dann geben Sie den Kollegen Zeit, sich zu verabschieden. Kommunizieren Sie früh, wann Ihr letzter Tag ist und ob Ihnen daran gelegen ist, Sie groß zu verabschieden oder eher nicht.

Wenn dieser Tag einen offiziellen Charakter bekommt und man Ihren Abschied mit Kollegen und Vorgesetzten zelebriert, macht es vielleicht auch Sinn, wenn Sie sich ein paar gute Worte für eine Ansprache zurechtlegen.

### Boomerang-Kollegen

Es kann vorkommen, dass sich Ihre Vorstellungen vom neuen Job nicht erfüllen und dass Sie doch nicht glücklich und zufrieden sind. Was nun?

Heutzutage ist es kein No-Go mehr, ehemalige Kollegen wieder einzustellen. Voraussetzung dafür ist natürlich: Man ist gut auseinandergegangen und es ist kein »schlechter Nachgeschmack« aufgekommen. Es gibt durchaus auch für das Unternehmen Vorteile, Sie wieder einzustellen:

- Man kennt Sie und Ihre Stärken.
- Das Onboarding kann deutlich schneller stattfinden.
- Sie haben dazugelernt und in der Zwischenzeit neue Erfahrungen gesammelt, die das Unternehmen nutzen kann.

Wenn Sie also einen guten Abgang im alten Unternehmen hinbekommen, steht Ihnen in der Regel diese Tür immer noch einen Spalt offen. Wenn es im neuen Job leider nicht so geklappt hat, wie Sie sich das vorgestellt haben, seien Sie nicht zu stolz, um Ihren alten Arbeitgeber wieder anzusprechen. Sicher gibt es dort für gute Leute Möglichkeiten, wieder dort zu arbeiten.

## Wie Sie einen guten Start hinlegen

Herzlichen Glückwunsch! Es hat funktioniert. Der unterzeichnete Arbeitsvertrag für die neue Position im Vertrieb liegt vor Ihnen. Wenn Sie in einem neuen Unternehmen anfangen oder auch in einer neuen Abteilung bei Ihrem derzeitigen Arbeitgeber, beginnt der Prozess der Einarbeitung (Onboarding).

So wie Sie sich im Vorfeld über Ihren Arbeitgeber informiert haben, werden aber auch Ihre neuen Kollegen schon einmal schauen, wer denn da bald in die Abteilung kommt. Wo sucht man nach Ihnen? Natürlich auch online in den sozialen Netzwerken. Sollten Sie also merken, dass ein neuer Kollege Ihr Profil aufsucht, dann scheuen Sie sich nicht, diesen einfach zu adden. Den einen oder anderen Kollegen, mit dem Sie eh sehr eng zusammenarbeiten werden, können Sie ja auch anrufen, vielleicht so: »Hallo, Herr Kollege. Schön, dass Sie mein Profil besucht haben und meine Anfrage bestätigten. Ich dachte, ich greife einfach mal spontan zum Telefon und sage Hallo!«

Im Idealfall hat Ihr neuer Arbeitgeber Ihren Einstieg auf dem Schirm und lässt Ihnen vor Ihrem ersten Arbeitstag weitere Informationen zum Unternehmen und Ihrer Aufgabe zukommen. Ihre persönliche Ausstattung wie Handy, Notebook und Visitenkarten werden im Idealfall auch schon organisiert, ebenfalls Ihr Arbeitsplatz im Büro, E-Mail-Adresse und Online-Zugänge. Es kann aber passieren – was nicht sein soll, aber dennoch möglich ist –, dass diese Dinge doch nicht so gut geregelt oder einfach vergessen worden sind. Nehmen Sie es nicht persönlich und reagieren Sie nicht gleich frustriert, wenn am ersten Tag noch nicht alles für Sie fertig ist. Gehen Sie offen auf Ihren Vertriebsleiter oder Personalleiter zu und sprechen Sie an, was noch fehlt.

Sollten Sie einen Dienstwagen ausgehandelt haben, kann es auch sein, dass dieser erst für Sie bestellt wird, wenn Sie angekommen sind. Für den Übergang steht dann aber meist ein Poolfahrzeug oder ein Mietwagen bereit.

## Die Ebenen des »An-Bord-Gehens«

Das Onboarding, die ersten drei bis sechs Monate, steht im Vertrieb für mehrere Ebenen, in die Sie gleichzeitig eingeführt werden. Nach Cathrin Thomas'[15] Bachelorarbeit sind dafür die Ebenen

- soziale Integration,
- fachliche Integration,
- wertebezogene Integration

von Bedeutung.

Ferner kommt noch das Kennenlernen von Markt und Kundschaft hinzu.

Die **soziale Integration** umfasst alle sozialen Kontakte in Ihrem neuen Unternehmen. Natürlich guckt jeder erst einmal kritisch auf den Neuzugang: »Wen haben die denn da für uns als Kollegen ausgeguckt?« Personalentscheidungen sind in der Regel keine Teamentscheidungen. So kann Ihnen schon mal Kritik von Menschen entgegenkommen, die Sie noch gar nicht kennengelernt haben. Mit Ihrem Eintreffen können auch organisatorische Veränderungen in der Abteilung verbunden sein, die nicht jedem Kollegen schmecken. Darum seien Sie bitte nicht enttäuscht, wenn Sie nicht jeder gleich mit offenen Armen herzlich empfängt, sondern manche ein wenig reserviert sind. Manch ein Kollege, den Sie zum ersten Male sehen, hat vielleicht gerade viel zu tun – und ist nur deswegen kurz angebunden.

Vertrieb ist auch interner Wettbewerb. Denn oft ist es kein Geheimnis, wer gute und schlechte Zahlen vorweisen kann. Vielleicht bekommen Sie ja gleich Tipps von »alten Hasen«, die wissen, wie es läuft, und Ihnen »im Vertrauen« schon mal die Spielregeln erklären wollen.

Passen Sie aber auf, wer Ihnen was erklärt. Im Vertrieb gibt es oft viele erfolgreiche Verkäufer, die wissen, wie es geht, aber auch viele »schwache« Verkäufer, die nicht auf dem Pfad des Gelingens sind. Es ist ganz normal, dass Menschen sich immer wieder in gleichen Gruppen aufhalten, sodass die »Erfolgreichen« wie auch die »Schwachen« häufig unter sich bleiben – egal ob während der Arbeitszeit oder in der Freizeit.

Hören Sie sich also von jedem gerne seine Meinung an, achten Sie aber darauf, dass Sie dessen Meinung und Erfahrung nicht immer gleich zu Ihrer Überzeugung machen. Es ist nun mal ein Unterschied, ob gewisse Kollegen Ihnen erzählen, dass es sehr schwer ist, das neue Produkt zu verkaufen – oder sehr leicht. Haben Sie auch den Mut, Kollegen, von denen Sie überzeugt sind, dass sie über gute Ideen und Strategien verfügen, um Hilfestellung zu bitten. Alternativ steht Ihnen auch immer Ihre Vertriebsleitung zur Verfügung.

Die **fachliche Integration** basiert oft auf einem detaillierten Einarbeitungsplan, beispielsweise über die nächsten vier Wochen. Hier bekommen Sie Werksführungen und Produktschulungen. Ziel ist, dass Sie einen guten Eindruck davon bekommen, was zu Ihrem neuen Job gehört. Aber auch Ihr direkter Vorgesetzter will wissen, ob er mit Ihnen einen »guten Griff« gemacht hat – oder nicht. Schließlich muss er ja auch intern berichten, wie es gemeinsam mit Ihnen zum Ende der Probezeit weitergeht.

Es kann sein, dass Ihre Kollegen oder auch Ihre Vertriebsleitung mehr mit sich und anderen Problemen beschäftigt sind, anstatt sich ordentlich um Sie zu kümmern. Manchmal tun sich auch Kollegen mit dem Abgeben von Aufgaben schwer, auch wenn es offiziell heißt, dass Sie diese übernehmen sollen. Wenn das so ist, machen Sie sich bemerkbar und suchen Sie das Gespräch. Denken Sie auch daran, dass Informationen in der Regel eine Holschuld sind. Fragen Sie also, wenn Ihnen etwas nicht ganz klar ist. Denn wenn Sie sich nicht von sich aus melden, denken im Zweifelsfall alle, dass alles klar ist – und damit läuft. Aber bitte lieber erst einmal mündlich sagen, fragen und bitten, statt E-Mails zu schreiben, die anders verstanden werden könnten, als Sie es meinten.

Die dritte Ebene ist die **werteorientierte Integration**. Sie bezieht sich auf die Werte und Grundsätze des Unternehmens. Jedes Unternehmen hat eine Persönlichkeit. Dazu gehören die Grundwerte, die Vision und die Mission, das Image, die Innovationsbereitschaft, Kommunikation und das Führungsverhalten. Von Ihnen wird eine Leistung erwartet, die diesen Werten und Grundsätzen entspricht. Sie sollen sich also integrieren. Sie können aber nirgendwo genau nachlesen, was das jetzt genau bedeutet. Denn nur selten gibt es eine aussagekräftige schriftliche Bedienungsanleitung für Ihr neues Unternehmen oder Ihre neue Abteilung. Schließlich beschreiben viele unternehmensinterne Schriftstücke oft nur das Was, aber nicht das Wie.

**Das Kennenlernen von Markt und Kundschaft** ist für Sie und Ihre neue Arbeit eigentlich am wichtigsten. Es sollte schon am Anfang der Einarbeitung so geregelt sein, dass Sie bei einem Kundentermin oder bei einer Vertriebstour durch ein Gebiet dabei sind. Wenn Sie hier vertröstet werden, bleiben Sie dran oder organisieren Sie sich selbst.

Es sollte infrage gestellt werden, ob es sinnvoll ist, dass Ihr Vorgänger Sie bei seiner Abschiedstour zu allen Kunden mitnimmt. Denn oft degeneriert der neue Kollege zum teils störenden Beiwerk, wenn sich der Verkäufer von seinen Kunden verabschiedet. Was soll auch der Kunde zu Ihnen sagen, wenn dieser vielleicht hellauf begeistert ist, dass Ihr Vorgänger endlich weg ist – oder umgekehrt, dass er nun maßlos traurig ist, dass Sie nun sein Ansprechpartner sind? Wäre es da vielleicht besser, wenn Sie Ihre neuen Kunden alleine besuchen? Fahren Sie also nicht pauschal zu allen Kunden gemeinsam, sondern machen Sie sich vorab konkrete Gedanken über die Sinnhaftigkeit.

Gut ist es, wenn es gleich einen Messetermin oder ein anderes Event gibt, bei dem Sie sich vorstellen. Vielleicht ist es sogar gut, wenn Ihr Chef Sie gewissen Kunden vorstellt – und Sie dann das Gespräch allein weiterführen lässt. Sammeln Sie möglichst viele persönliche Gespräche, Visitenkarten und Termine. So kommen Sie am besten in Ihrem neuen Job an. Aber Achtung: Denken Sie nicht nur an die Quantität Ihrer Gespräche, sondern auch an die Qualität.

## Die drei Phasen des »Ankommens«

Machen Sie sich keinen unnötigen Stress! Am Anfang ist alles neu, die Räumlichkeiten, die Kollegen, die Produkte, die Art des Verkaufens, die Software usw. Erfahrungsgemäß setzt sich das »Ankommen« aus drei unterschiedlichen Phasen zusammen:

### Orientierungsphase

Nehmen Sie sich die Zeit, anzukommen! Nehmen Sie erst mal alles Neue auf und lernen Sie die Menschen kennen, mit denen Sie arbeiten sollen. Arbeiten Sie sich in die Software und die Prozesse ein. Das braucht ein bisschen Zeit. Auch wenn Sie denken sollten, dass Sie das nie lernen werden, so wird das schon! Seien Sie engagiert, aber nicht gestresst. Treffen Sie in dieser Phase bitte keine voreiligen Entscheidungen, das kann noch nicht funktionieren. Gehen Sie in den ersten Tagen als Tourist durchs Haus und schauen sich die Kultur, die Menschen und die Gebäude an und fragen Sie sprichwörtlich nach dem Weg, wenn Sie nicht weiterwissen.

### Analysephase

Nach vielleicht sechs bis acht Wochen werden Sie einen Überblick haben, wie es in »Ihrer« Vertriebsabteilung läuft. Machen Sie sich dann einen Plan, wie Sie zukünftig Ihre Arbeit am besten erledigen können. Ziel ist ja, dass Sie Ihre Vertriebsziele erreichen. Also: Was sollten Sie anders bzw. besser machen? Wo brauchen Sie vielleicht noch Unterstützung?

### Umsetzungsphase

Spätestens jetzt, nach zwei bis drei Monaten, ist es an der Zeit, im Unternehmen zu wirken. Bringen Sie sich und Ihre Ideen ein und achten Sie auch auf die Umsetzung. Jedes Unternehmen wünscht sich neuen und frischen Input, wenn ein Mitarbeiter mit Berufserfahrung kommt. Jetzt können Sie die anderen daran teilhaben lassen. Denken Sie daran: Wenn Sie sich erst einmal an gewisse eigene Verhaltensweisen gewöhnt haben, ist es schwer, diese wieder »abzutrainieren«. Versuchen Sie sich also gerade am Anfang zu disziplinieren und Ihre Aufgaben so zu erledigen, wie es angemessen und richtig ist – sowohl für Ihre persönliche Zielsetzung, für die Situation an sich und für Ihre Kollegen und Vorgesetzten. Machen Sie sich selbst keinen Druck, wenn in der vierten Woche mal etwas schiefgeht und Sie noch nicht ein perfektes Ergebnis liefern konnten. Bleiben Sie am Ball und lernen Sie aus Ihren Fehlern.

**Regelmäßiges Feedback** hilft Ihnen dabei, wirklich an Bord zu kommen. Es ist nicht ganz einfach herauszufinden, worauf es Ihrem Chef im Vertrieb wirklich ankommt. Darum ist es gut, offene Gespräche mit Ihrer Vertriebsleitung und auch der Personalabteilung zu vereinbaren. Sinnvoll sind drei Termine: nach zwei bis drei Wochen, nach sechs bis acht Wochen und zum Ende der vereinbarten Probezeit. So haben beide Parteien die Möglichkeit, ihre Wünsche und Ziele zu besprechen. Ebenfalls können Sie bei dieser Gelegenheit ansprechen, wenn Ihnen noch wichtiges Wissen fehlt – und Sie sich beispielsweise konkreten Schulungsbedarf wünschen. Aber Achtung: Fordern Sie nicht nur Seminare, sondern zeigen Sie auch, dass Sie sie umsetzen. Holen Sie sich auch eigenverantwortlich Informationen, ohne Ihre Kollegen danach zu fragen. So bekommen Sie beispielsweise viele Tipps zur richtigen Anwendung von Software auch gratis im Internet.

Zum Ende der Probezeit sollte dann eine Feedbackrunde in größerer Runde erfolgen, um im Idealfall klar zu kommunizieren: Sie sind jetzt da – Sie sind angekommen!

### TIPPS

1. Bewerten Sie nicht gleich alles, was Sie hören und sehen. Nehmen Sie gerne alles wahr, aber bilden Sie sich erst mit zunehmender Zeit ein eigenes Bild.
2. Oft wird von Kollegen ein Einstand erwartet. Fragen Sie im Zweifelsfall, wie dieser typischerweise ausfällt, damit es Ihren Kollegen noch leichter fällt, Sie zu mögen.
3. Fragen Sie nach den ungeschriebenen Gesetzen: Was zieht man auf einer internen Vertriebstagung an? Wie ist es, wenn …? Denken Sie immer daran: Insbesondere in Ihrer Anfangsphase können Sie alle Fragen stellen. Erst mit zunehmender Zeit laufen Sie Gefahr, dass man Ihnen auf eine Frage mit »Du bist schon so lange dabei und das weißt du immer noch nicht?!« antwortet.

# 5. Expertentipps

Liebe Leserin, lieber Leser,

wir haben uns gefragt, wie wir Sie mit unserem Buch noch weiter voranbringen können. So kamen wir auf die Idee, sechs Experten um Tipps zu bitten, die aus unserer Sicht für Menschen im Vertrieb relevant sind.

Da nicht nur Kunden, sondern auch Personaler viel im Internet recherchieren, erhalten Sie wertvolles Hintergrundwissen zum Aufbau Ihrer Personenmarke von Anna Pianka. Martin Müller gibt Ihnen konkrete Tipps, wie Sie die oft »eingeschlafenen« Kontakte bei XING und LinkedIn wieder aktivieren. Damit Ihre Kunden von Ihrer nächsten PowerPoint-Präsentation positiv überrascht werden, plaudert Matthias Garten aus dem Nähkästchen. Da es unserer Meinung nach keine Work-Life-Balance gibt – denn wenn beispielsweise das Arbeitsleben keinen Spaß macht, färbt das auf das Privatleben ab –, erklärt Achim Pothmann, was zum perfekten Jobglück erforderlich ist. Vertriebsarbeit ist oft auch sehr kräftezehrend. Wie Sie sich besser durch guten Schlaf erholen können, erklärt Ihnen Klaus Kampmann. Und zu guter Letzt führt Lutz Spieker Sie in das Thema Versteuerung von Dienstfahrzeugen ein. Da ein Firmenfahrzeug für viele Menschen im Vertrieb ein Thema ist bzw. wird, war uns hier ein Einblick sehr wichtig.

Sollten Sie Fragen zu den einzelnen Themen haben, so scheuen Sie sich bitte nicht, direkt mit den Experten in Kontakt zu treten – die Kontaktdaten finden Sie am Ende der einzelnen Beiträge.

Weiterhin viel Erfolg wünschen Ihnen
*Oliver Schumacher und Christian Sahle*

# Anna Pianka: So entwickeln Sie Ihre Online-Personenmarke

Copyright: Roland Schneider, Photographie

## Warum sich Vertriebsmitarbeiter mit Online-Personal-Branding beschäftigen sollten

Die Wahrnehmung Ihrer Person, Ihres Arbeitgebers und Ihres Leistungsportfolios im Internet beeinflusst entscheidend Ihren beruflichen Erfolg. Spielen wir verschiedene Szenarien einmal durch:

- Es gibt keine Informationen über Sie im Web. Dann könnte man annehmen, dass Sie noch nicht lange in Ihrem Bereich arbeiten und ggf. unerfahren sind.
- Sie haben sich auf Social Media mal zu unnötigen Diskussionen verleiten lassen und Kommentare gepostet, an denen andere Anstoß nehmen könnten. Auch wenn Sie natürlich das Recht auf freie Meinungsäußerung haben: Ihre Kunden, die sich eventuell über Sie im Internet informieren, könnten davon unangenehm berührt werden.
- Man findet im Internet veraltete Informationen über Sie. Damit zeigen Sie, dass Ihnen die neuen Medien nicht wichtig sind und Sie auf diese Kommunikationswege keinen Wert legen – möglicherweise im Gegensatz zu Ihren Kunden.

Solche und ähnliche Suchergebnisse können verwirren und Ihren Erfolg, bei Ihren Interessenten zu punkten, schmälern. Sowohl Kunden als auch potenzielle Arbeitgeber achten auf Professionalität und Vertrauenswürdigkeit. Wie internetaffine Menschen Sie einschätzen, hängt von den Informationen ab, die über Sie im Internet geschrieben stehen. Darum sollten Sie Einfluss auf diese Suchergebnisse nehmen.

## So erkennen Sie, ob Ihr Personal Branding stimmt

Wenn Ihr Name im Zusammenhang mit Ihrem Themengebiet leicht zu finden in verschiedenen Suchergebnissen im Internet auftaucht oder wenn direkt an Sie gedacht wird, sobald über Ihr Vertriebsthema gesprochen wird, dann werden Sie bereits als Personenmarke wahrgenommen.

Social Media stellt aktuell ein äußerst beliebtes Marketinginstrument zur Steigerung des Bekanntheitsgrades von Personen im Businessbereich dar. Falls Ihnen die Nutzung von Social Media Spaß bereitet, nutzen Sie diese Möglichkeit, um interessante Kontakte zu pflegen und zu sammeln. Legen Sie sich ggf. ein LinkedIn- und XING-Profil an, wenn Sie im B2B-Bereich arbeiten. Bei LinkedIn lassen sich Präsentationen hochladen und Sie können Artikel zu Ihren Themen veröffentlichen. Für Shortnews und die erste Kontaktanbahnung kann zudem auch Twitter hilfreich sein. Im B2C-Bereich erreichen Sie möglicherweise mit Facebook oder Instagram Ihre Zielgruppe.

### Typische Fehler bei der Pflege der Online-Profile

Ein ungünstiges Foto, die fehlende Streuung von Inhalten zu den eigenen Fachthemen und eine mangelhafte Impressum-Angabe gehören zu den üblichen Baustellen. Nutzen Sie bereits seit langer Zeit ein Social-Media-Profil? Dann können Sie sich einmal die Zeit nehmen, um in die Vergangenheit zu scrollen und die in Ihrer gewünschten Außendarstellung nicht mehr entsprechenden Beiträge zu entfernen.

Potenzielle Kunden informieren sich im Internet über die Personen, die mit ihnen in Kontakt treten. Hier helfen Ihre Social-Media-Profile dabei, das Bild zu vermitteln, welches Ihnen persönlich wichtig ist. Wenn Sie kein Social-Media-Fan sind, können Sie Social-Media-Profile als reine Visitenkarten anlegen und alle Benachrichtigungen deaktivieren.

### So bauen Sie eine starke Personenmarke auf

Zeigen Sie Ihre Expertise und die des Unternehmens, für welches Sie arbeiten, nach außen. Für den Vertrieb zuständige Personen können unter anderem mit Videos auf YouTube arbeiten, um ihre Präsenz und Reichweite im Internet zu steigern. Dies ist mit viel Aufwand verbunden. Eine einfachere Möglichkeit bieten fremde Podcasts, in welchen Sie über Ihre Themen sprechen können. Auftritte in Podcast-Folgen sind für die sprachgesteuerte Suche, wie Alexa, relevant. Außerdem werden Podcast-Folgen in verschiedenen etablierten Diensten wie iTunes, Spotify und podcast.de veröffentlicht, sodass die Inhalte über Seiten im Web und Apps auf dem Smartphone abrufbar sind. Falls Sie sich denken, dass Sie sich das Sprechen im Podcast nicht zutrauen würden, können Sie aufatmen: Alle Versprecher lassen sich nach der Aufnahme herausschneiden, sodass ein flüssiger Text verbleibt.

Jede Veröffentlichung der eigenen Botschaft in Form eines Artikels, eines Videos oder einer Audiodatei bietet den großen Vorteil, dass Sie nur einmal dafür aktiv werden müssen und die Inhalte danach dauerhaft im Internet verfügbar bleiben. Ihre Zielgruppe kann sich eigenständig mit Ihnen und Ihren Themen auseinandersetzen und Sie erhalten dadurch einen Vertrauensbonus.

Ihre Expertise können Sie generell auf sehr effektive Art präsentieren, indem Sie Fachartikel für Online-Magazine aus Ihrem Bereich schreiben. Lassen Sie sich zu Themen interviewen, zu welchen Sie sich besonders gut auskennen und mit welchen Sie assoziiert werden möchten. Denken Sie daran, sich in einer Autorenbox vorzustellen.

Die hochwertigen, von Ihnen erstellten Inhalte aus Podcasts, Fachbeiträgen oder Videos können Sie auch nutzen, um sie bei Relevanz und Mehrwert auch an Ihre Geschäftspartner zu schicken. Wenn Ihre Geschäftspartner beispielsweise kurze Videobotschaften von Ihnen konsumieren, heben Sie sich deutlich von Ihren Mitbewerbern ab – und stärken Ihre Personenmarke als Vertriebler. Fragen Sie aber bitte vorher Ihren Arbeitgeber, ob dieser das auch wünscht bzw. Ihnen erlaubt. Möglicherweise bestehen hier Anforderungen bezüglich des Datenschutzes oder der Corporate Identity.

Mit Personal Branding vermitteln Sie anderen ein aussagekräftiges Gesamtbild zu Ihrer Person und zu den Inhalten, die für Sie und Ihre Kundschaft relevant sind.

## Autorenprofil:

Die SEO-Expertin Anna Pianka ist auf Personal Branding in der Suchmaschinenoptimierung spezialisiert. Sie arbeitet als Abteilungsleiterin SEO OffPage bei der traditionsreichen Spezialagentur für Suchmaschinenoptimierung, ABAKUS Internet Marketing GmbH.

**Kontakt:**
ABAKUS Internet Marketing GmbH
Anna Pianka
Blumenauer Straße 1
30449 Hannover
Tel.: 0511-30032522
Fax: 0511-30032544
info@abakus-internet-marketing.de
www.abakus-internet-marketing.de

# Martin Müller: Sieben Tipps, das bestehende eigene Netzwerk zu aktivieren

Viele Menschen haben das Ziel, neue Leads und neue Kunden zu gewinnen. Sehr oft haben sie aber bereits potenzielle Kunden im eigenen Netzwerk, ohne direkt daran zu denken. In erster Linie bieten sich die Portale XING und LinkedIn an, gezielt mit bestehenden Kontakten zu agieren und Impulse zu setzen.

## Tipp 1: Geburtstagsgruß

Wenn freigegeben, ist in XING und LinkedIn der Geburtstag sichtbar. Eine sehr gute Möglichkeit, mit einer Gratulation Aufmerksamkeit zu erreichen. Allerdings: Bitte keinen Standardgruß senden. Eine individuelle Bemerkung, die sich nur auf den Kontakt bezieht, ist absolut wichtig. Wenn es zu viele Kontakte gibt, dann eben nur auf die konzentrieren, die man persönlich kennt oder kennenlernen möchte. Eine Kategorisierung macht daher Sinn. In XING kann man den Geburtstag nicht mehr individuell freigeben, sondern nur noch allen oder keinen Kontakten. Daher kommen am Geburtstag über XING sehr viele Glückwünsche, dann geht der selbst gesendete oft unter. Ein anderes Medium wie WhatsApp oder E-Mail ist daher besser, um aufzufallen.

Zusatz-Tipp: Ein telefonischer Geburtstagsgruß sollte immer einen Tag später erfolgen, weil viele am Geburtstag Urlaub haben, da sollte man nicht stören. Wichtig: Niemals Werbung mit in die Nachricht bringen!

## Tipp 2: Gratulation zum Firmenjubiläum

Oft wird auch angezeigt, wie viele Jahre die Person schon in ihrer jetzigen Position ist. Auch hier bietet sich eine Gratulation an. Für das Verfassen gilt dasselbe wie für den Geburtstagsgruß.

## Tipp 3: Eventeinladung

Wer selbst Redner ist, stellt mit einem Vortrag seine Kompetenz dar. Aber auch jeder Experte kann zu seinem Thema einen Vortrag halten, um andere von seiner Kompetenz zu überzeugen. Daher sollte der Veranstalter den Redner im XING-Eventmanager zum Mitveranstalter machen, damit dieser seine potenziellen Kunden einladen kann, um durch seinen Vortrag fachliche Kompetenz zu zeigen. Dabei kommt es nicht immer darauf an, dass sich der Zielkunde auch wirklich zum Event anmeldet. Wenn er das tut, ist es sehr hilfreich, aber allein durch die Einladung wird schon ein Impuls auf den Redner gesetzt, der dadurch an Reputation gewinnt.

### Tipp 4: Persönliche Nachricht

Durch eine persönliche Nachricht kann eine individuelle Information gesendet werden, ein Link auf einen Fachartikel, ein Link auf ein Event oder etwas anderes, was die Zielperson interessiert. Ein PDF im Anhang ist auch möglich. Der Eindruck wird noch werthaltiger, wenn diese Fachinformation nichts mit dem eigenen Business zu tun hat, sondern nur den persönlichen Interessen des Empfängers dient.

### Tipp 5: Empfehlung

Mit nur einem Klick können dem Zielkunden weitere Kontakte empfohlen werden. Auch hier ist es wichtig, nicht selbst davon zu profitieren, sondern der Zielperson mit der empfohlenen Person einen werthaltigen Kontakt genannt zu haben. Wenn die E-Mail-Adressen vorliegen, kann die Empfehlung alternativ auch auf diesem Wege an *beide* Empfänger gesendet werden mit der Aufforderung, doch mal miteinander Kontakt aufzunehmen. Wenn die Empfehlung der Zielperson einen Mehrwert bringt – der in der Empfehlung natürlich konkret genannt sein muss –, dann wird sie sicher der Empfehlung folgen und den Kontakt aufnehmen.

### Tipp 6: Zielgruppenbesitzer suchen

Es ist sehr hilfreich, wenn sich Multiplikatoren unter den Kontakten befinden, die zum Teil auch ein großes eigenes Netzwerk haben. Wenn diese Multiplikatoren Zielgruppen haben, die sich mit ihren eigenen Zielgruppen decken, ohne dass die Produkte und Dienstleistungen im Wettbewerb stehen, dann steht einer Kooperation nicht viel im Weg. Also, gezielt Multiplikatoren suchen, Zielgruppe abgleichen und den Vorschlag einer Kooperation ausarbeiten, um die Ansprache der eigenen reichweitenstarken Kontakte mit dem Konzept zu erweitern.

### Tipp 7: Gruppe gründen

Damit die eigenen Kontakte einen größeren Mehrwert untereinander finden und auch neue Empfehlungen mit ins Netzwerk bringen, bietet sich die Gründung einer eigenen Gruppe an. In diese Gruppe kommen dann bei gutem PR auch Mitglieder von außen und vergrößern bei Kontaktanfrage auch das persönliche Netzwerk des Zielgruppenbesitzers. Der Moderator kann seine Position mit Co-Moderatoren unterstützen und damit auch ausgewählte direkte Kontakte fördern und von der Reichweite partizipieren lassen.

### Autorenprofil:

Martin Müller ist »Mister Matching« und berät Unternehmen insbesondere im Bereich Social Selling. Er entwickelt strategische XING- und LinkedIn-Kampagnen für Sales und Marketing und gibt sein Wissen als Berater, Trainer und Redner weiter.

**Kontakt:**
Müller Consult
Martin Müller
Friedhofsweg 12, 50389 Wesseling
Tel.: 02236-373820
www.mister-matching.de
www.muellerconsult.com
info@muellerconsult.com

Copyright: Johannes Wosilat

## Matthias Garten: Ihre perfekte Online-PowerPoint-Präsentation

Online-Verkauf, Standardsituation: »Ich starte jetzt mal die Bildschirmübertragung und zeige Ihnen ein paar Slides« – puuh, damit begibt man sich auf eine Reise, die schon mal die Hälfte der Wirkung nimmt. Menschen wollen Menschen sehen, erleben, spüren. Gerade im Verkauf spielt das eine sehr wichtige Rolle. In dem Moment, in dem ich als Verkäufer auf Bildschirmübertragung umschalte und großflächig meine PowerPoint-Folien zeige, nimmt mich das Gegenüber nur noch am Rande wahr. In meinem Beitrag soll es darum gehen, wie Sie als Verkäufer Ihre Wirkung mit einer Online-Präsentation erhöhen und besser verkaufen können.

## Der Zuschauer muss Sie immer sehen

Nur wenn Ihre Kunden Sie sehen können, können Sie zu Ihnen eine Beziehung aufbauen, Vertrauen schaffen und verkaufen. Doch wie machen Sie das, wenn Sie Präsentationsslides als Unterstützung einsetzen wollen?

Die Lösung heißt: Seien Sie Teil Ihrer Folien. Gerade Zoom bietet die Möglichkeit, PowerPoint-Folien als Hintergrund zu zeigen und selbst vor den Folien zu erscheinen. Nutzen Sie dazu die Funktion »Bildschirm freigeben – Erweitert – PowerPoint als virtueller Hintergrund«. Laden Sie dann Ihre Präsentation hoch und stellen Sie die Größe und die Position für Ihr Webcam-Videobild ein.

Falls Sie mit einer Online-Meeting-Software arbeiten, die das nicht zulässt, gibt es das Tool Chromacam. Hiermit wird eine virtuelle Kamera erschaffen, die Sie dann in Ihrer Meetingsoftware auswählen können. Eine Einschränkung gibt es dabei: Die eingeblendeten PowerPoint-Folien sind statisch, auch wenn Sie sie vorher animiert hatten. Eine Lösung wäre es, die animierten Folien auf mehrere Folien aufzuteilen und Stück für Stück mehr Informationen einzublenden. Eine professionelle Lösung sind Zusatzprogramme wie MimoLive, OBS, Wirecast, Xsplit u. a.

## Dunkle Hintergründe werten auf

Die meisten Folien haben weißen Hintergrund. Das ermüdet die Augen der Zuschauer auf Dauer. Daher sind dunkle Hintergründe angenehmer. Sie haben auch noch einen zweiten Vorteil: Sie werten Ihre Präsentation auf. Untersuchungen haben gezeigt, dass Farben wie Anthrazit, Dunkelrot oder Dunkelblau den Inhalt höherwertig erscheinen lassen. Je nachdem, was Sie anbieten, sollten Sie daher die Farbgebung in Betracht ziehen.

## Aufmerksamkeit durch Interaktionen hoch halten

Ein Riesenaspekt bei Online-Präsentationen ist die Aufmerksamkeit der Zuschauer. Die ist ganz schnell weg, weil nebenbei schnell noch eine E-Mail bearbeitet oder das Smartphone gecheckt wird. Daher sollten Sie darauf achten, dass Sie die Aufmerksamkeit Ihrer Zuschauer hoch halten. Doch wie macht man das?

Binden Sie die Zuschauer mehrfach in Ihre Präsentation ein. Hierzu bieten sich Fragen, Quiz, Rätsel u. Ä. an. Wenn Sie eine Frage stellen, lassen Sie die Teilnehmer im Chat antworten. Oder veranstalten Sie ein Quiz wie etwa »Wer wird Millionär«, »Jeopardy« oder »Memory«, bei dem Ihre Teilnehmer möglichst kurz, also z. B. nur mit A, B, C oder D, antworten. Sie können auch Tools wie Mentimeter verwenden, um Abfragen zu starten und direkt ein Ergebnis anzeigen zu lassen.

Ein besonderes Highlight, das ich in meinen PowerPoint- und Präsentationsseminaren einsetze, ist die Funktion »Zeichnen« (in Zoom – Kommentieren). Ich lasse die Teilnehmer auf meinem Screen zeichnen, z. B. etwas einkreisen oder ankreuzen. Der Effekt ist riesig.

### Gute Dramaturgie – spannungsvoll und nutzenorientiert

Ihre Online-Präsentation sollte klar gegliedert und dies für den Zuschauer nachvollziehbar sein; er sollte immer wissen, bei welchem Punkt Sie gerade sind. Gliedern Sie z. B. in »Problem – Lösung – Nutzen – CaseStudy – Angebot« oder »Ausgangspunkt – Ziel – Lösung – Beispiele – Angebot«. Achten Sie darauf, den Zuschauer am Anfang schon neugierig zu machen. Welche spannenden Erkenntnisse wird er von Ihnen bekommen? Welchen Benefit wird er haben, wenn er Ihnen zugeschaut hat?

### Abwechslung bieten und trendorientiert präsentieren

Wenn Sie neue Produkte und Services vorstellen wollen, achten Sie besonders auf eine trendorientierte Foliengestaltung (Stichwort: Präsentationstrends). Nichts ist schlimmer als ein Dinosaurier-Design für ein Hightech-Produkt oder eine Steinzeit-Anmutung für einen innovativen Service. Das mindert sofort die Leistung Ihres Produkts oder Ihrer Dienstleistung..

Zeigen Sie lieber mehr Folien mit weniger Inhalt als umgekehrt. Nutzen Sie großflächige Bilder mit wenig bis gar keinem Text auf Ihren Folien. Der Zuschauer fühlt sich direkt angesprochen und im besten Fall emotional berührt. Setzen Sie einen kurzen Videoclip (max. 90 Sekunden) ein, z. B. einen Erklär-, Image- oder Produktfilm. Das bringt Ihnen eine Atempause und lässt den Zuschauer eine andere Perspektive einnehmen.

Wenn Sie Audio als Untermalung einsetzen, öffnen Sie den Zuhörer. Es wird emotionaler, lustiger und spannender.

Mit Visual Storytelling sorgen Sie für einen authentischen und visuell reizvollen Zugang zum Thema.

Bringen Sie an der ein oder anderen Stelle mal einen Special Effect, beispielsweise ein Feuerwerk oder einen Wow-Effekt, um die Zuschauer zu überraschen.

**Autorenprofil:**

Der diplomierte Wirtschafts-Informatiker Matthias Garten gilt als der PowerPoint-Papst und führender Experte für innovatives Präsentieren. 1993 gründete er die Präsentationsagentur smavicon Best Business Presentations, die bislang mehr als 15.000 Präsentationen begleitet und unterstützt hat. Er ist Autor von acht Büchern und Herausgeber des Presentation Trend Reports. Neben smavicon gründete er die Inflow Presentation Trend Academy, die Seminare zum Thema Präsentieren, PowerPoint und Visualisierung anbietet.

**Kontakt:**
Smavicon Best Business Presentations e. K.
Matthias Garten
Pfützenstraße 75a, 64347 Griesheim
Tel.: 06155-84440
Fax: 06155-844411
www.smavicon.de
kontakt@smavicon.de

# Achim Pothmann: Wie Sie Ihr Jobglück und Ihren Erfolg im Vertrieb steigern

Copyright: Lutz Tölle

Haben Sie schon einmal einen dauerunzufriedenen, griesgrämigen Vertriebler erlebt, der vor Erfolg nur so strotzt? Wahrscheinlich nicht. Und damit ist die Sollbruchstelle Ihres (Vertriebs-)Erfolges schon benannt: Unzufriedenheit im Job! Umgekehrt und positiv ausgedrückt:

**Ihr Jobglück ist der Turboschalter für Ihren Erfolg.**

Und weil die eigene Zufriedenheit bei der Arbeit so essenziell für Ihren Erfolg ist, erhalten Sie hier fünf Tipps, durch die Sie mit großer Leichtigkeit Erfolg generieren werden:

## 1. Entwickeln Sie zu Arbeit (im Allgemeinen) eine glücksförderliche Haltung

Wissenschaftlich ist eindrucksvoll belegt, dass unsere Haltung, die wir zu etwas oder jemandem haben, unser Verhalten steuert. Bin ich von etwas im positiven Sinne überzeugt, so engagiere ich mich dafür. Umgekehrt gilt es natürlich genauso. Sind Sie also davon überzeugt, dass Arbeit sowieso schrecklich ist, nervt, verkürzt werden muss und in jedem Fall belastend ist, fällt Ihnen engagierte Arbeit schwer. Haben Sie aber eine positive Einstellung zur Arbeit und den Anspruch, auch im Job zufrieden werden zu wollen, dann erkennen Sie auch die Möglichkeiten, wie Sie Ihr eigenes Jobglück steigern können. Sie sind dann auch bereit, etwas dafür zu tun.

Die Haltung macht also den Unterschied. Insbesondere bei einer Tätigkeit, bei der Sie mit Kunden umgehen und eine gute Stimmung für Ihren Erfolg wichtig ist. Eine glücksförderliche Haltung zur Arbeit, besonders im Vertrieb, ist so gesehen der Generalschlüssel für Ihren Erfolg. Überprüfen Sie also Ihre Haltung und entwickeln Sie eine, die es Ihnen leicht macht, motiviert Ihrer Tätigkeit nachzugehen.

## 2. Suchen Sie sich eine Tätigkeit, die zu Ihnen passt

Apropos Tätigkeit: Passt Ihre Tätigkeit zu Ihnen? Liegt sie Ihnen? Geht sie Ihnen leicht von der Hand und arbeiten Sie in Ihren Stärken? Diese Fragen sollten Sie sich unbedingt stellen. Denn wenn dem nicht so ist, kann Vertrieb zur Schwerstarbeit werden. Es reicht also nicht, nur eine glücksförderliche Haltung zur Arbeit im Allgemeinen zu haben, sondern im nächsten Schritt ist es wichtig, auch einer Tätigkeit nachzugehen, die tatsächlich Ihr Ding ist.

Um deutlich zu machen, wie wichtig dieser Aspekt ist, will ich es metaphorisch ausdrücken: Sind Sie ein Pinguin, der beruflich mit viel Freude und Leichtigkeit durchs Meer schwimmen darf, oder müssen Sie als Pinguin Berge oder Bäume erklimmen?

### 3. Suchen Sie sich ein Unternehmen mit Produkten oder Dienstleistungen, die Sie gerne verkaufen

Haben Sie schon mal versucht, ein Produkt oder eine Dienstleistung zu verkaufen, die Sie innerlich ablehnen? Sie ahnen es wahrscheinlich: Erfolg hat nicht nur mit Ihrer Haltung zur Arbeit und Ihrer Tätigkeit als Vertriebler zu tun, sondern auch damit, wie stark Sie von Ihrem Angebot selbst begeistert sind.

Wenn Sie also mit Leichtigkeit glücklich und erfolgreich sein wollen, dann suchen Sie sich ein Unternehmen, dessen Produkte und Dienstleistungen Sie mit Begeisterung verkaufen können. Denn wie heißt es so schön: Nur wenn Sie selbst für etwas brennen, können Sie auch andere dafür anzünden (es zu kaufen).

### 4. Düngen Sie täglich Ihr eigenes Jobglück

Den Turboschalter für Ihren Vertriebserfolg drücken Sie, indem Sie täglich etwas für Ihr Jobglück tun. Dann bleibt Ihre Stimmung gut, Ihre Motivation groß und Ihre Überzeugungskraft beim Kunden riesig. Mit einer glücksförderlichen Haltung zur Arbeit (siehe Tipp 1) fällt Ihnen das leicht. Denn Ihre Haltung hilft Ihnen, täglich an der Verkaufsfront ein glücksförderliches Verhalten an den Tag zu legen. Ein nettes Lächeln, Freundlichkeit und tausend andere Möglichkeiten helfen Ihnen, in guter Stimmung zu bleiben. Schon das gibt Ihrem Kunden (und Ihnen) ein gutes Gefühl und steigert Ihre Überzeugungskraft.

### 5. Wenden Sie Ihr Wissen an

Mit den ersten vier Tipps schaffen Sie sich die beste Grundlage für Zufriedenheit und Erfolg in Ihrem Job. Jetzt stellt sich die Frage, wie weit Sie bereit sind, all das Wissen, das Ihnen in diesem Buch nahegebracht wird, auch zu nutzen. Nutzen Sie es und werden Sie zum Vertriebsprofi. Bedenken Sie dabei immer:

**Wenn Sie innerlich und äußerlich strahlen und für Ihre Produkte und Dienstleistung brennen, dann entzünden Sie auch die Begeisterung Ihrer Kunden. Dann ist Erfolg zu erzielen leicht.**

Ich wünsche Ihnen viel Freude dabei.

Autorenprofil:

Dipl.-Kfm. Dr. phil. Achim Pothmann begeistert als Speaker und Buchautor die Menschen für ihr eigenes Jobglück und eine neue Art der (Zusammen-)Arbeit und Führung. Als Pionier für glückliche Unternehmen wurde der Wirtschaftswissenschaftler, Gesprächsanalytiker und Unternehmer mehrfach mit seinem Unternehmen ausgezeichnet und galt als »Leuchtturm« für seine Branche (Handelsjournal, 06/2017).

**Kontakt:**
Dr. Achim Pothmann
Bahnhofstr. 17, 59423 Unna
Tel.: 02303-23332
Fax: 02303-237476
www.drpothmann.de
info@drpothmann.de

www.drpothmann.de
info@drpothmann.de

Copyright: Franz Schumacher

## Klaus Kampmann: Wie ein Kraftschlaf am Mittag Ihnen Energie gibt

Egal, ob Sie junger Vertriebskollege oder eine bewährte Vertriebschefin sind, Sie werden die Erfahrung schnell gemacht haben, dass ein Tag mit weniger Energie ein schlechter Tag zum Verkaufen ist. Deshalb ist es gut, wenn man weiß, wie man Energie tagsüber und vor allem aber auch in der Nacht gewinnen kann. Das Zauberwort dazu heißt gesunder Schlaf.

Spitzensportler, wie z. B. Roger Federer, der im »betagten Tennisalter« von 40 noch Top-Ergebnisse erzielt, haben ein Geheimnis. Sie ahnen es: Außer dem Profitraining achten sie auch auf ihren Regenerationsschlaf in der Nacht. Wenn Roger Federer ein Turnier spielt, schläft er mindestens zehn Stunden. Warum macht er das? Er kennt garantiert jede einzelne Faser seines Körpers und weiß ganz genau, dass ein Turnier über fünf oder sechs Stunden ihn zum Schluss hin enorm viel Kraft kostet. Aber auch Konzentration, Geschicklichkeit und Geschwindigkeit. Und da macht der lange Nachtschlaf den entscheidenden Unterschied. Während die Gegner mit der Zeit abbauen, hat er noch Reserven. Reserven, die den entscheidenden Unterschied für den Sieg (bei Ihnen den Abschluss) ausmachen.

*Nur wenn in der Nacht genügend Erholung für Körper und Geist stattfindet, sind tagsüber Reserven da, die den entscheidenden Unterschied ausmachen.*

Ihnen wird es als Vertriebs-Mensch nicht anders gehen. Wenn Sie in der Nacht ausreichend Schlaf finden, sind Sie am nächsten Tag kraftvoller, dynamischer, eloquenter, mutiger, ideenreicher, zuversichtlicher, überzeugender und haben dann auch mehr Durchhaltevermögen. Das sind alles Eigenschaften, die Sie kennen und brauchen, um Kunden gut zu beraten, aber auch, um zum Abschluss zu kommen. Deshalb darf Schlaf kein Zufallsprodukt sein, es ist klug, sich darum zu kümmern und ihn zu pflegen. In Deutschland sank die Schlafdauer von noch 9 Stunden im Jahr 1900 auf jetzt im Schnitt 7,5 Stunden. Gleichzeitig erleben wir mehr Nervosität und einen rasanten Anstieg an ernsten Krankheiten. Wer am Schlaf spart, spart am Leben.

*Nur im tiefen Schlaf kann sich das Gehirn konsolidieren, können Heilungs- und Wachstumsprozesse im Körper stattfinden.*

Wenn nachts nicht genügend geschlafen wurde, kann ein Nickerchen (neudeutsch Power Nap) eine gute Erfrischung sein. Hier sind fünf Argumente für den Kurzzeitschlaf am Mittag:

- Er wirkt sich positiv auf die Gesundheit aus (wirkt blutdrucksenkend, vermindert das Risiko von Herzkrankheiten um bis zu 35 Prozent).
- Leistungs- und Reaktionsfähigkeit steigen.
- Stress wird abgebaut, die Belastbarkeit erhöht sich, die Stimmung verbessert sich.
- Ein Nickerchen steigert die Konzentrations- und Lernfähigkeit, die Merkfähigkeit wird um ein Vielfaches gesteigert und es
- fördert Willensstärke und Entscheidungskraft.

## So gelingt der Kraftschlaf am Tag

Ein Nickerchen von nur zehn oder 20 Minuten bringt enorme Erholungsvorteile für Körper und Geist. Gerade wenn man von einem Termin zum nächsten jagt, ist es sinnvoll, genügend Pausen einzulegen, um beim nächsten Termin frisch und clever am Tisch zu sitzen. Ist man mit dem Auto oder dem Zug unterwegs, kann ein Nickerchen sehr einfach gemacht werden.

Am besten übt man zu Hause den Power Nap, falls man ihn noch nicht gewohnt ist. Es gilt, die persönlich bevorzugte Schlafdauer mittels Wecker in 5-Minuten-Schritten herauszufinden.

Damit das Nickerchen die Leistung wirksam steigert, gibt es drei Regeln:

1. Machen Sie den Kraftschlaf zwischen 12 Uhr und 15 Uhr mittags. Er sollte also nicht nach 15 Uhr gehalten werden. Grund hierfür ist, dass sich dann der Schlafdruck bis zum Zubettgehen nicht mehr genügend aufbauen kann.
2. Begrenzen Sie die Dauer auf maximal 30 Minuten. Länger ist ineffizienter.
3. Werden Sie sofort nach dem Wachwerden aktiv.

Wenn Sie sich an diese Regeln halten und zwei- bis dreimal die Woche einen Power Nap machen, werden Sie merken, dass es Ihnen immer besser geht. Sie erleben, dass sich Ihr Körper darauf freut und es Ihnen mit einer Top-Erholung und genialen Ideen dankt.

### Autorenprofil:

Klaus Kampmann ist Experte für positive persönliche Veränderung. Er berät Menschen in Mehrschichtbetrieben wie z. B. IBM, Jacobs oder die Stadtwerke Magdeburg. Seine Lösungen für kluge Leistungsentfaltung beruhen auf wissenschaftlich fundierten Methoden, die nachhaltig mental stärken und emotional stabilisieren. Er vermittelt aktuelles Wissen auf anregende Art und Weise, mit dem Ergebnis, dass es schnell umgesetzt wird und ein nachhaltiges Lernerlebnis entsteht.

**Kontakt:**
Schlaf-Experte und Führungskräfte-Coach
Klaus Kampmann
Am See 19 A, 15741 Bestensee
Tel.: 033763-248750
info@kampmann-coaching.de
www.kampmann-coaching.de

# Lutz Phillipp Spieker: So sparen Sie Steuern mit dem Dienstwagen

Copyright: privat

Für den Außendienstmitarbeiter gibt es viele Gründe, einen Firmenwagen zu nutzen und gestellt zu bekommen, unter anderen keine Zusatzkosten bei Reparaturen, Unabhängigkeit von den Treibstoffkosten und keine Anschaffungskosten.

Darf der Pkw auch für Privatfahrten und Fahrten zwischen der Wohnung und der ersten Tätigkeit genutzt werden, ist der sogenannte geldwerte Vorteil zu versteuern.

Allerdings gibt es zahlreiche Gestaltungsmöglichkeiten, die in der Praxis genutzt werden können. So kann alternativ zur 1-Prozent-Methode ein Fahrtenbuch geführt werden oder der Arbeitgeber kann die private Nutzung des Autos im Arbeitsvertrag ausschließen (Nutzungsverbot).

## Die 1-Prozent-Methode für Privatfahrten

In vielen Fällen dürfen Vertriebler den Dienstwagen für Privatfahrten nutzen, z. B. am Wochenende oder für Urlaubsreisen. Der Arbeitgeber setzt für jeden Kalendermonat 1 Prozent des inländischen Bruttolistenpreises plus Sonderausstattung des Fahrzeugs zum Zeitpunkt der Erstzulassung als geldwerten Vorteil an. Das gilt unabhängig davon, ob der Wagen vom Arbeitgeber gekauft oder geleast wurde.

Ärgerlich ist, dass die unverbindliche Preisempfehlung des Herstellers maßgebend ist. So werden Preisnachlässe bei Neufahrzeugen von teilweise 20 bis 30 Prozent nicht berücksichtigt. Auch bei einem Gebrauchtfahrzeug ist stets der alte Listenpreis maßgeblich.

**Beispiel:** Der Firmenwagen hat einem Bruttolistenpreis von 31.690 Euro. Abgerundet ergibt sich eine Bemessungsgrundlage von 31.600 Euro. Somit ist der geldwerte Vorteil in Höhe von 316 Euro monatlich steuer- und sozialabgabenpflichtig.

## Besonderheiten E-Autos

Für E-Autos und Hybridelektrofahrzeuge gibt es steuerliche Vergünstigungen. Abhängig vom Datum der Anschaffung, der Höhe des Bruttolistenpreises und der $CO_2$-Emission je gefahrenem Kilometer wird nur die Hälfte oder sogar nur ein Viertel zugrunde gelegt.

**Beispiel:** Ihr Arbeitgeber hat am 01.10.2021 einen Elektrowagen ohne $CO_2$-Emissionen mit einem Bruttolistenpreis von 52.000 Euro angeschafft, der für Privatfahrten genutzt wird. In diesem Fall beträgt die Bemessungsgrundlage nur noch 13.000 Euro. Der geldwerte Vorteil liegt somit bei 130 Euro monatlich.

## Zuschlag für Fahrten zwischen der Wohnung und der ersten Tätigkeitsstätte

Jetzt wird es richtig teuer. Wird das Fahrzeug auch für Fahrten zwischen Ihrer Wohnung und der ersten Tätigkeitsstätte genutzt, müssen Sie einen Zusatzbeitrag als geldwerten Vorteil versteuern.

Dieser wird in der Regel mit 0,03 Prozent des inländischen Listenpreises pro Entfernungskilometer berechnet. Bei E-Autos reduziert sich dieser Wert auf die Hälfte bzw. ein Viertel. Im Gegenzug können Sie in Ihrer Steuererklärung Werbungskosten als Entfernungspauschale geltend machen.

**Beispiel:** Bemessungsgrundlage sind 31.000 Euro. Die Entfernung zwischen der Wohnung und dem Arbeitsplatz beträgt 20 Kilometer. Der geldwerte Vorteil berechnet sich wie folgt: 0,03 Prozent von 31.000 Euro × 20 Kilometer = 186 Euro monatlich bzw. 2.232 Euro jährlich. In der Steuererklärung können als Werbungskosten 230 Tage × 20 Kilometer × 0,30 Euro/Kilometer = 1.380 Euro abgezogen werden.

## Einzelbewertung der Fahrten zwischen der Wohnung und der ersten Tätigkeitsstätte

In bestimmten Fällen kann statt des 0,03-Prozent-Zuschlags eine Einzelbewertung (0,002 Prozent des Listenpreises) der tatsächlichen Fahrten zwischen der Wohnung und der ersten Tätigkeitsstätte vorgenommen werden. Sie profitieren von einer taggenauen Berechnung, sofern der Pkw nur gelegentlich für Fahrten zur ersten Tätigkeitsstätte genutzt wird. Eine Einzelbewertung ist günstiger, falls der Pkw an weniger als 15 Tagen pro Monat bzw. 180 Tagen pro Jahr für Fahrten zwischen der Wohnung und der ersten Tätigkeitsstätte genutzt wird.

**Beispiel:** Vertriebler A arbeitet im Homeoffice und fährt nur einmal wöchentlich (50 Fahrten im Jahr) zu seiner 20 km entfernten ersten Tätigkeitsstätte.

**1) Pauschalmethode**
Listenpreis 50.000 Euro × 0,03 Prozent × 20 Kilometer = 300 Euro pro Monat. Das sind im Jahr 3.600 Euro geldwerter Vorteil. Bei einem Steuersatz von 30 Prozent ergibt sich eine Steuerbelastung von 1.080 Euro.
**2) Einzelnachweis**
Listenpreis 50.000 Euro × 0,002 Prozent × 20 Kilometer = 20 Euro.
Bei 50 Fahrten im Jahr ist der geldwerte Vorteil 1.000 Euro. Bei einem Steuersatz von 30 Prozent ergibt sich eine Steuerbelastung von 300 Euro.

Insbesondere bei einem hochwertigen Wagen und einem hohen persönlichen Steuersatz ergeben sich große Vorteile.

**Tipp:** Wird im Lohnsteuerabzug die 0,03-Prozent-Methode angewendet, kann im Rahmen der Steuererklärung zur Einzelbewertung gewechselt werden. Hierzu muss dargelegt werden, an welchen Tagen das Fahrzeug tatsächlich genutzt wurde.

## Erste Tätigkeitsstätte ändern

Ist Ihnen aufgefallen, dass es immer um die erste Tätigkeitsstätte geht? Durch eine eventuell geänderte Festlegung lassen sich weitere Einsparungen erzielen.

**Beispiel:** Ihr Arbeitgeber hat mehrere Filialen. Sie fahren täglich zur Filiale I, die 20 Kilometer entfernt ist.

Einmal im Monat fahren Sie zur Filiale II für eine Besprechung, die 50 Kilometer entfernt ist. Ohne eine Zuordnung vom Arbeitgeber wird die Filiale I zu Ihrer ersten Tätigkeitsstätte. Bei einem Listenpreis von 50.000 Euro fallen 300 Euro pro Monat (siehe Beispiel 4) an. Wenn der Arbeitgeber jetzt die Filiale II eindeutig zuordnet (am besten schriftlich) und der Einzelnachweis geführt wird, fallen lediglich 50.000 Euro × 0,002 Prozent × 50 Kilometer × 1 Fahrt = 50 Euro an.

## Vermeidung der 1-Prozent-Methode

Grundsätzlich gilt: Stellt der Arbeitgeber einen Firmenwagen auch für private Zwecke zur Verfügung, muss der Vorteil versteuert werden. Der Umfang der tatsächlichen privaten Nutzung ist unerheblich. Allein die Möglichkeit rechtfertigt den Ansatz der 1-Prozent-Methode.

Eine Ausnahme ist z. B. ein Werkstattwagen, wenn der Wagen für Privatfahrten nicht geeignet ist.

**Tipp:** Die 1-Prozent-Methode lässt sich vermeiden, ohne dass ein Fahrtenbuch geführt werden muss. Die Lösung ist ein Privatnutzungsverbot vom Arbeitgeber. Diese Vereinbarung sollte aus Nachweisgründen schriftlich geschlossen werden.

### Fahrtenbuchmethode

Alternativ kann ein ordnungsgemäßes Fahrtenbuch geführt werden. Die steuerlichen Vorteile bei E-Autos gelten hier analog. Die Gesamtkosten werden dann nur zur Hälfte oder zu einem Viertel berücksichtigt.

Das Fahrtenbuch ist vor allem vorteilhaft bei einem hohen Anteil der beruflichen Nutzung, bei einem hohen Listenpreis oder geringen Kosten des Firmenwagens. Die Anforderungen sind aber sehr streng.

Falls Sie sich die Mühe sparen möchten, bei jeder Strecke manuell die erforderlichen Angaben zu machen, bietet sich ein elektronisches Fahrtenbuch an. Über GPS werden dabei das Datum, der Kilometerstand und die Fahrstrecke dokumentiert. Angaben zum beruflichen Reisezweck bzw. Geschäftspartner müssen zeitnah ergänzt werden.

**Tipp:** Achten Sie darauf, dass Ihre Daten unverändert gespeichert und lesbar gemacht werden müssen. Es bietet sich an, diese Daten doppelt zu sichern.

---

**Autorenprofil:**

Lutz Phillipp Spieker ist selbstständiger Steuerberater und Dozent für Steuerrecht. Über seine Internetseite »der-steuerberater.com« und seinen YouTube-Kanal »der-steuerberater« zeigt er, wie man klug Steuern sparen kann.

**Kontakt:**
Steuerberater
Lutz Phillipp Spieker
Carl-Hampe-Straße 15, 37603 Holzminden
Tel.: 05531-7064270
Fax: 05531-7064275
info@der-steuerberater.com
www.der-steuerberater.com

---

# Die Autoren

## Oliver Schumacher

Seit 2009 ist der Sprechwissenschaftler (M.A.) und Diplom-Betriebswirt (FH) mit dem Motto »Ehrlichkeit verkauft« im gesamten deutschen Sprachraum als Verkaufstrainer und Redner tätig. Zuvor arbeitete der siebenfache Buchautor über ein Jahrzehnt überdurchschnittlich erfolgreich im Verkaufsaußendienst für einen börsennotierten Markenartikelhersteller im Außendienst.

Mit seinen Teilnehmern erarbeitet er Strategien, wie diese leichter und sicherer ihre Vertriebsziele erreichen, beispielsweise in den Bereichen Neukundengewinnung und Preisverhandlung.

Er hält Vorträge, führt Verkaufstrainings durch und begleitet Vertriebler bei ihrer Arbeit im Außendienst. Seine Teilnehmer schätzen an ihm seine Fähigkeit, Fehler und Potenziale wertschätzend zu thematisieren und Lösungsansätze aufzuzeigen, die für den jeweiligen Teilnehmer leicht umsetzbar sind.

Zahlreiche weitere Tipps und Ideen von ihm finden Sie auf seinem YouTube Kanal sowie in seinem Vertriebsblog auf seiner Webseite.

**Oliver Schumacher**
Katharinenstraße 3, 49809 Lingen/Ems
Tel.: 0591-6104416
os@oliver-schumacher.de
https://oliver-schumacher.de/
Nehmen Sie gerne Kontakt zu ihm auf. Sie finden ihn auch auf XING und LinkedIn.

## Christian Sahle

Christian Sahle, Marketing-Fachwirt und Betriebswirt, ist Praktiker mit Führungsverantwortung. Seit 2002 ist er aktiv im Vertrieb unterwegs und machte als Key Account Manager, Verkaufsleiter und Sales Director (Vertriebsleiter) seinen Karriereweg in der Büro- und Einrichtungsbranche.

Aus dem Beruf wuchs die Begeisterung für vertriebliche Themen wie Strategie und Positionierung. Eigene Trainings und die Idee, das gesammelte Praxiswissen weiterzugeben, gaben die Initiative für dieses Buch mit Oliver Schumacher.

Er lebt mit seiner Familie in Lingen.

**Christian Sahle**
Wespenweg 16a, 49811 Lingen
Tel.: 0591-9152279
christian.sahle@t-online.de
https://www.christian-sahle.de
Nehmen Sie gerne Kontakt zu ihm auf. Sie finden ihn auch auf XING und LinkedIn.

# Literaturempfehlungen


Binckebanck, Lars; Hölter, Ann-Kristin; Triffert, Alexander (Hrsg.): Führung von Vertriebsorganisationen. Springer Gabler Verlag, Wiesbaden 2013

Carnegie, Dale: Wie man Freunde gewinnt. Die Kunst, beliebt und einflussreich zu werden. Fischer Verlag, Frankfurt 2008

Chan, Kim; Mauborgne, Renée: Der blaue Ozean als Strategie: Wie man neue Märkte schafft, wo es keine Konkurrenz gibt. Carl Hanser Verlag GmbH, München 2016

Covey, Steven R.; Merrill, Roger A.: Der Weg zum Wesentlichen. Der Klassiker des Zeitmanagements. Campus Verlag, Frankfurt/Main 2007

Dixon, Matthew; Adamson, Brent: The Challenger Sale. Kunden herausfordern und nachhaltig überzeugen. Redline Verlag, München 2015

Faust, Ulrich: Die Benediktsregel. Reclam Philipp jun., Ditzingen 2018

Fisher, Roger; Ury, William: Das Harvard-Konzept. Der Klassiker im Verhandlungs-Konzept. Campus Verlag, Frankfurt/New York 2004

Förster, Anja; Kreuz, Peter: Macht, was ihr liebt! 66 ½ Anstiftungen das zu tun, was im Leben wirklich zählt. Pantheon Verlag, München 2015

Kohlert, Helmut: Strategische Ausrichtung als Wettbewerbsvorteil. Kohlhammer Verlag, Stuttgart 2018

Lundin, Stephen; Paul, Harry; Christensen, John: Fish! Ein ungewöhnliches Motivationsbuch. Goldmann Verlag, München 2015

Nussbaumer, Andreas: Kunden küssen keine Keiler. Eine Erfolgsgeschichte für mehr Freude am Verkauf. Frankfurter Allgemeine Buch, Frankfurt 2019

Pinczolits, Karl: Der initiative Verkäufer. Die geheimen Treiber des Verkaufserfolges. Campus Verlag, Frankfurt/New York 2016

Pinczolits, Karl: Der Schlagzahlmanager. Arbeitsleistungen im Vertrieb messen und steigern. Mit wirksamem Vertriebscontrolling zu mehr Umsatz. Campus Verlag, Frankfurt/New York 1998

Pinczolits, Karl; Rosenpicker, Diven: Regenmacher. Verkäufer klassifizieren und zu optimaler Leistung führen. Campus Verlag, Frankfurt/New York 2013

Rankel, Roger; Weimar, Nicole-Maria; Weimar, André: So geht Kundengewinnung heute. Digital & persönlich. GABAL Verlag, Offenbach 2020

Rosenberg, Marshall B.: Konflikte lösen durch gewaltfreie Kommunikation. Verlag Herder GmbH, Freiburg i. Br. 2004

Scharmer, C. Otto: Theorie U. Von der Zukunft her führen. Carl-Auer Verlag, Heidelberg 2014

Scheed, Bernd; Scherer, Petra: Strategisches Vertriebsmanagement. B2B-Vertrieb im digitalen Zeitalter. Springer Gabler, Wiesbaden 2019

Schumacher, Oliver: Der Anti-Stress-Trainer für Vertriebler. Gelassen mit Verkaufsdruck umgehen. Springer Gabler, Wiesbaden 2017

Schumacher, Oliver: Führung im Vertrieb – Wie Sie mit Ihren Mitarbeitern mehr erreichen. E-Book auf der Webseite des Autors 2020

Schumacher, Oliver: Preise durchsetzen. 3. Auflage. GABAL Verlag, Offenbach 2015

Schumacher, Oliver: Schluss mit halben Sachen im Verkauf. So handeln Top-Verkäufer. 2. Auflage. BusinessVillage, Göttingen 2016

Schumacher, Oliver: So hast du viele Aufträge – Über 50 Tipps für neue Kunden und bessere Geschäfte. E-Book auf der Webseite des Autors 2020

Schumacher, Oliver: Verkaufen auf Augenhöhe. Wertschätzend kommunizieren und Kunden nachhaltig überzeugen – ein Workbook. 3. erweiterte Auflage. Springer Gabler, Wiesbaden 2016

Schumacher, Oliver: Verkaufstraining mit Wirkung – Wie Ihre Mitarbeiter erfolgreicher werden – und bleiben. E-Book auf der Webseite des Autors 2020

Schumacher, Oliver: Was viele Verkäufer nicht zu fragen wagen. 110 Tipps für bessere Verkaufsresultate im Außendienst. 4. erweiterte Auflage. Springer Gabler, Wiesbaden 2016

Schumacher, Oliver; Lehmann, Peter: Mehr Erfolg als Beauty-Dienstleister. Wie Sie leichter verkaufen und besser führen. 2. Auflage. TOP HAIR International GmbH, Gaggenau 2017

# Endnoten


1 Pinczolits, Karl: Der initiative Verkäufer. Die geheimen Treiber des Verkaufserfolgs. Frankfurt/Main, New York: Campus Verlag, 2016, S. 24

2 Pinczolits, Karl: Der Schlagzahlmanager. Arbeitsleistungen im Vertrieb messen und steigern. Mit wirksamem Vertriebscontrolling zu mehr Umsatz. Frankfurt/Main, New York: Campus Verlag, 1998, S. 11 ff.

3 Carnegie, Dale: Wie man Freunde gewinnt. Die Kunst, beliebt und einflussreich zu werden. Frankfurt: Fischer Verlag, 2006, S. 157

4 Lundin, Stephen; Paul, Harry; Christensen, John: Fish! Ein ungewöhnliches Motivationsbuch. München: Goldmann Verlag, 2015, S. 40

5 https://www.palverlag.de/gesundheitsrisiken-smartphone.html#:~:text=Der%20stundenlange%20Gebrauch%20des%20Smartphones,es%20kann%20zu%20Gef%C3%A4%C3%9Ferkrankungen%20kommen (abgerufen am 07.01.2022)

6 https://www.stuttgarter-zeitung.de/inhalt.social-media-sucht-anzeichen-folgen-bekaempfung-mhsd.f03abb3b-d253-4334-a19f-dcfadcf243a0.html (abgerufen am 07.01.2022)

7 https://www.adac.de/verkehr/recht/verkehrsvorschriften-deutschland/handy-verstoss/ (abgerufen am 07.01.2022)

8 https://www.duden.de/rechtschreibung/proaktiv (abgerufen am 07.01.2022)

9 Covey, Steven R.; Merrill, Roger A.: Der Weg zum Wesentlichen. Der Klassiker des Zeitmanagements. Frankfurt/Main: Campus Verlag, 2007

10 Scharmer, C. Otto: Theorie U. Von der Zukunft her führen. Heidelberg: Carl-Auer Verlag, 2014

11 https://www.wiwo.de/erfolg/beruf/gehalt-mit-anfang-50-ist-das-maximum-erreicht/27097760.html (abgerufen am 07.01.2022)

12 Dixon, Matthew; Adamson, Brent: The Challenger Sale. Kunden herausfordern und nachhaltig überzeugen. München: Redline Verlag, 2015, S. 40

13 https://de.statista.com/statistik/daten/studie/481399/umfrage/anzahl-der-xing-nutzer-in-der-dach-region/ (abgerufen am 07.01.2022)
https://de.statista.com/statistik/daten/studie/628657/umfrage/linkedin-mitglieder-in-der-dach-region/ (abgerufen am 07.01.2022)

14 https://de.wikipedia.org/wiki/Stellenbeschreibung (abgerufen am 07.01.2022)

15 https://www.grin.com/document/306252 Leitfaden zur Integration neuer Mitarbeiter in KMU. Eliminierung typischer Schwachstellen des Einarbeitungsprozesses (abgerufen am 07.01.2022)

# Stichwortverzeichnis

A
Abschied 189
Analysefähigkeiten 24
Assessment-Center 183
Authentizität 35

B
Bedarfsanalyse 41
Bewerbung 173
Bewerbung, keine Reaktion 178
Bewertungsreflex 58
Bildungsurlaub 31
Bußgelder 86

C
CRM-System 106

D
digitale Kompetenz 29
Druck 48

E
Einkaufstricks 52
Empathie 18

F
Facebook 98
Fachkenntnis 14
Fertigkeiten 13
Flexibilität 14
Fluchtreflex 153
Franchise 165
Freistellung 186
Führungskraft 31, 144
Führungsseminar 144

G
Geduld 27
Gehalt 131
Gehaltserhöhung 6, 134

H
Headhunter 6, 168

I
Initiativkraft 15
Integrität 28

J
Jobwechsel 6, 153

K
Karriere 31, 133
Kaufkonflikte 39
Kommunikation 19
Kontakte 104
Kundengespräche 74
Kündigung 158, 184

L
lebenslanges Lernen 30
Lebenslauf 178
LinkedIn 98

M
Menschenkenntnis 18
Motivation 67

N
Neukundengewinnung 48

O
Onboarding 190
Online-Kundengespräche 90
Online-Meetings 23, 75, 88
Organisationstalent 22

P
Podcast 65
Positionen im Vertrieb 117
Postings, gute 101
Preisverhandlung 50
Produkteinführung 47

R
Reklamationen 53

S
Selbstständigkeit 164
Smartphone 83
Social Selling 97
Stammkundenfalle 42
Stellenbeschreibungen 174
Stress 48
Struktur 17
Sympathie 43

T
Teamgeist 21
Technik 93
Terminierung 46

U
Übergabe 189
unternehmerisches Denken 23

V
Verkaufstraining 56
Verkürzung 186
Vertriebskennzahlen 33
Vertriebsmeeting 89
Vertriebsstrategie 116
Vertriebssysteme 115
Vorstellungsgespräch 179

W
Weiterbildung 31
Werte und Tugenden 77
Wettbewerbsverbot 185

X
XING 98

Y
YouTube 65

Z
Zeitfresser 103
Zeitmanagement 25
Zielvereinbarungsgespräche 6, 140
Zwischenzeugnis 167

# 30 Minuten Gratis-Coaching für Ihre Rezension

Referenzen, Rezensionen und Bewertungen sind wichtig. Bitte rezensieren Sie dieses Buch und senden den Screenshot Ihrer Bewertung an info@oliver-schumacher.de. In Kürze erhalten Sie dann einen Link, um sich in dem persönlichen Online-Kalender vom Verkaufstrainer Oliver Schumacher eintragen zu können. Das Gratis-Coaching findet via Zoom oder Telefon statt. Am besten geben Sie schon bei der Terminvereinbarung ein bis zwei Fragen an, auf die Sie sich Antworten wünschen. Beispielsweise zu den Themen Akquise, Preisverhandlung, Umsatzsteigerung und Kundenbindung.

Folgende Fragen helfen Ihnen beim Verfassen einer guten Rezension:
- Was hat Ihnen das Buch gebracht?
- Was fanden Sie besonders gut?
- Für wen ist dieses Werk besonders gut geeignet?

Vielen Dank für Ihre Unterstützung!

*Oliver Schumacher und Christian Sahle*

# Sie möchten mehr?

Wissen ist das eine, Tun das andere. Darum ist es wichtig, dass Sie sich regelmäßig mit verkaufsrelevantem Wissen beschäftigen – und Ihre Erkenntnisse in der Praxis immer wieder ausprobieren.

Auf der Webseite *www.oliver-schumacher.de* werden Sie im Vertriebsblog in der Kategorie »Bock auf Vertrieb« ergänzende Tipps und Ideen speziell zu diesem Buch finden und außerdem unter dem Reiter »Bücher« die drei kostenlosen E-Books:

- So hast du viele Aufträge – Über 50 Tipps für neue Kunden und bessere Geschäfte
- Führung im Vertrieb – Wie Sie mit Ihren Mitarbeitern mehr erreichen
- Verkaufstraining mit Wirkung – Wie Ihre Mitarbeiter erfolgreicher werden – und bleiben

Schauen Sie auch gerne mal auf YouTube vorbei. Mehrere Hunderttausend Menschen haben bereits die Videos von Oliver Schumacher gesehen:

*https://www.youtube.com/c/oliverschumacherverkaufstrainer*

Falls Sie Vorträge oder Seminare für Ihre Mitarbeiter und/oder Kunden zu den Themen Akquise, Kundenentwicklung, Verkaufen im Außendienst, Preisverhandlung oder auch Einführung neuer Produkte planen, so holen Sie sich doch einfach mal ein Angebot von Oliver Schumacher unter

*os@oliver-schumacher.de.*

## Nehmen Sie am Vertriebsfrühstück teil!

Regelmäßig lädt Oliver Schumacher zum Online-Vertriebsfrühstück ein. Hier hält er zu Beginn einen kurzen Vortrag zu einem vertriebsrelevanten Thema, woraufhin sich alle anderen Teilnehmer mit ihm und in Kleingruppen untereinander austauschen. Da das Ganze in lösungsorientierter, aber lockerer Atmosphäre zur frühen Stunde stattfindet, läuft diese erfolgreiche Veranstaltungsreihe unter dem Namen »Vertriebsfrühstück«.

Schauen Sie einfach auf seiner Webseite unter »Termine« und melden Sie sich an.